내러티브하게 서술한
시작하기 좋은
대학 수학

초등학교 교사를 위한

수학의 이해

김판수 지음

KYOWOO

머리말*

저자는 교육대학에서 신입생에게 교양 수준의 수학을 가르치고, 수학교육심화과정과 대학원생에게는 순수 수학과 교재론을 가르쳐왔다. 교양 수학, 교육론, 교재론이 각각 서로 다른 성격의 내용을 포함하고 있을지라도 이들이 서로 연계되어 초등학교 수학의 교수·학습에 도움이 되도록 조직될 필요가 있음을 느껴왔다. 초등 교사를 위한 교양 수학의 서적을 찾아볼 수 있지만, 이들 서적의 대부분은 순수 수학의 수준을 조절하여 제시하는 경우가 많다. 그리고 수학적 내용과 교육을 연계시키는데 소홀히 하고 있었다. 이에 저자는 이 두 가지를 접목할 필요가 있음을 고민하면서 이 책을 집필하게 되었다. 이 책은 초등 교사를 위한 교양 수학 강좌의 교재로 추천하지만 교재론의 부교재로, 그리고 통합된 교양 수학과 대학원생의 교재로 적절할 것이라 생각한다.

먼저 이 책의 특징을 소개한다.

첫째로 이 책은 초등학교 예비교사를 위한 기초 교양 성격의 도서이다. 수학의 기초라 불리는 집합과 함수, 명제 등을 다룬 후 수와 연산, 도형, 측정, 확률과 통계 영역에서 초등교사로 갖추어야할 수학적 소양을 고루 담았다.

둘째는 대수적 구조적인 차원에서 접근하고자 했다. 교육학자들은 대수적 사고를 식, 등식과 같은 등호나 변수개념 등으로 정의하는 경우가 있으나 대수학은 대수계에서 구조를 탐구하는 학문 영역이다. 이런 관점에서 논리적이고 연역적인 체계를 충실히 따르면서 그 주제가 가지는 전체적인 모습을 그리는데 초점을 두었다.

셋째로 본도서는 정의, 명제, 정리, 예제, 과제의 일련번호를 따로 두지 않고 이것들이 나타나는 순서대로 매겼다. 이렇게 함으로써 특정한 것(예, 정의 5.6)이 어디에 있는지를 쉽게 찾을 수 있도록 하였다. 이 책에서 전개되는 논리적 순서에 의해 밝혀지는 참인 문장을 명제로 두었으며 이미 잘 알려진 참인 명제를 정리로 두었다.

넷째는 프로젝트의 과제의 부여이다. 본문에도 과제가 있으나 이들은 논리를 전개하는 과정에서 필요한 개념의 확인이나 설명의 간략함을 위해 사용되었다. 각 장의 말미에 다소 시간이 소요되며 소규모 집단이 협력으로 진행할 수 있는 프로젝트를 부여하고 있다.

* 본 연구는 2020년도 부산교육대학교 안식년 교수 지원 연구비에 의해 수행되었음

이러한 특징을 가진 본도서를 공부하는 독자에게 기대하는 것은 다음과 같은 것들이다.

첫째, 초등 수학이 고등 수학과 어떻게 연계되어 있는지를 파악할 수 있다. 초등학교에서 배우는 수학은 제한된 범위와 내용을 다루지만 그러한 내용이 고등수학과 어떻게 연결되는지를 알 수 있다.

둘째, 수학은 추론을 통해 규칙과 원리를 찾아가는 창조적 활동이다. 대부분의 수학 서적이 그러하듯이 이 책의 전개도 논리적 추론과 원리 설명을 강조하였다. 공준이라는 몇 가지 전제로부터 새로운 명제를 추론하고 증명하여, 더 많은 규칙과 원리 그리고 사실들을 하나하나 쌓아놓은 것이 수학이다. 독자는 이 책을 통해 수학은 합리적인 사고 활동에 의해 만들어지는 창작물임을 알 수 있을 것이다.

셋째, 수학적 활동 그 자체가 흥미로운 것이다. 필자는 교사가 수학을 잘 가르친다는 것은 학생들이 스스로 수학을 사고하도록 기회와 용기를 주고, 이들이 스스로 수학적 원리와 법칙을 찾고 추론할 수 있도록 돕는 것이라 생각한다. 그러한 활동을 하면서 학생들이 '유레가'를 외치며 발견의 기쁨을 누릴 수 있는 수업이 되기를 기대한다.

이 책과 함께 강의를 하시는 분들께 드리는 조언이다. 이 책의 모든 장을 처음부터 차례대로 강의하실 필요는 없다. 1장부터 6장까지는 연계성이 강한 내용으로 구성되지만 그 중에서도 2장과 3장은 분리될 수 없으며, 4장과 5장이 그러하다. 7장부터 9장까지는 도형 영역이나 사전 지식을 요구하는 관계가 아니므로 순서를 바꾸거나 일부를 생략하여도 무방하다. 나머지 10장과 11장도 다른 장에서 다루는 주제와 관련성이 적다. 각 장의 난이도에 대해서는, 1장부터 5장까지는 지루하고 이해하기 힘든 내용이 포함되므로 강의 위주로 수업을 권장하지만 나머지 장의 내용 수준은 그렇게 높지를 않아 거꾸로 수업이나 발표 수업도 가능한 수준이다. 끝으로 각 장의 말미에 있는 프로젝트는 조별 탐구활동으로 사용하면 좋을 것이다. 각 프로젝트의 수준이 높아 학생들에게 다소 부담이 될 수 있으므로 한 학기에 2~3개 정도 선택적으로 과제를 부여할 수 있을 것이다.

저자 김판수

목 차

1장 집합과 함수

수학에서는 집합과 함수를 수학적 논리 전개의 출발점으로 삼는 경우가 많다. 이들 두 가지는 매우 기본적인 내용이나 그 차이는 크다. 집합은 그 자체로 수학적 탐구 대상을 의도하나 논리적 기술에 효과적으로 사용된다. 함수는 미지의 세계를 탐구하는 수단이며, 또한 모든 영역에서 변화를 기술하는 도구이다.

1.1 집합

집합은 중학교 교육과정에서 등장하는 개념이지만 일상에서뿐만 아니라 초등학교 교육과정에서도 암묵적으로 사용하며, 매우 광범위하게 사용하는 개념 중 하나이다. 예들 들면 저학년에서는 세 가지 색의 구슬 중에서 파랑과 빨강색 구슬의 수를 구하는 덧셈 문제에서부터 고학년에서 배우는 배수 개념에서 사용된다. 6과 9의 공배수를 구하는 과정에서 각 수의 배수를 나열한다.

6의 배수 : 6, 12, 18, 24, 30, 36, ...
9의 배수 : 9, 18, 27, 36, ...

두 수의 배수 중에서 공통인 수를 공배수라 한다. 이 설명에서 수학적 용어를 사용하지 않았으나 개념적으로 공통인 집합, 즉 교집합의 의미를 사용하고 있다.

수학을 전공하는 대학생조차도 집합에서 이해하기 힘든 내용 중 하나는 무한 집합의 크기, 즉 기수 개념이다. 기수 개념은 4장에서 다루게 된다. 기수 개념을 이해하기 위해서는 학생들이 가진 고정 관념이나 생각을 버려야 이해될 수 있다. 칸토어[1]가 기수 개념을 처음으로 세상에 발표했을 때에 당시 사람들도 그가 제안한 기수 개념을 잘 받아들이지 못했다.

1) Georg Ferdinand Ludwig Philipp Cantor(1845~1918)는 러시아에서 태어난 독일의 수학자이다.

여기서는 집합의 정의와 주어진 집합으로부터 새로운 집합을 만들고, 이들의 성질을 간단히 알아본다. 그리고 여러분이 중학교에서 배운 내용을 복습하거나 회상하는 것이 아니라 새로운 집합을 만들고 이 책에서 다룬 내용만으로 집합의 성질을 논리적으로 증명하는 논증에 초점을 둔다.

1) 집합의 대수

집합을 어떻게 정의할까? 집합이란 일상적인 언어로 말하자면 우리가 관심을 갖는 제한된 대상들의 모임, 주어진 조건을 만족하는 대상들의 모임, 명확한 기준에 의해 구분되는 대상들의 모임 등으로 정의한다. 대상 x가 A의 원소일 때 기호 x∈A로 나타내고, x, y, z 등이 집합 A의 원소이면 A={x, y, z, ...}으로 나타낸다. 또한 집합 A가 조건 P를 만족하는 대상의 모임일 때는 A={x | x는 P} 또는 A={x | P(x)}로 나타낸다. 어떤 개념을 정의하고 난 후 그 개념을 명확하게 이해하기 위해서는 그 개념에 속하는 예와 속하지 않는 예를 찾아보는 활동을 초등 수학에서 자주 사용한다. 예컨대 사다리꼴을 더 잘 이해하기 위해서는 사다리꼴이 아닌 예를 인식하거나 골라내는 것이다.

좀 더 수학적인 집합의 정의는 명확하게 구분되는 잘 정의된 대상들의 모임으로 정의한다. 여기서 '잘 정의됨'이란 독자들에게는 생소한 말이지만 자체적으로 모순(페러독스[2]))이 일어나지 않도록 정의한다는 말이다. 집합들의 집합을 집합족으로 정의하여 러셀의 페러독스가 일어나는 것을 막기도 한다. 새로운 개념이나 연산을 정의[3])할 때 주의를 기울여야한다.

집합의 대수란 집합의 연산과 그에 관련된 성질이나 관계를 말한다. 초등학교 수준에서 대수(代數)란 수에 적용되는 사칙연산과 그에 관련된 규칙이나 성질 등과 같은 관계를 나타내거나 또는 이를 다루는 영역을 말하기도 한다. 집합의 대수는 집합의 연산으로 만들어지는 합집합, 교집합, 차집합과 이들 집합들 간의 성질과 포함 관계 등을 다룬다.

---

2) 집합을 대상들의 모임이라 정의를 하면 러셀(Russell)의 페러독스에 직면하게 된다.

3) 연산이 잘 정의된다는 '6장 1절 연산과 법칙'을 참조한다.

정의 1.1 부분 집합과 서로 같은 집합

두 집합 A, B에서 A가 B의 부분 집합이란 A의 모든 원소가 B에 속할 때를 말하고, $A \subset B$로 나타낸다. 한편 $A \subset B$이고 $B \subset A$이면 A와 B는 서로 같은 집합이라 하고 $A = B$로 나타낸다. 그리고 집합 A의 크기[4]를 $|A|$로 나타낸다.

정의 1.2 집합의 대수

U를 전체집합이라 하고 주어진 집합 A, B에 대하여, A와 B의 합집합, 교집합, 여집합을 다음과 같이 정의한다.

합집합 $A \cup B = \{x \mid x \in A \text{ 또는 } x \in B\}$

교집합 $A \cap B = \{x \mid x \in A \text{ 그리고 } x \in B\}$

여집합 $A^c = \{x \mid x \in U \text{ 그리고 } x \notin A\}$

위에서 $x \notin A$ 표기는 대상 x가 A에 속하지 않는다는 것을 의미한다. 그리고 부분집합의 성질은 생략한다.

명제 1.3 집합의 대수와 법칙

전체 집합 U의 부분집합 A, B, C에 대하여 다음 성질이 성립한다.

(i)	$A \cup \varnothing = A,\ A \cap U = A$	항등법칙
	$A \cup U = U,\ A \cap \varnothing = \varnothing$	
(ii)	$A \cup A = A,\ A \cap A = A$	멱등(冪等)법칙
(iii)	$(A \cup B) \cup C = A \cup (B \cup C)$	결합법칙
	$(A \cap B) \cap C = A \cap (B \cap C)$	
(iv)	$A \cup B = B \cup A,\ A \cap B = B \cap A$	교환법칙
(v)	$A \cup (B \cap C) = (A \cup B) \cap (A \cup C)$	배분법칙
	$A \cap (B \cup C) = (A \cap B) \cup (A \cap C)$	
(vi)	$A \cup A^c = U,\ A \cap A^c = \varnothing$	보(補)법칙
	$(A^c)^c = A,\ U^c = \varnothing,\ \varnothing^c = U$	
(vii)	$(A \cup B)^c = A^c \cup B^c,\ (A \cap B)^c = A^c \cap B^c$	De Morgan의 법칙

독자들은 흔히 사용되는 위 법칙들을 수학적으로 증명할 수 있어야 한다. 하나의 예시로 교환법칙 중의 하나를 증명해 본다. 나머지는 과제로 남긴다.

---

4) 유한집합의 크기는 그 집합의 원소개수를 의미하나 무한 집합의 크기는 4장에서 다룬다.

예제 1.4 $A \cup B = B \cup A$을 증명하시오.

풀이 $x \in A \cup B$이면 '$x \in A$이거나 또는 $x \in B$'이므로 '$x \in B$이거나 또는 $x \in A$'이다. 따라서 $x \in B \cup A$이고, $A \cup B \subset B \cup A$이 된다. 유사한 방법으로 $x \in B \cup A$이면 $x \in A \cup B$임을 보일 수 있다. 따라서 $B \cup A \subset A \cup B$이다. 그러므로 $A \cup B = B \cup A$.

위와 같이 합집합에서의 교환법칙을 증명하는데 합집합의 정의를 사용하였다. 그때 'P이거나 또는 Q'라는 문장이 가지는 교환성을 사용하였다. 그러므로 수학적 논리의 출발은 일상적으로 합당하다고 받아들이는 논리에서부터 시작된다. 나머지 법칙들도 이와 같이 증명을 할 수 있다. 명제 1.3의 법칙은 다른 명제를 증명하는데 활용된다.

명제 1.5 $(A \cup B) \cap (A \cup B^c) = A$를 증명하시오.

풀이 $(A \cup B) \cap (A \cup B^c) = A \cup (B \cap B^c)$ (배분법칙)

$B \cap B^c = \varnothing$ (보법칙)

그러므로 $(A \cup B) \cap (A \cup B^c) = A \cup \varnothing$ (치환)

$A \cup \varnothing = A$ (항등법칙)

따라서 $(A \cup B) \cap (A \cup B^c) = A$ (치환)

과제 1.6 $A \cup B = U$이고 $A \cap B = \varnothing$이면 $B = A^c$임을 보이시오.

2) 첨자붙은 집합

집합에 아래 첨자를 붙여서 나타내면 특정 집합을 효과적으로 나타낼 수 있다. 예를 들면, $A = [0, 1]$, $B = [0, 1/2]$, $C = [0, 1/3]$, $D = [0, 1/4]$, ... 등으로 정의 하였을 때 첨자 집합 $I = \{1, 2, 3, 4, 5, 6, ...\}$를 자연수 집합으로 두고, 각 첨자 $i \in I$에 대하여, $A_i = [0, 1/i]$으로 나타내면 편리하다. 또한 합집합과 교집합의 표현도 간단하다.

$$A \cup B \cup C \cup D \cup ... = \bigcup_{i \in I} A_i \qquad A \cap B \cap C \cap D \cap ... = \bigcap_{i \in I} A_i$$

정의 1.7 첨자붙은 집합

집합 I의 각 원소 $i \in I$에 집합 A_i가 대응하고 있다면, I를 첨자집합, 집합 A_i를 첨자붙은 집합이라 한다. 그리고 I의 원소 i를 첨자라 하며, $\{A_i\}_{i \in I}$를 첨자붙은 집합족이라 한다.

앞에서 언급한 집합의 대수에서는 두 집합의 연산이었다([정의 1.2] 참조). 첨자붙은 집합은 이를 3개 이상 무한히 많은 집합으로 확장할 수 있게 한다. 예를 들어, 첨자붙은 집합족 $\{A_i\}_{i\in I}$이 있다고 하자. 그리고 I의 부분집합 J에 대하여,

$$\bigcup_{j\in J} A_j=\{x \mid x\text{를 원소로 갖는 } A_j\text{가 적어도 하나 존재한다.}\}$$

$=\{x \mid \exists j\in J, x\in A_j\}$. 여기서 ∃은 존재한다는 의미의 존재기호이다.

유사하게 교집합에 대해서도 이와 같이 정의할 수 있다.

$$\bigcap_{j\in J} A_j = \{x \mid x\text{는 모든 } A_j\text{의 원소이다.}\}$$

$= \{x \mid \forall j\in J, x\in A_j\}$. 여기서 ∀은 모두를 지칭하는 전칭기호이다.

예제 1.8 자연수 $\mathbb{N}$을 첨자집합으로 두자. 각 첨자 $n\in\mathbb{N}$에 대해, $A_n= [0, 1/n]$이라 두고 $B_n= (0, 1/n)$이라 두자. 이때 다음이 성립함을 직관적으로 알 수 있다.

$$\bigcup_{n\in \mathbb{N}} A_n = [0, 1]$$

$$\bigcap_{n\in \mathbb{N}} A_n = \{0\}$$

$$\bigcup_{n\in \mathbb{N}} B_n = (0, 1)$$

$$\bigcap_{n\in \mathbb{N}} B_n = \varnothing$$

예제1.9 실수 $\mathbb{R}$를 첨자집합으로 두고, 각 첨자 $r\in\mathbb{R}$에 대해서 $A_r = (r, \infty)$이라 두자. 이때 $\bigcap_{r\in\mathbb{R}} A_r = \varnothing$임을 알 수 있다.

3) 집합의 분할

집합의 분할은 우리나라를 서울특별시를 비롯하여 17개의 행정 구역으로 분할하는 것과 유사하다. 어떤 집합 A = {1, 2, 3, ..., 10}이라고 하면, 이 집합의 분할을 어떻게 나타낼 것인지를 알아본다.

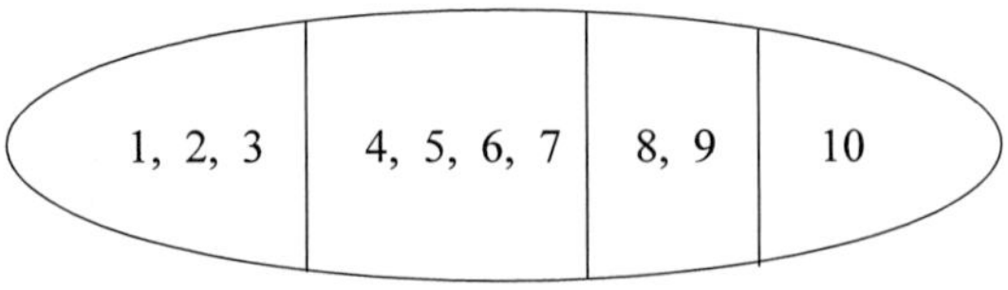

[그림 1.1] 분할의 예

위 그림은 집합 A의 분할 중 하나를 도식으로 나타내었는데, 이를 보다 경제적으로 나타내는 방법은 무엇일까? A={1, 2, 3}∪{4, 5, 6, 7}∪{8, 9}∪{10}으로 나타낼 수 있다는 점을 이용하여 다음과 같이 집합족으로 정의한다.

> **정의1.10** 집합의 분할
>
> 집합 A의 분할이란 다음 조건을 만족하는 A의 부분집합들로 이루어진 집합족 $\{A_i\}_{i\in I}$를 말한다.
>
> (i) 각 A_i는 공집합이 아니다.
>
> (ii) A=$\bigcup_{i\in I} A_i$. 즉, 각각의 합집합은 전체 집합이 된다.
>
> (iii) 서로 다른 첨자 i, j∈I에 대해, $A_i \cap A_j = \varnothing$ 또는 $A_i = A_j$. 즉, 서로소이거나 같은 집합이다.

위 정의에서 (i)와 (ii)의 조건은 타당하고 명확해서 부가적인 설명이 필요 없을 것으로 보이지만 조건 (iii)은 다소 복잡해 보인다. 설명을 위해 A = {1, 2, 3, ..., 10}에서의 A 분할의 예를 들어본다. 첨자집합 I = A라 두자. $A_1 = A_2 = A_3$ = {1, 2, 3}, $A_4 = A_5 = A_6 = A_7$ = {4, 5, 6, 7}, $A_8 = A_9$={8, 9}, A_{10} = {10}두면, 집합족 {A_1, A_2, A_3, A_4, A_5, A_6, A_7, A_8, A_9, A_{10} }을 간단히 $\{A_i\}_{i\in A}$으로 나타낼 수 있는 이점이 있다. 조건 (iii)은 집합족 내의 A_i, A_j에서 $A_i = A_j$을 허용한다.

> **예제 1.11** 아래 그림이 A={1, 2, 3, ..., 10}의 분할이 되지 못하는 이유를 [정의 1.10]에서 찾아보시오.

풀이 그림의 왼쪽 분할은 이 정의의 (i)와 (ii)를 충족하지 못하고, 오른쪽 그림은 (iii)를 충족하지 못한다.

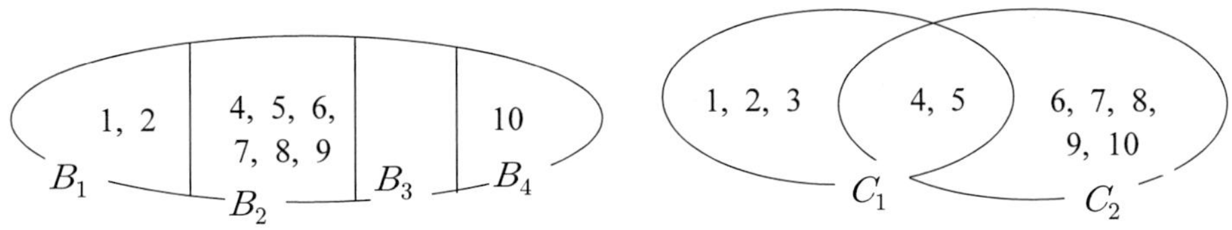

[그림 1.2] 분할이 되지 못하는 예

수학에서 어떤 개념 P를 정의하고 나면, 두 개의 대상 X, Y가 같은 P인지 아닌지를 확인할 필요가 있다. 예를 들면, 집합을 정의하고 나면 두 집합 X, Y가 같은 경우[5]와 그렇지 않은 경우를 확인한다. 이런 과정은 개념 P를 보다 더 명확하게 한다. 유사하게 집합 A의 두 분할 $\{A_i\}_{i\in I}$와 $\{B_j\}_{j\in J}$이 서로 같은 분할임을 어떻게 규정할까? 집합 A의 분할의 개수를 구하기 위해서는 이와 같은 작업은 필수적이다. 예를 들면, 집합 A={1, 2, 3}일때 집합 A의 서로 다른 분할은 몇 가지인가?

예제 1.12 A = {1, 2, 3}에 대해서 A의 분할을 다이그램과 집합족으로 나타내시오. 그리고 각각의 분할에 대해서 다른 표현도 하나씩 나열해 보시오.

풀이 아래 (iii)과 (iv)는 (ii)의 답과 유사하여 생략한다.

(i) 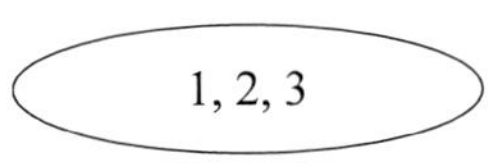

표준 표현[6] : {{1, 2, 3}} 다른 표현 : {{1, 2, 3}, {1, 2, 3}}

(ii) 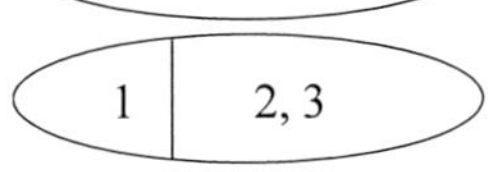

표준 표현 : {{1}, {2, 3}} 다른 표현 : {{1}, {1}, {2, 3}}

(iii) 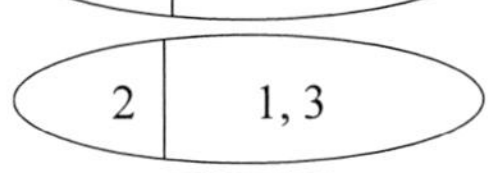

(iv) 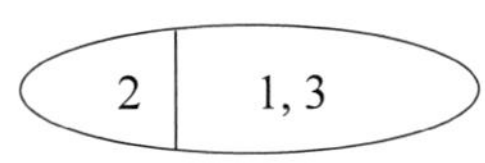

(v) 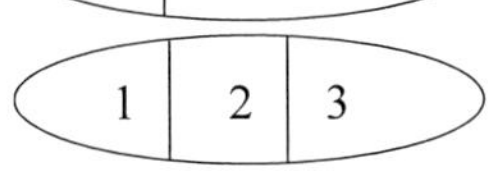

표준 표현 : {{1}, {2}, {3}} 다른 표현 : {{1}, {1}, {2}, {3}}

---

5) 두 개의 집합 X와 Y에 대해서 X = Y란 X⊂Y이고 Y⊂X일 때를 말한다. 1장 2절에서 함수를 정의하고 두 함수가 같다는 것을 이야기한다.

6) 어떤 대상을 나타내는 표현들은 많다. 예를 들면, $\frac{1}{2}$, $\frac{-1}{-2}$, $\frac{2}{4}$, $\frac{3}{6}$, $\frac{10}{20}$...등 이들이 모두 같은 분수를 나타내지만 표준형는 $\frac{1}{2}$이다. 대개 표준형은 간단하고 이해하기 쉬운 것으로 둔다.

두 개의 분할이 같다는 정의를 아래와 같이 정의함으로써 {1, 2, 3}의 분할은 모두 5개임을 알 수 있다.

정의 1.13 멱분할의 동치

두 분할 $\{A_i\}_{i\in I}$와 $\{B_j\}_{j\in J}$이 같은 분할이란 각각의 A_i에 대해서 $A_i = B_j$가 되는 $j\in J$가 존재하고, 그리고 각 B_j에 대해서 $B_j = A_i$가 되는 $i\in I$가 존재할 때이다.

정의 1.14 멱집합

집합 A의 멱집합 $P(A)$는 A의 모든 부분집합으로 구성된 집합이다. 즉 $P(A)$={ X | X⊂A}.

{a, b}와 같이 2개의 원소로 이루어진 집합의 멱집합은 {∅, {a}. {b}, {a, b}}와 같이 4개의 원소를 가진다. n개의 원소를 갖는 집합의 부분집합(멱집합)의 개수는 2^n, 즉 2의 멱(지수)로 나타나므로 멱집합이라 부른다.

1.2 함수

함수에 대한 연구는 17세기 발전하기 시작한 해석학과 함께 성장하였다. 함수는 기본적으로 두 양의 수량적 관계를 나타내는 기능이다. 중등학교에서는 함수의 기능보다는 함수의 표현에 더 많은 강조점을 두어 함수의 식이나 그래프에 초점을 두었을 것이다. 현대 수학에서 함수의 기능과 그 사용은 다양하고 광범위하다. 그중 한 가지는 미지의 구성물을 우리가 인지할 수 있는 것으로 바꾸어 그 구성물의 실체를 예측하는데 사용된다.

정의역은 살아 있는 세포로 구성된 3차원 유기체이지만 우리가 판독할 수 있는 치역은 2차원 평면 흑백 필름이다. X-ray가 3차원의 정보를 2차원으로 투사하면서 많은 정보를 손실하게 된다. 의사는 X-ray 필름을 통해서 환자의 가슴 속 상태를 예측한다. 간혹 잘못된 예측을 하여 오진을 하기도 한다. 그런데 X-ray와 같은 함수는 환자의 가슴 내부를 들여다보는 것처럼 상세히 예상할 수 없지만 이상이 있는 가슴의 위치, 크기, 진행 정도를 알 수 있다. 단층촬영(CD)와 자기공명촬영(MRI)에서는 훨씬 더 정확한 정보를 제공한다. 이와 같은 기기는 가슴 내부의 실제와 판독사진과 대응 관계를 높여 더 정확한 예측이 가능하게 한다. 가장 높은 차원의 함수는 구조를 보존시키는 1-1대응이다. 이제 함수의 정의와 종류를 알아본다.

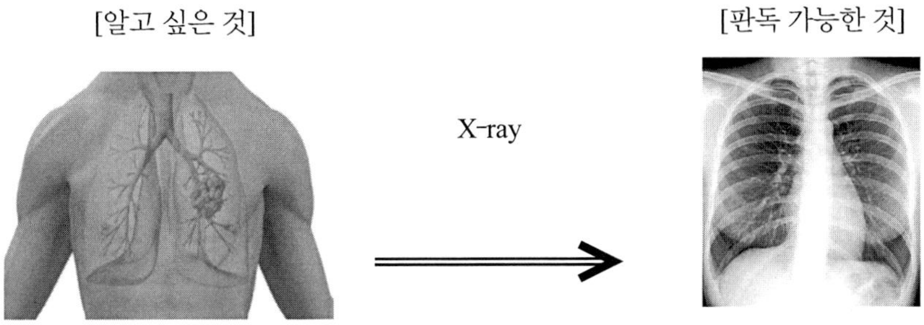

[그림 1.3] 함수의 기능과 X-ray

정의 1.15 함수

함수(函數, function) 또는 사상(寫像, map, mapping)은 어떤 집합 A의 각 원소를 다른 집합 B의 유일한 원소에 대응시키는 기능이다. 집합 A를 정의역, B를 공역이라 하며 함수 f는 A에서 B로의 함수라 하며, $f : A \rightarrow B$로 나타낸다. $a \in A$에 대응되는 B의 원소를 f(a)로 표시하고, 이것을 a의 상(image)이라 한다. 상들의 집합 $\{f(a) \mid a \in A\}$을 함수의 치역이라 한다.

두 개의 함수가 같음을 어떻게 규정하는가?

정의 1.16 함수의 동치

f는 A에서 B로의 함수이며, g는 C에서 D로의 함수라고 하자.

$$f : A \rightarrow B$$
$$g : C \rightarrow D$$

이때 두 함수가 다음 조건을 만족하면 같은 함수로 본다.

(i) 정의역이 같다. 즉, $A = C$

(ii) 공역이 같다. 즉, $B = D$

(iii) 대응하는 방식이 같다. 즉, 모든 $x \in A = C$에 대하여 $f(x) = g(x)$

결국 함수를 결정하는 것은 세 가지이다. 정의역, 공역, 그리고 대응방식인데, 대응방식은 (x, f(x))의 형태로 나타낼 수 있다. (x, f(x))를 XY평면좌표에 그려주면 함수의 그래프가 된다. 함수의 그래프가 같으면 같은 함수로 볼 수 있다. 아래 예와 같이 이 함수의 그래프는 순서쌍 집합, {(1, a), (2, b), (3, b), (4, c)}으로 표현되며, 이를 AB 좌표에 나타낸 것이 [그림 1.4]의 오른쪽 그림이다.

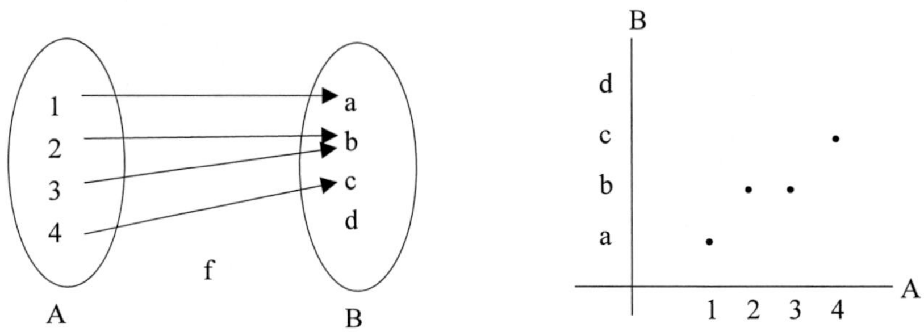

[그림 1.4] 함수 f의 대응과 그 그래프

정의역 A={1, 2, 3, 4}와 공역={a, b, c}가 주어졌을 때, 함수의 개수가 4^3이다. 이는 정의역 A에서 공역 B로 원소를 대응시키는 방식의 가지 수와 같은 것이다.

정의 1.17 함수의 종류 : 단사함수, 전사함수, 전단사함수

f : A → B가 함수라 하자.

(i) 정의역의 서로 다른 원소는 공역의 서로 다른 원소에 대응된다. 수학적 기호로 기술하면, 임의의 $x \neq y \in A$에 대하여 $f(x) \neq f(y)$이다. 이와 같은 조건을 만족하는 함수를 일대일(1-1)함수 또는 단사(單射)함수라 한다.

(ii) 치역과 공역이 일치할 때, 즉 공역의 원소 모두가 정의역의 원소에 의해 대응되어질 때이다. 임의의 $u \in B$에 대하여 $u = f(x)$가 되는 $x \in A$가 적어도 하나 존재할 때 함수 f를 A에서 B위로의 함수 또는 전사(全射)함수라 한다. 함수의 치역과 공역이 같으면 전사함수가 된다.

아래 그림에서 함수 f는 단사함수이나 전사함수가 아니고, g는 전사함수이나 단사함수가 아니다. h는 전사함수와 단사함수의 조건을 모두 만족한다.

(iii) 함수가 전사함수이면서 단사함수일 때를 1-1 대응 또는 전단사함수라 한다.

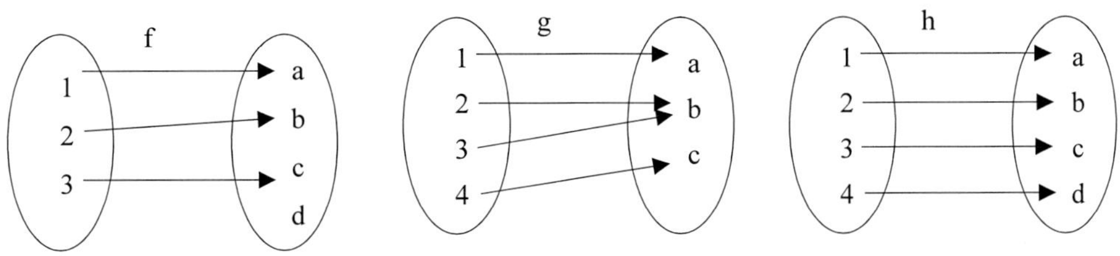

[그림 1.5] 여러 가지 함수

과제 1.18 아래 그림과 같이 정의역과 공역의 원소가 4개일 때 다음 조건을 만족하는 함수의 개수를 구하시오.

(i) 함수
(ii) 전사함수
(iii) 전단사함수
(iv) 전사함수도 단사함수도 아닌 함수

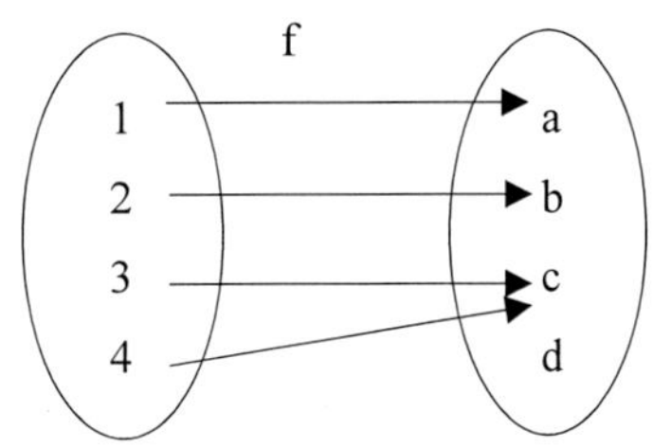

명제 1.19 $f : A \rightarrow B$가 함수이며, 정의역과 공역이 모두 유한 집합이라 하자. 다음과 같은 함수의 성질을 보이시오.

(i) f가 단사함수이면 정의역의 원소가 공역의 원소보다 적거나 같다. 즉 $|A| \leq |B|$.
(ii) f가 전사함수이면 정의역의 원소가 공역의 원소보다 많거나 같다. 즉 $|A| \geq |B|$.
(iii) f가 전단사함수이면, $|A| = |B|$.
(iv) $|A| = |B|$이고 f가 단사함수이거나 또는 전사함수이면 f는 전단사함수이다.

풀이 (i) f가 단사함수이면 비둘기집 원리[7]에 의해 정의역의 원소 수가 공역의 원소 수보다 작거나 같다. 일반적으로 f가 단사함수이면 $|A| = |$f의 치역$|$. (iii)에 의해서 A와 f의 치역은 원소 개수가 같고 두 집합 사이에 1-1 대응이 존재한다.

(ii) f가 전사함수이고 $|A| < |B|$하자. 함수의 대응을 역방향으로 비둘기집 원리를 적용하며, 공역의 두 원소 b와 b'에 대응되는 정의역의 원소 k가 존재하게 된다. $f(k) = b$, $f(k) = b'$이 되어 f의 함수 조건에 모순이 된다. 그러므로 $|A| \geq |B|$.

(iii) 위 (i)과 (ii)에 의해 f가 전단사함수이면, $|A| = |B|$.

(iv) $|A| = |B|$이고 f가 단사함수이면, f의 치역은 공역 B의 부분집합이며, $|$f의 치역$| = |A| = |B|$이다. 집합 B가 유한 집합이므로 f의 치역은 공역과 같은 집합[8]이

되고 f가 전사함수가 된다. 한편 $|A|=|B|$이고, f가 전사함수라 하자. 각 $b\in B$에 대해서 $f^{-1}(b)=\{x\in A \mid f(x)=b\}$라 두자. f가 전사함수이므로 각 $f^{-1}(b)$는 공집합이 아니다. 그리고 함수의 정의에 의해 $f^{-1}(b)$들은 서로 소이다. b의 선택에 따라 만들어지는 집합 $f^{-1}(b)$들의 개수는 $|B|=|A|$이다. $f^{-1}(b)$은 A의 부분집합이며 그 개수가 $|A|$이므로 각각의 $b\in B$에 대해서 $|f^{-1}(b)|=1$이고 f는 단사함수이다.

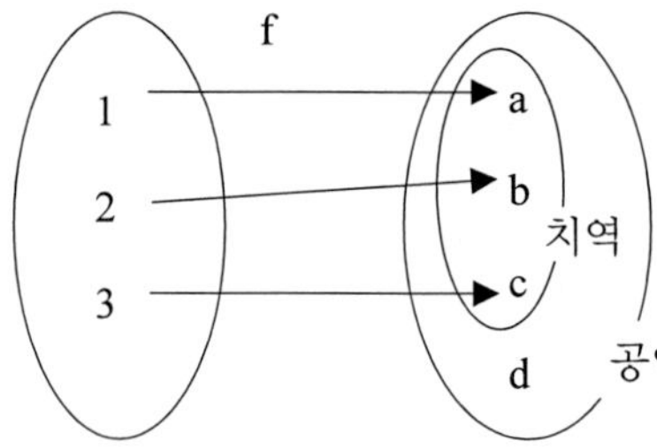

[그림 1.6] 공역과 치역

> **과제 1.20** $f: A \to B$로의 전단사함수이면 f의 역함수가 존재한다.

> **과제 1.21** $f: A \to B$가 단사함수(1-1함수)이고, $g: B \to A$가 단사함수라 하자. 각 $b\in B$에 대해서 $f(g(b))=b$이면, f와 g는 전단사함수이고 g는 f의 역함수이다.

집합 A와 B가 유한집합 일때, $f: A \to B$가 단사함수이고, $g: B \to A$가 단사함수이면, [예제 1.19]에 의해 f와 g는 전단사함수가 된다. 그러나 집합 A와 B가 무한집합이면 [과제 1.21]과 같이 '각 $b\in B$에 대해서 $f(g(b))=b$' 조건이 있어야 전단사함수가 보장된다. 그 반례는 자연수 집합에서 어렵지 않게 찾을 수 있다.

> **명제 1.22** 위 [명제 1.19]에서 정의역과 공역을 무한 집합으로 확장하여도 되면 다음과 같은 성질이 성립한다. (ii)를 증명하기 위해서는 선택공리[9]가 필요하다.

7) 비둘기집 원리: n+1개의 물건을 n개의 상자에 넣을 때 적어도 어느 한 상자에는 두 개 이상의 물건이 들어 있다는 원리를 말한다.

8) 유한 집합에서 진부분 집합은 그 크기가 본래 집합보다 작다는 사실을 이용한다. 치역은 공역의 부분집합이며, 집합의 크기가 같으므로 진부분집합이 될 수 없다.

(i) $f : A \to B$가 단사함수이면, A는 B의 부분집합과 1-1 대응이 된다.
(ii) $f : A \to B$가 전사함수이면, B는 A의 부분집합과 1-1 대응이 된다.

풀이 먼저 $f : A \to B$가 단사함수라 하자. f에 의한 상들의 모임을 $f(A) = \{f(a) \mid a \in A\}$ 두자. 그때 $g : f(A) \to A$로 단사함수임을 보일 수 있다. f(A)의 원소는 f(a)의 꼴이므로 $g(f(a)) = a$라 두면, f가 단사함수이므로 g는 함수의 조건을 만족하게 된다. 함수 g의 정의에 의해 g는 단사함수이다. 공역 B를 f(A)로 제한한 f를 f'으로 나타내자. 그러면 $f' : A \to f(A)$가 단사함수이고, $g : f(A) \to A$로의 단사함수이다. f(A)의 원소 f(a)에 대하여 $f'(g(f(a))) = f'(a) = f(a)$이므로 [과제 1.21]에 의해 f'과 g는 1-1 대응이다. 그러므로 (i)이 증명되었다.

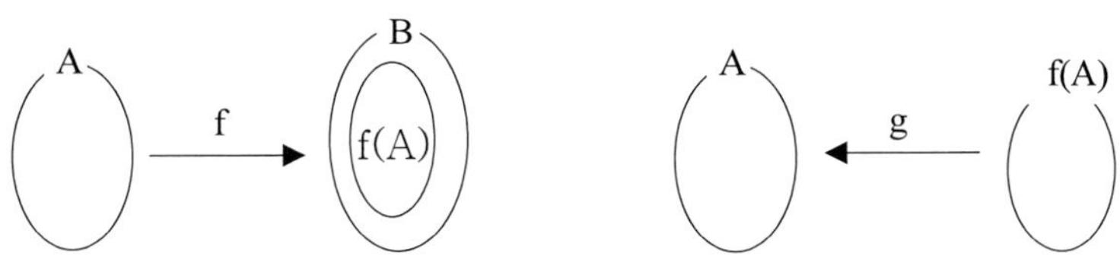

[그림 1.7] 단사함수의 대응

(ii) $f : A \to B$가 전사함수라 하자. 각 $b \in B$에 대해서 그 원상을 $Ab = \{a \mid f(a) = b\}$로 두면, 첨자붙은 집합족 $\{Ab\}_{b \in B}$을 생성한다. 선택공리에 의해 각 Ab으로부터 하나의 원소를 택할 수 있다. 이들의 모임은 집합을 구성하고 이 집합은 B와 1-1 대응이 된다.

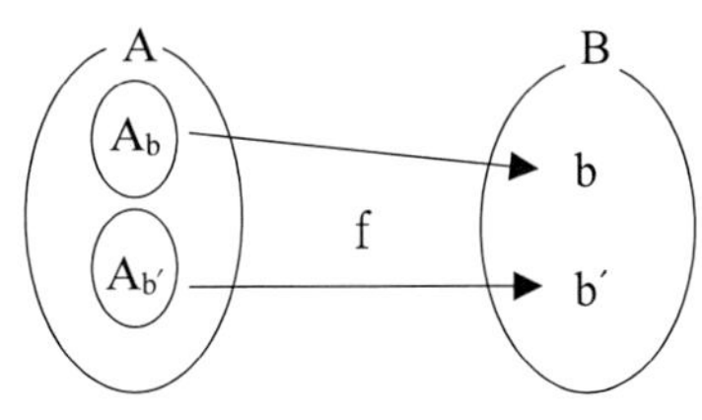

[그림 1.8] 원상과 대응

1장(집합과 함수) 프로젝트

프로젝트 1.1 집합에서의 역설(러셀의 역설, 의미론적 역설)에 대해서 조사해보시오. 집합에서 역설이 일어나지 않도록 하는 방법에는 어떤 것이 있는지 찾아보시오.

프로젝트 1.2 선택공리가 가지는 수학적 의미에 대해서 조사하시오. 선택 공리와 동치인 공리에 대해서 조사하고 왜 동치인지도 밝히시오.

---

9) 선택공리는 Ø를 포함하지 않는 (첨자붙은) 집합족 $\{A_i\}$에서 각 집합 A_i에서 원소 $a_i \in A_i$ 한 개씩을 동시에 선택하여 집합 $\{ a_i \mid a_i \in A_i \}$을 만들 수 있다는 원리이다.

2장 명제와 유효한 추론

명제(命題)는 논리학적으로 뜻이 분명한 문장을 말하지만 수학에서는 참과 거짓을 명확히 밝힐 수 있는 문장이나 수식을 말한다. 이 장에서는 간단한 단순명제에서부터 복합명제들이 어떻게 만들어지고 이들 명제의 진위 여부를 어떻게 결정하는지를 알아보고, 명제함수와 명제들이 만들어내는 추론의 유효성을 공부한다.

2.1 명제

1) 명제의 대수

참 또는 거짓을 분명히 판단할 수 있는 문장을 명제 p, q, r 등으로 나타내고 이들 각각의 참(True), 거짓(False)을 명제의 진리값이라 한다. 우리는 논리적 연산자를 사용하여 주어진 명제들을 결합시킴으로 새로운 명제의 생성을 다루고자 한다. 이는 덧셈이나 곱셈과 같은 연산에서 새로운 연산을 정의할 수 있는 것과 유사하다.

정의 2.1 논리합과 논리곱

논리합과 논리곱은 주어진 두 명제 p, q로부터 각각 '또는'과 '그리고'로 연결된 합성 명제를 만드는 논리 연산이다. 이들을 각각 $p \vee q$와 $p \wedge q$로 나타내며 이들의 진리값은 아래표와 같다. 이들 진리값은 우리가 사용하는 일상적인 논리와 다르지 않다.

<표 2.1> 합성 명제의 진리값

p	q	논리합	논리곱	부정
		$p \vee q$	$p \wedge q$	$\sim p$
T	T	T	T	F
T	F	T	F	F
F	T	T	F	T
F	F	F	F	T

정의 2.2 명제의 부정

주어진 명제 p의 부정을 ~p라 표기하고, p가 아니다(not p)라고 읽으며, ~p의 진리값은 위 표와 같이 p 진리값과는 정반대이다.

예제 2.3 논리합의 예

p : 2는 짝수이다(참 : T). q : 2는 소수(prime)이다(참 : T).

~p : 2는 홀수이다(거짓 : F). ~q : 2는 합성수이다(거짓 : F).

<표 2.2> 논리합의 예

p	q	논리합	
		p∨q	진리값
T	T	2는 짝수이거나 소수이다.	T
T	F	2는 짝수이거나 합성수이다.	T
F	T	2는 홀수이거나 소수이다.	T
F	F	2는 홀수이거나 합성수이다.	F

과제 2.4 논리곱에 대해서도 위와 같은 표를 만들어 합성 명제와 진리값을 비교해 보시오.

2) 조건문과 쌍조건문

정의 2.5 조건문과 쌍조건문

p, q를 명제라 하자. 조건문이란 'p(전건, 가정)이면 q(후건, 결론)이다'의 형태로 표현되는 명제로, p → q 표시하며, 이 조건문의 진리값 결정은 직관적으로 이해하기 힘든 부분이 있다. 한편 쌍조건문은 두 조건문의 논리곱 p → q∧q → p으로 규정하고, p ↔ q 표시하며, 'p이면 q이고, q이면 p이다'가 되는 셈이다.

<표 2.3> 조건문의 진리값

p	q	p → q
T	T	T
T	F	F
F	T	T ?
F	F	T ?

조건문 $p \rightarrow q$의 진리값은 p, q의 진리값에 따라 결정되는데, 전건 p가 참일 때 후건 q도 참이면 조건문이 참인 경우와 그리고 전건 p가 참일 때 후건 q가 거짓이면 조건문이 거짓인 경우는 어렵지 않게 이해가 된다. 조건문은 가정이 충족되었을 때 결론의 진위 여부에 따라 진리값이 결정된다. 그런데 전건이 거짓(F)인 경우는 조건문의 진리값은 어떻게 되는가? 조건문에서 가정이 충족되지 못했으니 그 진리값을 결정하지 못하는 것으로 생각할 수 있다. 진리값이 결정되지 않으면 명제가 될 수 없다.

예제 2.6 조건문 $(p \wedge q) \rightarrow q$의 진리값은 무엇인가?

앞에서 p(예. 오늘이 4월의 어느 봄날)와 q(예. 오늘은 맑음이다.)를 이 조건문에 넣어보면 알 수 있듯이(오늘이 4월의 봄날이고 맑음이면 오늘은 맑음이다.) 그러므로 조건문$(p \wedge q) \rightarrow q$은 항상 참임을 알 수 있다. 해집합으로 표현해보면 [그림 2.1]과 같다.

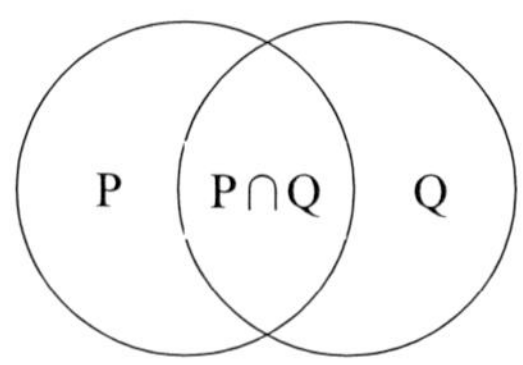

[그림 2.1] 해집합

그런데 이 조건문의 전건인 $p \wedge q$가 거짓인 경우는 <표 2.4>에서 4가지 중 아래쪽 3가지로 (기울어진 *F*) 경우와 같이 후건의 진리값에 무관하게 이 조건문 자체는 참임을 알 수 있다.

<표 2.4> 조건문의 진리값

p	q	(p∧q)	(p∧q) → q		
T	T	T	T	**T**	T
T	F	*F*	*F*	**T**	*F*
F	T	*F*	*F*	**T**	*T*
F	F	*F*	*F*	**T**	*F*

앞에서 언급을 한 것을 요약하자면, 조건문에서 전건이 거짓인 경우 그 진리값이 참이라는 것은 이미 수학에서 자명하게 사용하고 있는 논리의 결과임을 알 수 있다. 다음 예제에서는 공집합이 모든 집합의 부분집합임을 보이는데 조건문의 진리값이 사용됨을 보여준다.

<표 2.5> 조건문과 쌍조건문의 진리값

p	q	p→q	q→p	p↔q (p→q∧q→p)
T	T	T	T	T
T	F	F	T	F
F	T	T	F	F
F	F	T	T	T

예제 2.7 A를 하나의 집합이라 하자. 공집합 $\varnothing \subset A$을 증명하시오.

증명 공집합이 A의 부분집합임을 증명하므로 부분집합[10]의 정의를 사용한다. '$x \in \varnothing$이면 $x \in A$이다'라는 명제는 하나의 조건문이 된다. 그런데 전건 '$x \in \varnothing$'는 항상 거짓이므로 조건문 '$x \in \varnothing$이면 $x \in A$이다'은 참이다. 그러므로 $\varnothing \subset A$.

조건문의 전건 '$x \in \varnothing$'이 일어날 수 없을 때, 후건의 진리값과 상관없이 조건문이 참이므로 $\varnothing \subset A$과 $\varnothing \subset A^c$이 동시에 성립한다. 이런 포함관계는 공집합이 아닌 일반집합에서는 성립될 수 없다. 일상적인 말에서도 전건이 일어나기 어려운 경우에 불가능한 후건이 타당하게 들린다.

예제 2.8 다음 조건문을 p, q, → 를 사용하여 나타내고, 이 말의 타당성과 진리값을 비교해 보시오.

(i) 내가 다시 약속을 지키지 못하면 성(姓)을 간다.
(ii) 부자가 천국 가는 길이 낙타가 바늘귀로 들어가기보다 더 어렵다.

풀이 (i) p : 내가 약속을 지킨다.
q : 내가 성을 간다.

(i)은 명제라기보다는 다짐과 같은 것이지만 조건문의 진리값과 연결시켜본다. 먼저 (i)은 $\sim p \rightarrow q$로 표현된다. 이 조건문에서 '나는 반드시 약속을 지킨다.'를 강조하고 있으며, $\sim p$는 일어나지 않을 것이므로, 거짓인 전건이다. 그러므로 조건문은 참이며, 이 말은 타당한 문장으로 보인다.

10) $X \subset Y$란 $a \in X$이면 $a \in Y$.

(ii)에서 '부자가 천국 가면 낙타는 바늘귀로 들어간다.'로 해석된다. 그러므로 (ii)는 조건문 $p \to q$로 나타낼 수 있다. 이 말에서 p는 일어날 수 없는 일임을 확신하므로 전건 p의 진리값이 거짓이다. 그러므로 (ii)는 참인 명제이고 타당한 말이다.

전건과 후건의 인과성에 대해서 말해보자. 전건과 후건, 두 명제가 아무런 관련성이 없다면 조건문의 참, 거짓에 상관없이 무의미하거나 자명한 것일 수 있다. '한국의 수도가 서울이면, 2가 짝수이다.' 두 명제는 아무 관련이 없다. 이 조건문이 참이라 하여도 어떤 의미를 찾기가 힘들다. 의미있는 조건문이 되기 위해서는 전건이 참이고, 전건과 후건 사이에 인과 관계가 존재해야 한다.

예제 2.9 조건문과 쌍조건문의 차이

조건문과 쌍조건문($p \to q \wedge q \to p$)의 차이는 이미 진리값이 다르다는 것에서도 알 수 있다. 수학에서는 조건문과 쌍조건문이 다르지만 일상에서는 이 두 가지를 혼용하는 경우가 많다. 부모님이 다음과 같은 약속을 하였다고 하자.

'네가 이번 학기에 모든 과목에서 A학점 받으면 해외여행을 보내주겠다.'

이 약속은 분명 $p \to q$ 형태의 조건문이다. 그러나 이면에는 '네가 A학점을 못 받으면 해외여행을 보내주지 않겠다.'는 것을 내포하고 있다. 이것을 p, q를 사용하여 풀어쓰면 $\sim p \to \sim q$의 대우명제[11)]인 $q \to p$를 포함하고 있다. 그러므로 조건문의 형식을 갖추고 있으나 그 의미는 쌍조건문인 셈이다.

3) 여러 가지 명제

정의 2.10 명제의 동치

일반적으로 새로운 개념을 도입하고 나면 그 개념상 '같음'을 정의한다. 명제에서는 '두 개의 명제가 같다'란 어떻게 규정할 것인가? 명제의 핵심은 진리값이다. 두 명제 p, q의 진리값이 같으면 동치명제라하고, $p \equiv q$로 나타낸다.

예제 2.11 $\sim(p \vee q) \equiv \sim p \wedge \sim q$ 그리고 $p \to q \equiv \sim q \to \sim p$임을 보이시오.

---

11) 대우명제는 다음절에서 정의된다. 쌍조건문 $p \leftrightarrow q$은 $p \to q \wedge q \to p$, $p \to q \wedge \sim p \to \sim q$와 동치이다.

풀이 아래 표를 통해 보인다.

p → q는 ~q → ~p와 동치이다. 후자를 p → q의 대우명제라 한다. 대우명제는 동치이나 그 역인 q → p과는 동치가 아니다.

<표 2.6> 동치인 명제

p	q	p∨q	~(p∨q)	~p∧~q			p→q	~q→~p		
T	T	T	**F**	F	**F**	F	**T**	F	**T**	F
T	F	T	**F**	F	**F**	T	**F**	T	**F**	F
F	T	T	**F**	T	**F**	F	**T**	F	**T**	T
F	F	F	**T**	T	**T**	T	**T**	T	**T**	T

정의 2.12 항진 명제와 모순 명제

합성 명제에서 그 명제를 구성하는 단순 명제들의 진리값에 관계없이 항상 참인 명제를 항진 명제, 그리고 항상 거짓인 명제를 모순 명제라 한다. 예를 들면 p∨~p와 (p∧q)→p는 항진 명제이나 p∧~p는 모순 명제이다.

<표 2.7> 항진 명제와 모순 명제

p	q	p∨~p	(p∧q) → p			p∧~p
T	T	T	T	T	T	F
T	F	T	F	T	T	F
F	T	T	F	T	F	F
F	F	T	F	T	F	F

정의 2.13 함의, 충분조건과 필요조건

조건문 p → q가 항진 명제일 때, p ⇒ q 표시하고, p는 q를 '함의한다(imply).'라고 한다. 예를 들어 '비가 오면 땅이 젖는다.'는 참인 조건문으로 볼 수 있다. 이때 '비 내림이 땅 젖음'을 함의한다. 여기서 전건 '비 내림'은 후건 '땅을 적시기'에 충분하다. 이때 p는 q가 성립하기 위한 충분조건이라 한다.

한편 살수차가 물을 뿌려줄 수 있다고 가정하자. 비가 오거나 살수차가 물을 뿌려서 땅을 적실 수 있다. '땅 젖음'이 '비 내림'을 반드시 함의하지는 않는다. 'q(땅 젖음)은 p(비 내림)의 충분조건이 될 수 없다. 조건문 p → q의 대우 명제인 ~q → ~p의 형태로 바꾸어 생각해 보자. 즉, '땅이 젖지 않았다'면 '비가 내리지 않았다'는 것이다. 그러므로 땅이 젖어 있어야 비가 내렸을 가능성이라도 있다는 의미이다. 이런 의미에서 '땅 젖음'은 '비 내림'의 필요조건이라 한다. 이를 정리하면 다음과 같다.

p ⇒ q이면 p는 q가 되기 위한 충분조건이다.
q는 p가 되기 위한 필요조건이다.

특히 p ↔ q가 항진 명제이면, p와 q는 논리적으로 동치이며, p ≡ q 혹은 p ⇔ q라 표기한다. 두 명제는 필요충분조건이 된다.

예제 2.14 아래 명제에서 q는 p되기 위한 필요조건이다. 왜 필요조건인가?

명제 p : 도형 A는 정사각형이다.
q : 사각형 A는 네 변의 길이가 같다.

풀이 p ⇒ q임을 쉽게 알 수 있다. 그리고 p는 q를 함의하고, p는 q가 되기 위한 충분조건이다. 그런데 q는 p가 되기 위한 필요조건이다. 왜냐하면 p ⇒ q의 대우명제 ~q ⇒ ~p와 동치이다. 즉, q가 성립하지 않으면 p가 성립하지 않기 때문에 q는 p가 성립하기 위한 필수조건이 되는 셈이다. 즉, 정사각형은 네 변의 길이가 같으면서 네 각이 모두 같은 사각형이다.

과제 2.15 정수의 순서쌍 (a, b)로 구성된 어떤 집합 T가 대칭 관계란 '(a, b) ∈ T이면 (b, a) ∈ T일' 때를 말한다. 즉 조건문이 항상 참일 때를 말한다. 예를 들면 {(1, 2), (2, 1)}은 대칭관계이지만 {(1, 2), (2, 1), (4, 3)}은 대칭관계가 아니다. 이때 공집합 ∅은 대칭관계임을 증명하시오.

2.2 명제함수

1) 명제함수의 정의

명제함수란 일종의 함수이다. 함수는 정의역의 각 원소를 치역에 있는 어떤 값에 대응시키는 기능이다. 함수의 특성은 대개 정의역의 값보다는 치역에 있는 함수 값의 성격에 따라 함수의 이름이 정해지기도 한다. 명제함수란 정의역의 값에 따라 '명제'가 되는 함수를 말한다. 그러므로 명제함수는 명제가 아니라 함수인데, 치역으로 대응되는 상

(image)이 명제가 될 때를 말한다. 이를 더 형식적으로 표현하자면 다음과 같다.

정의 2.16 명제함수

p(x)가 x를 포함하는 문장이라 하자. 정의역의 각 원소 a에 대해 p(a)가 명제가 될 때 p(x)를 명제함수라 한다. 그러므로 각 p(a)는 진리값(참, 거짓)을 가지게 된다.

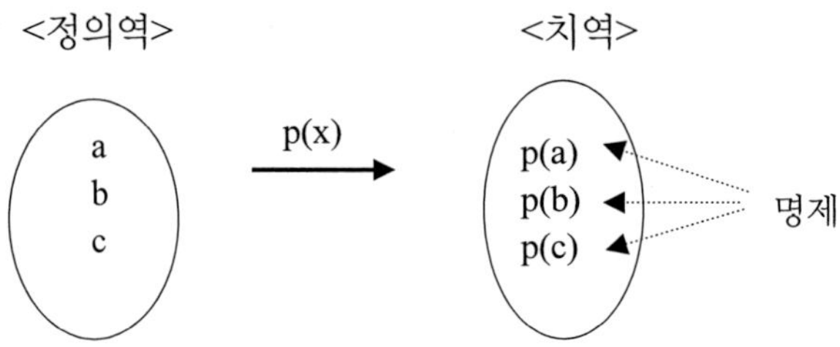

[그림 2.2] 명제함수

여기서 명제함수의 치역을 어떻게 둘지를 생각하는 것은 의미있는 일이다. 각 명제는 진리값을 가진다는 점을 고려해서 명제함수의 치역을 생각해보자.

예제 2.17 정의역이 자연수인 다음 명제함수에서 치역은 무엇인지 생각해보시오.

$$p(x) : x^2 = 1$$

설명 명제함수 p(x)($x^2 = 1$)에 자연수 x = 1, 2, 3, ...을 대입하면 다음이 얻어진다.

p(1)은 '$1^2 = 1$'이 되어 참인 명제

p(2)는 '$2^2 = 1$'이 되어 거짓인 명제

p(3), p(4), ..., 이후 모든 p(n)은 거짓인 명제

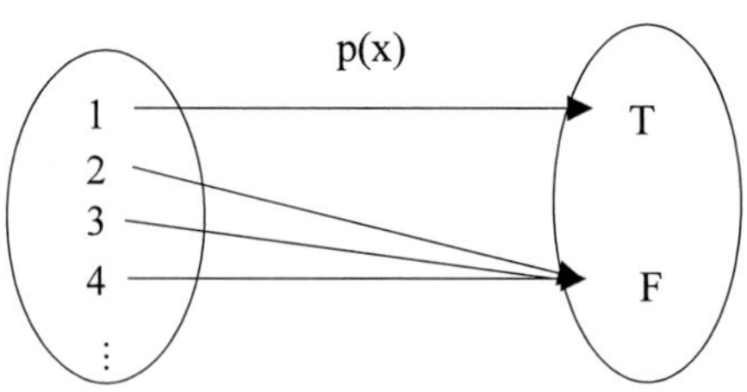

[그림 2.3] 명제함수의 치역

각 자연수 n에 대하여, p(n)을 그 명제의 진리값에 대응시켜주면 p(x)는 함수가 된다. 즉, 치역을 {T, F}로 두고, p(1)이 참인 명제이므로 1을 T(참)에, 2이상의 수는 F(거짓)에 대응시

켜줄 수 있기 때문에 p(x)를 명제함수라 부른다. 정의역은 여러 가지 형태의 집합이 되지만 치역은 {T, F}이다.

정의 2.18 명제함수의 해집합

명제함수의 정의역 원소는 치역의 참이나 거짓 중 하나에 대응된다. 참에 대응되는 정의역의 원소의 모임을 명제함수 p(x)의 해집합(진리집합)이라 한다. 해집합은 $P = \{a \in D \mid p(a)$의 진리값이 참$\}$이다. 여기서 D는 정의역이다. 해집합의 원소는 모두 T에 대응되지만 그 여집합은 모두 F에 대응된다. 그리고 명제함수의 해집합은 정의역의 부분집합임을 주목해야한다.

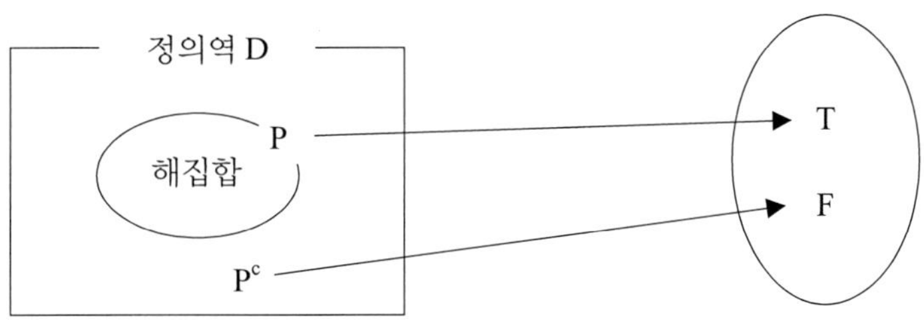

[그림 2.4] 명제함수의 해집합

예제 2.19 다음 명제함수의 해집합을 구하시오.

(i) 자연수 집합에서 x는 12의 약수이다.
(ii) {1, 2, 3, 5, 6, 7}에서 x는 12의 약수이다.
(iii) 자연수 집합에서 x는 6의 약수이다.
(iv) 자연수 집합에서 $x < 7$이다.
(v) 실수 집합에서 $x < 7$이다.

풀이 (i) 명제함수의 해집합은 {1, 2, 3, 4, 6, 12}, (ii) 명제함수의 해집합은 {1, 2, 3, 6}, (iii) 명제함수의 해집합은 {1, 2, 3, 6}, (iv) 명제함수의 해집합은 {1, 2, 3, 4, 5, 6}, (v) 명제함수의 해집합은 $(-\infty, 7)$.

위 예제에서 12의 약수와 6의 약수는 다른 명제함수이지만 그 해집합을 제한하게 되면 해집합이 같아지고, (iv)와 (v)의 명제함수를 정의하는 언어는 같지만 정의역(전체 집합)에 따라 해집합이 달라진다. 두 명제함수가 같음을 어떻게 정의하는 것이 타당할까?

> **명제 2.20** 정의역 U에서 정의된 두 개의 명제함수 f(x)와 g(x)의 해집합이 같으면 두 함수는 같은 함수이다.

풀이 정의역과 치역은 같으므로 두 함수의 대응 방식이 같은지를 확인하면 된다. 정의역의 원소는 해집합에 속하는 것과 그렇지 못한 것으로 양분된다. 해집합의 원소 a에 대해서는 f(a) = T(참)과 g(a) = T이고, 해집합에 속하지 않는 원소 b에 대해서는 f(b) = F (거짓)과 g(b) = F이다. 정의역에 속하는 임의의 원소 c에 대해 f(c) = g(c).

> **명제 2.21** 정의역 U에서 정의된 명제함수 f(x)의 해집합을 P라 하자. ~f(x)도 명제함수가 되고, ~f(x)의 해집합은 P^c이다. 여기서 ~f(x)는 각각의 a∈U에 대해서 ~f(a)에 대응하는 함수이다.

풀이 f(x)가 명제함수이지만 함수의 부정이라는 것은 없다. 그런데 f(x)가 명제함수이므로 각 a∈U에 대해서 f(a)가 명제이므로 명제의 부정 ~f(a)가 정의되어 있다. 그러므로 ~f(x)는 명제함수가 된다. 아울러 그 해집합은 아래 표에서 각각의 여집합임은 바로 알 수 있다.

<표 2.8> 명제함수의 부정과 그 해집합

해집합	진리값	명제함수 f(x)	부정	명제함수 ~f(x)	진리값	해집합
P	**T**	**a∈P, f(a)**	⇔	a∈P, ~f(a)	F	P
P^c	F	a∈P^c, f(a)		**a∈P^c, ~f(a)**	**T**	**P^c**

2) 전칭기호와 존재기호를 갖는 명제함수

정의역의 값에 따라 그 진리값이 달라지는 명제함수를 어떻게 하면 명제로 만들 수 있는가? 이를 위한 두 가지 방법을 소개한다. 첫째는 명제함수 앞에 정의역의 각 원소를 지칭하는 말이나 기호(임의의, 모든, 각각의, 전칭기호 ∀)를 붙이는 경우이다. 이를테면, 모든 x에 대해서 p(x), 임의의 k에 대해서 p(k), ∀a∈U(정의역) p(a) 등과 같은 경우이다. 둘째는 명제함수와 함께 존재기호 ∃을 사용하거나 존재의 의미를 갖는 '있다', '존재 한다', '적어도 하나의 해를 갖는다.', '어떤(for some)' 등과 같은 말과 같이 사용되는 경우이다.

앞에서 두 가지 방법을 소개하였는데 전자를 전칭명제라 하고, 후자를 존재명제라 할 것이다. 명제가 되기 위해서는 진리값을 정해야 한다. 어떻게 정하는 것이 타당할까? 전체집합(정의역) U를 자연수 집합이라 하자. '모든 x∈U에 대해서 p(x)가 참'이란 어떤 의미로 이해해야 하는가? 각 원소 a∈U에 대해서 p(a)가 모두 참이라는 의미다. 즉 p(x)의 진리집합이 전체집합 U가 될 때 참이라는 것이고, 그렇지 못하면 거짓인 것으로 판단하는 것이 자연스럽다. 한편 존재명제인 경우는 해가 하나라도 존재하면 참인 명제가 되므로 진리 집합이 공집합이 아니면 참인 명제로 간주하지만 그렇지 못하면 거짓인 명제로 보는 것이다. 요약하면 아래와 같다.

정의 2.22 전칭명제와 존재명제를 동반하는 명제함수의 진리값을 아래와 같이 정의하면 명제가 된다.

<표 2.9> 명제의 진리값

형태	동반하는 단어	명제의 진리값	
		참(T)	거짓(F)
전칭 명제	임의의, 모든, 각각의, ∀	해집합 P = U(전체집합)	해집합 P ≠ U(전체집합)
존재 명제	있다, 존재한다, 적어도 하나의 해를 갖는다, 어떤(for some), ∃	해집합 P ≠ ϕ(공집합)	해집합 P = ϕ(공집합)

예제 2.23 정의역 또는 전체 집합 U를 자연수 집합이라 두자. 다음 명제의 진리값을 구하시오.

(i) 모든 x에 대해서 $x^2 = 1$이다.

(ii) 모든 x에 대해서 x + 0 = x이다.

풀이 (i)는 거짓인 명제이다. (i)의 해집합 P ≠ U이다. (ii)는 참인 명제가 된다. (ii)의 해집합 R = U이다.

과제 2.24 U를 자연수 집합이라 하자. 다음 명제의 진리값을 구하시오.

(i) 어떤(for some) x에 대해서 $x^2 = 1$.

(ii) 모든 x에 대해서 x + 8 < 3.

앞에서 명제함수와 해집합도 알아보았다. 전칭기호 또는 존재기호와 함께 이들 함수는 명제가 된다. 이 같은 명제의 부정과 이들 해집합과 관계는 어떠한지 알아보자.

명제 2.25 다음 두 명제가 서로 부정임을 밝히시오.

(i) 전체 집합 U에 대해서, 모든 x∈U에 대해서 p(x)이다.

(ii) 전체 집합 U에 대해서, 어떤 x∈U에 대해서 ~p(x)이다.

풀이 위 [명제 2.21]와 [정의 2.22]을 결합하면 <표 2.10>과 같다. 이 표의 왼쪽은 전칭명제의 진리값과 그에 해당하는 p(x)의 해집합을 나타낸 것이다. 그리고 앞에서 ~p(x)의 해집합은 P^c임은 [명제 2.21]에서 설명하였다. 이를 부정한 것이 표의 오른쪽이 된다. 그러므로 전칭명제의 부정은 존재명제가 되고, 유사한 방법으로 존재명제의 부정은 전칭명제가 됨을 보인 것이다 .

<표 2.10> 명제의 부정

명제	진리값	p(x)의 해집합 P	부정	~p(x)의 해집합 P^c	진리값	명제
전칭 명제 : ∀x∈U, p(x)	T	P = U	⇔	$P^c = \phi$	F	존재: 어떤 x∈U, ~p(x)
	F	P ≠ U		$P^c \neq \phi$	T	

예제 2.26 다음 각 명제의 부정과 해집합, 그리고 진리값을 구해보시오.

(i) 모든 실수 x에 대해, $x^2 \geq 0$.

(ii) $x^2 < 0$을 만족하는 실수 x가 존재한다.

(iii) 12 ÷ x = 3을 만족하는 자연수 x가 존재한다.

(iv) 모든 자연수 x에 대해, 12 ÷ x = 3.

풀이 (i)과 (ii) 서로 부정인 명제이고, (iii)과 (iv)도 서로 부정인 명제이다. (i)의 해집합은 전체 실수 집합이고, (ii)의 해집합은 ∅이다. (iii)의 해집합은 ∅이 아니고, (iv)의 해집합은 전체 집합이 아니다. 그러므로 (i)과 (iii)는 참인 명제이고, (ii)과 (iv)는 거짓인 명제이다.

과제 2.27 다음 명제함수에 전칭기호와 존재기호를 붙여 정의역에 따라 진리값이 달라지게 만들어 보시오.

명제함수	기호	정의역	진리값
$x^2=4$	전칭	{ -2, 2 }	T
		{ 1, 2, 3, 4 }	F
	존재	자연수	T
			F
x는 6의 약수이다.	전칭		T
			F
	존재		T
			F

2.3 유효한 추론

추론(推論)은 이미 알고 있는 또는 확인된 정보로부터 논리적 결론을 도출하는 행위 또는 과정이다. 쉽게 환언하면, 추론은 '알려진 판단을 근거로 삼아 다른 판단을 이끌어 내는 것'이라고 할 수 있다. 참인 명제로부터 얻어진 결론이라도 그 추론이 타당하지 않으면 얻어진 결론은 거짓일 수 있다. 추론에는 여러 가지가 있으나 여기서는 참인 명제로부터 새로운 참인 명제를 이끌어 내는 일종의 연역적 추론의 예시를 보여준다. 그리고 형식화를 통해 오류가 없는 추론의 과정을 보여준다.

정의 2.28 유효한 추론

두 명제 p, q가 참이면 명제 r도 항상 참일 때, 다시말해 조건문 $p \wedge q \rightarrow r$가 항진명제일 때 "p이고 q이면 r이다"가 유효한 추론이라고 하고, "$p \wedge q \Rightarrow r$로 표시하나 아래와 같이 세로로 표현하는 경우가 많다.

p
q
――――――
$\therefore$ r   유효한 추론

기호화와 형식화는 수학적 지식의 특성 중 하나이다. 유사한 내용의 논리를 범주화하고 효율적으로 사고하고 합리적으로 추론하여 복잡한 추론에서도 오류가 없는 결론을 이끌어 내는데 도움을 준다. 형식화는 간결하고 오류가 없도록 결론에 이르게 하는 규격

화된 과정을 말한다. 형식화는 알게 된 내용을 수학적 방법으로 표현하고 의사소통하는 방법이다. 다음 예제는 삼단논법이 유효한 추론임을 보여준다.

예제 2.29 다음이 유효한 추론임을 형식화하여 보이시오.
비가 오면 땅이 젖는다. 비가 왔다. 그러므로 땅이 젖었다.

풀이 유효한 추론으로 예상되지만 이를 확인해보자. 먼저 문장을 기호화하고 형식화해보자. 문장을 단순 문장으로 분해하여 명제로 둔다.

기호화 : p : 비가 온다. q : 땅이 젖는다.

기호화와 형식화

대전제(비가 오면 땅이 젖는다.) : $p \rightarrow q$
소전제(비가 왔다.) : p
결론(땅이 젖었다.) : q

$$\begin{array}{r} p \rightarrow q \\ p \\ \hline \therefore q \end{array}$$

추론의 유효성은 진리표를 사용하여 확인한다.

<표 2.11> 삼단논법

p	q	p → q	(p → q)∧p
<u>T</u>	<u>T</u>	<u>T</u>	<u>T</u>
T	F	F	F
F	T	T	F
F	F	T	F

두 전제 p와 $p \rightarrow q$가 모두 참인 경우는 밑줄 친 첫 번째 경우뿐임을 알 수 있고, 그때 결론 q는 반드시 참임을 알 수 있다. 삼단논법이 유효한 추론이다.

예제 2.30 기호화와 형식화, 진리표를 통해 다음 추론의 유효성을 보이시오.
그가 범인이라면 현장이 있었을 것이다. 그때 그는 그 장소에 있지 않았다. 그러므로 그는 범인이 아니다.

풀이 p : 그가 범인이다. q : 그가 현장이 있었다.

추론에 대한 형식화 :

$$\begin{array}{r} p \rightarrow q \\ \sim q \\ \hline \therefore \ \sim p \end{array}$$

추론의 확인 : 진리표를 이용한다.

<표 2.12> 알리바이

p	~p	q	~q	p→q	(p→q)∧~q
T	F	T	F	T	F
T	F	F	T	F	F
F	T	T	F	T	F
F	T	F	T	T	T

두 전제 p→q와 ~q가 모두 참인 경우를 보면, 밑줄 친 마지막 경우뿐이다. 이때 ~p가 참임을 알 수 있다. 따라서 유효한 추론임을 알 수 있다. 어떤 사건이 일어났을 때 알리바이 확인을 통해 용의자에서 제외하는 것은 이 추론에 근거한다.

과제 2.31 기호화 형식화, 진리표를 통해 다음 추론이 유효하지 못함을 보이시오.
비가 오면 땅이 젖는다. 땅이 젖었다. 그러므로 비가 왔다.

과제 2.32 내가 A학점을 받지 못하면 '논리학은 엉터리야'라고 평소 말했던 친구가 논리학에서 A학점을 받은 것을 알고서는 역시 '논리학은 엉터리가 아니야!'라고 말했다. 이를 형식화하고 추론이 유효한지를 밝히시오.

과제 2.33 "그는 무신론자이거나 사회주의자 일 것이다." 그가 무신론자임을 알고서 '아하 그는 사회주의자는 아니구나!'라고 했다. 이를 형식화하고, 이 추론이 유효한지를 밝히시오.

2장(명제와 추론) 프로젝트

프로젝트 2.1 학교에서 다루어지는 추론은 연역 추론, 귀납추론, 가추법, 수학적 귀납법 등이 있다. 이들 추론을 설명하고 그 예도 들어보시오.

3장 여러 가지 관계

3장은 두 개의 대상 사이에 존재하는 관계를 규정하고 그 특성을 공부한다. 4<5와 같은 대소 관계는 초등학교 1학년에서 배우지만 평행, 수직, 합동, 대칭과 같은 도형에서의 관계, 그리고 약수, 배수 등과 같은 두 수 사이의 관계는 주로 고학년에서 다루어진다. 중등학교에서 배우는 피타고라스 정리는 직각삼각형의 세 변의 크기 관계이며, sin법칙은 일반 삼각형의 변의 크기와 내각 사이의 관계이다. 여기서는 일반적인 관계의 특성을 다룬다.

3.1 명제함수와 해집합

> **정의 3.1** 두 집합 A, B의 곱집합(Cartesian 곱, 데카르트 곱)
>
> $$A \times B = \{ (a, b) \mid a \in A, b \in B \}$$

A, B의 곱집합은 순서쌍 (a, b)들의 모임인데, 여기서 순서쌍은 집합과는 달리 나열되는 원소의 순서를 고려한다. 집합으로서 {a, b} = {b, a}이나 순서쌍에서는 (a, b) ≠ (b, a). 두 개의 순서쌍 (a, b)와 (c, d)가 같다란 a = c이고 b = d임을 의미한다.

실수 $\mathbb{R}$의 곱집합 $\mathbb{R}^2$ (또는 $\mathbb{R}^3$)을 cartesian 평면(또는 공간)이라 하는데 실수 함수의 그래프를 대개 이 좌표에 그린다. 이를 좀더 일반화한 것이 곱집합이라 볼 수 있다. 곱집합도 좌표 diagram으로 나타낼 수 있다.

A = {a, b, c}, B = {x, y}로 두면, A×B은 6개의 순서쌍으로 이루어진 집합이며, 이 순서쌍들은 좌표 다이어그램에서 점으로 표시된다. 이를 확장하여 n개의 쌍으로 이루어진 곱집합 $A_1 \times A_2 \times \ldots \times A_n = \{(a_1, a_2, \ldots, a_n) \mid a_i \in A_i \}$으로 정의할 수 있다.

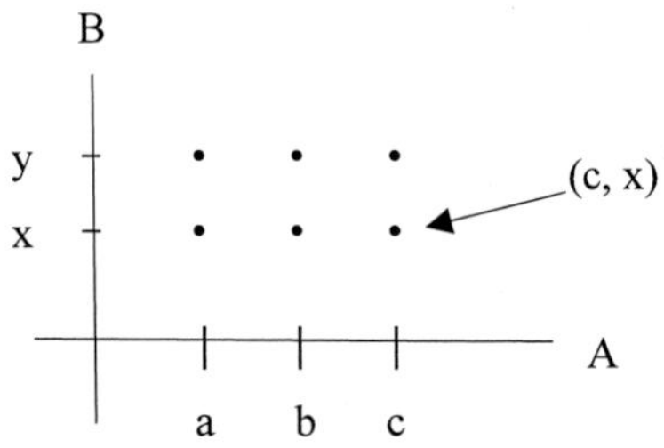

[그림 3.1] 함수의 그래프

사람들 사이에도 관계가 있다. 사촌, 형제, 동창 등과 같이 사람간의 관계가 있는가 하면, 곡명과 가수, 작품과 작가와 같이 사물과 사람의 관계도 있다. 수학에서의 관계에 대한 정의는 명제함수에서 출발한다.

정의 3.2 A × B에서 정의된 명제함수

두 집합 A, B의 곱집합 A × B에서 정의되는 명제함수 p(x, y)란 임의의 순서쌍 $(a, b)\in A\times B$에 대해, p(a, b)가 명제가 될 때를 말한다. 그러므로 p(a, b)는 참 또는 거짓으로 진리값을 가진다. 이 명제함수의 해집합 $P = \{ (a, b)\in A\times B \mid p(a, b) : 참 \}$도 2장에서 정의한 해집합과 유사하게 정의한다. 여기서 해집합은 정의역의 부분집합임을 주목한다.

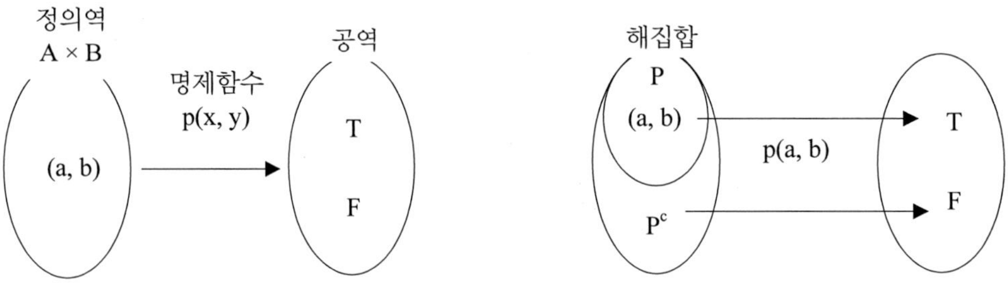

[그림 3.2] 명제함수와 해집합

예제 3.3 $A = \{1, 2, 4\}$일때 A × A에서 정의된 명제함수의 해집합을 구하시오.

(i) p(x, y) : x는 y의 배수이다. 해집합 P

(ii) q(x, y) : x는 y의 약수이다. 해집합 Q

(iii) r(x, y) : $x \leq y$. 해집합 R

풀이 $P = \{(1, 1), (2, 1), (4, 1), (2, 2), (4, 2), (4, 4)\}$
$Q = \{(1, 1), (1, 2), (1, 4), (2, 2), (2, 4), (4, 4)\}$
$R = \{(1, 1), (1, 2), (1, 4), (2, 2), (2, 4), (4, 4)\}$

위 예제에서 (ii)와 (iii)를 정의하는 명제함수는 다르게 보이지만 해집합이 같아서 두 개의 명제함수는 같은 함수로 간주한다.

과제 3.4 $A = \{1, 2, 3, 6\}$일때 $A \times A$에서 정의된 명제함수의 해집합을 구하시오.

(i) $p(x, y)$: x는 y의 배수이다. 해집합 P
(ii) $q(x, y)$: x는 y의 약수이다. 해집합 Q
(iii) $r(x, y)$: $x \times y$는 홀수이다. 해집합 R
(iv) $s(x, y)$: $x < y$. 해집합 S

명제 3.5 $A \times B$에서 정의되는 두 개의 명제함수 $p(x, y)$와 $q(x, y)$의 해집합이 같으면 두 함수는 같은 함수이다. 그리고 해집합이 다르면 명제함수도 다르다.

풀이 명제함수는 치역이 참(T) 아니면 거짓(F)뿐이다. 그러므로 정의역의 순서쌍 (a, b)가 해집합에 속하면 $p(a, b) = q(a, b) = T$이고, (a, b)가 해집합에 속하지 않으면 $p(a, b) = q(a, b) = F$이다. $p(x, y)$와 $q(x, y)$의 대응방식이 같으므로 두 함수는 같은 함수이다. 또한 해집합이 다르면, 진리값 $p(a, b)$와 $q(a, b)$가 서로 다른, 즉 $p(a, b) \neq q(a, b)$되는 $(a, b) \in A \times B$가 존재한다.

위 명제 3.5로부터 $A \times B$에 정의된 명제함수의 해집합이 다르면 서로 다른 함수가 된다. 그러므로 명제함수 $p(x, y)$와 그 해집합을 동일시하여 같은 것으로 본다. 예를 들어, $A = \{1, 2, 3\}$이라하면, $A \times A$에 정의된 명제함수의 총 개수는 해집합의 개수와 같다. 그러므로 명제함수의 개수는 $A \times A$의 부분집합의 개수, 즉 $2^{|A \times A|} = 2^9$임을 알 수 있다.

명제 3.6 $A \times B$에 정의된 명제함수 $p(x, y)$와 그 해집합을 동일시한다. 각 명제함수는 $A \times B$의 부분집합에 대응된다. 그러므로 명제함수의 개수는 $A \times B$의 원소 개수, $2^{|A \times B|}$이 된다.

집합을 나타낼 때에 조건제시법과 원소나열법이 있다. 조건제시법은 집합의 성격이나 특징을 알 수 있지만 그 집합이 구체적으로 어떤 원소로 구성되는지를 명확하게 말해주지 못한다. 이와 같이 명제함수를 나타낼 때도 p(x, y)의 형태로 나타내면, 명제함수의 속성을 알 수 있고, 해집합으로 나타내면 그 속성을 만족하는 원소가 어떤 것인지를 구체적으로 알 수 있다.

과제 3.7 $A = \{1, 3\}$일 때, $A \times A$에서 정의된 아래 두 명제함수는 같은가?

(i) p(x, y) : x는 y의 약수이다. 해집합 $P = \{(1, 1), (1, 3), (3, 3)\}$

(ii) s(x, y) : $x \leq y$. 해집합 $S = \{(1, 1), (1, 3), (3, 3)\}$

예제 3.8 $A = \{1, 2\}$라 두면, 곱집합 $A \times A$에 정의된 명제함수와 $A \times A$의 부분집합이 어떻게 대응되는지를 보이시오.

풀이 $A = \{1, 2\}$이므로 $A \times A = \{(1, 1), (1, 2), (2, 1), (2, 2)\}$이다. 각 명제함수는 그 해집합에 대응된다. 정의역이 4개의 원소, 치역이{T, F}이므로 명제함수는 모두 2^4이다. 16개 함수에서 6개만 제시하며 나머지는 과제로 돌린다.

명제함수:

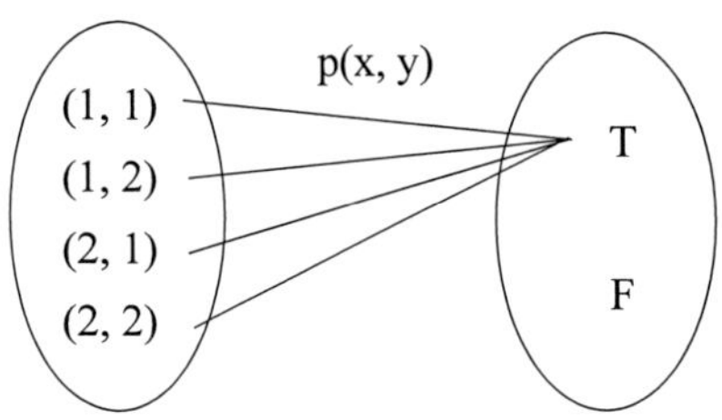

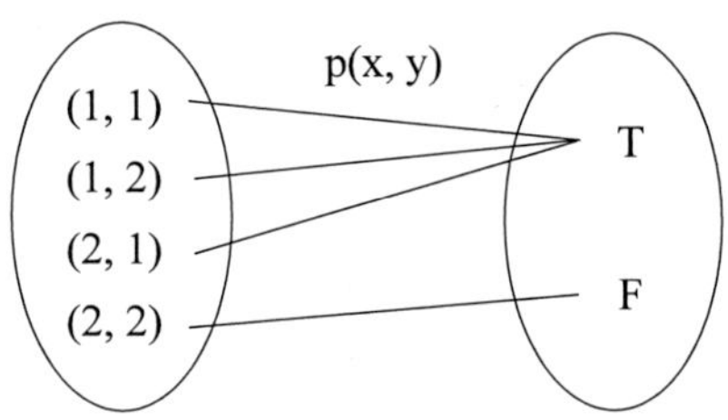

⇕ ⇕

해집합: A×A {(1.1), (1, 2), (2, 1)}

명제함수:

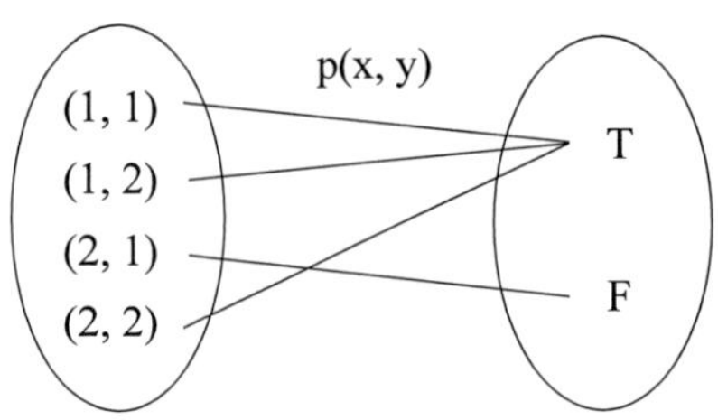

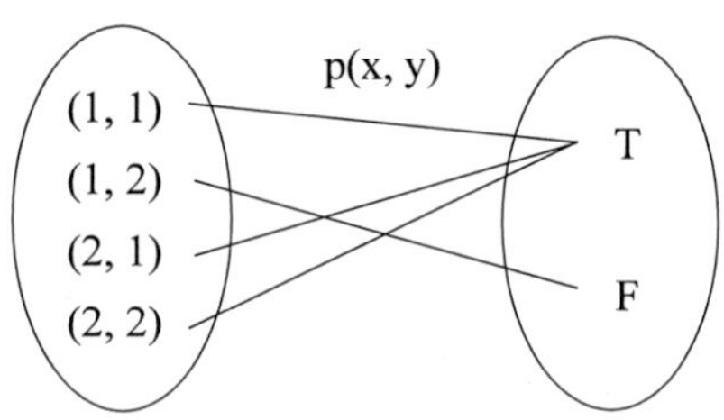

⇕ ⇕

해집합: {(1, 1), (1, 2), (2, 2)} {(1, 1), (2.1), (2, 2)}

명제함수:

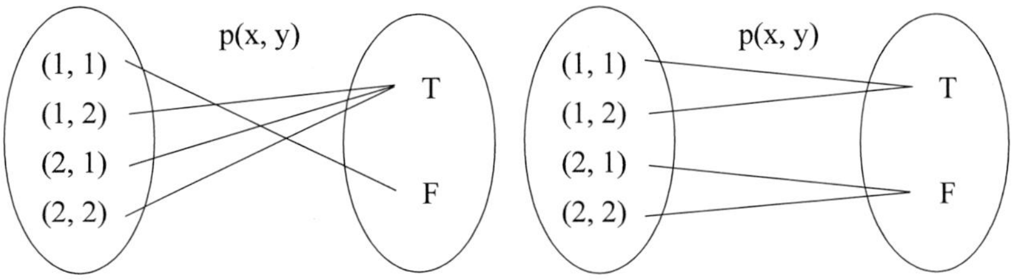

⇕ ⇕

해집합: {(1, 2), (2, 1), (2, 2)} {(1.1), (1, 2)}

과제 3.9	위 [예제 3.8]에서 나머지 해답을 찾으시오.

3.2 관계의 정의

이 절에는 명제함수를 통해 관계를 정의한다. 작가와 작품의 관계, 국가와 수도의 관계처럼 어떤 관계가 성립하기 위해서는 두 개의 집합이 요구된다.

정의 3.10 집합 A에서 B로의 관계

집합 A에서 B로의 하나의 관계(a relation[12]) : R로 표현)란 곱집합 A×B에 정의된 하나의 명제함수 p(x, y)를 말하고, R = (A, B, p(x, y))로 나타낸다. 앞에서 명제함수는 해집합과 동일시 할 수 있음을 언급하였다. 그러므로 집합 A에서 B로의 관계를 A×B에 정의된 명제함수 또는 A×B의 부분집합으로 간주한다.

집합 A에서 B로의 관계 R(relation)은 A에서 B로의 함수를 일반화한 것이다. A = {a, b, c}이고 B = {0, 1}일 때 A에서 B로의 관계는 A×B의 부분집합으로 정의하였다. 그런데 A에서 B로의 함수를 그래프[13])로 나타내면 모두 A×B의 부분집합이 된다. [그림 3.3]은 함수와 그 함수의 정의역 원소 a와 그 상(image) f(a)를 결합한 순서쌍 (a, f(a))의 모임인 그래프의 예시이다.

---

12) A에서 B로의 관계(a relation)는 함수를 일반화한 것으로 A×B에 정의된 명제함수 중 하나를 말한다.
13) 함수의 그래프 정의는 1장을 참조하시오.

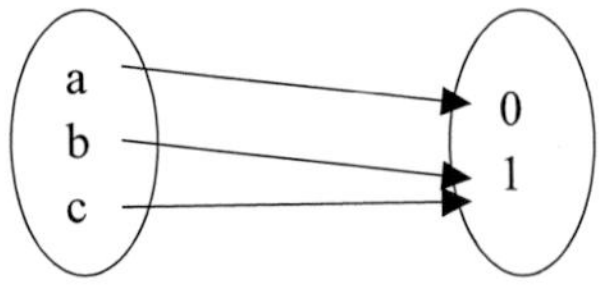

{(a, 0), (b, 1), (c, 1)}

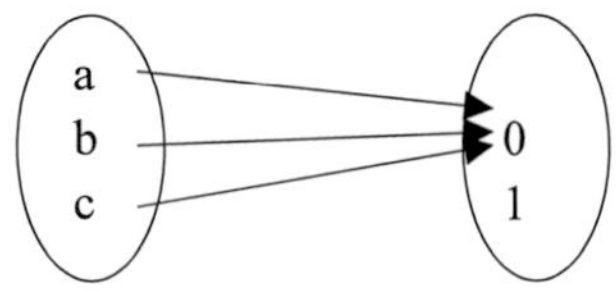

{(a, 0), (b, 0), (c, 0)}

[그림 3.3] 함수와 그래프

예를 들어, {(a, 0), (a, 1), (b, 1)}은 A×B의 부분집합이므로 A에서 B로의 관계로 볼 수 있지만 A에서 B로 함수의 그래프가 될 수 없음을 쉽게 알 수 있다. 관계는 함수를 일반화한 것이다.

정의 3.11 관계의 표현

A에서 B로의 관계 R이 주어졌다고 하자. (a, b)∈A×B가 해집합에 속하면 (a, b)∈R 또는 aRb로 표시하고, (a, b)가 해집합의 원소가 아니면 (a, b)∉R 또는 $a \not R b$로 나타낸다. 수학에서 사용되는 여러 가지 관계에 대해서 R을 사용하지 않고 고유한 기호를 사용한다. <표 3.1>은 수학에서 자주 사용하는 관계와 그 표식이다.

<표 3.1> 관계와 그 표현

관계이름	기호(R)	표시(aRb)
대등	$=$	$2+3=5,\ 2\neq 3$
대소	$\geq$	$5\geq 3,\ 5\gneqq 6$
합동	$\equiv$	$A\equiv B,\ A\not\equiv B$
닮음	$\backsim$	$A\backsim B$
수직	$\perp$	$l_1 \perp l_2$
평행	$//$	$l_1 // l_2$
약수	$\mid$	$3 \mid 12$

일반적인 관계를 말할 때는 R로 나타내고, 그리고 aRb 표현보다는 (a, b)∈R을 더 자주 사용한다.

예제 3.12 A = {1, 2, 3} 두면, A에서 A로의 관계는 모두 몇 개인가? 다음 명제함수로 정의되는 관계를 그래프와 해집합으로 나타내시오.

(i) 'x는 y의 약수이다'로 정의되는 관계
(ii) 'x < y'로 정의되는 관계
(iii) 'x+1=y'로 정의되는 관계

풀이 곱집합 $A \times A$은 9개의 순서쌍을 가진다. $A \times A$의 부분집합의 개수 2^9만큼의 관계를 가진다. 조건을 만족하는 순서쌍이 해집합에 속하고 이들을 좌표에 나타낸 것이 그래프이다.

(i)

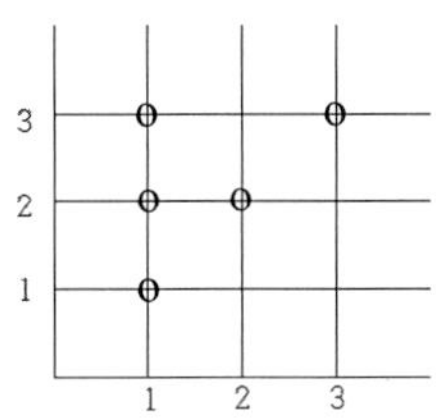

$\{(1, 1), (1, 2), (1, 3), (2, 2), (3, 3)\}$

(ii)

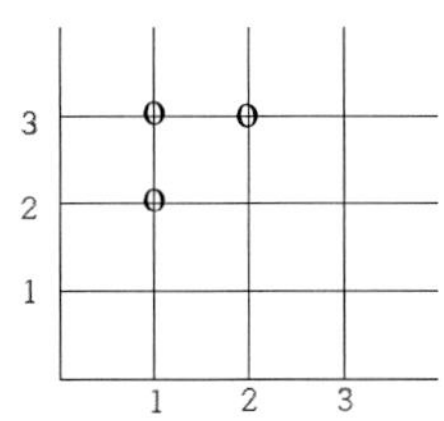

$\{(1, 2), (1, 3), (2, 3)\}$

(iii)

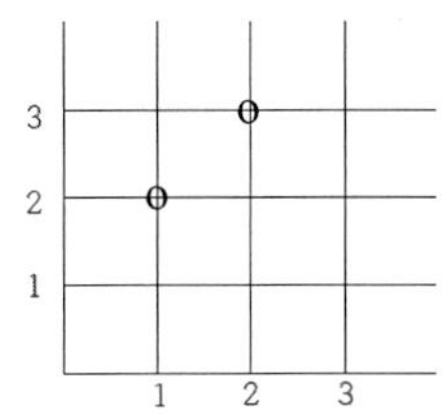

$\{(1, 2), (2, 3)\}$

3.3 여러 가지 관계

집합 A에서 B로의 관계란 $A \times B$의 한 부분집합과 같은 것으로 보며, 그 개수는 $2^{|A \times B|}$임을 설명한 바 있다. 이들 관계에서 특별히 의미있는 것들과 그 성질을 알아본다.

정의 3.13 역관계와 항등관계

집합 A에서 B로의 관계 R에 대해, R의 역관계(R^{-1} 표시함)란 B에서 A로의 관계로 $R^{-1} = \{ (y, x) \in B \times A \mid (x, y) \in R\}$으로 둔다. 그러므로 $R^{-1} \subset B \times A$이다. 한편 집합 A의 항등관계 관계 또는 대각선 관계(I_A 표시함)란 A에서 A로의 관계로 $I_A = \{ (x, x) \in A \times A \mid x \in A \} \subset A \times A$으로 둔다.

예제 3.14 $A = \{1, 2, 3\}$일 때, A에서 A로의 관계 $R = \{(1, 2), (1, 3), (2, 3), (3, 3)\}$의 역관계는 $\{(2, 1), (3, 1), (3, 2), (3, 3)\}$이다. 그리고 항등관계 $I_A = \{(1, 1), (2, 2), (3, 3)\}$이다. 이를 그래프로 나타내면 아래 그림과 같다.

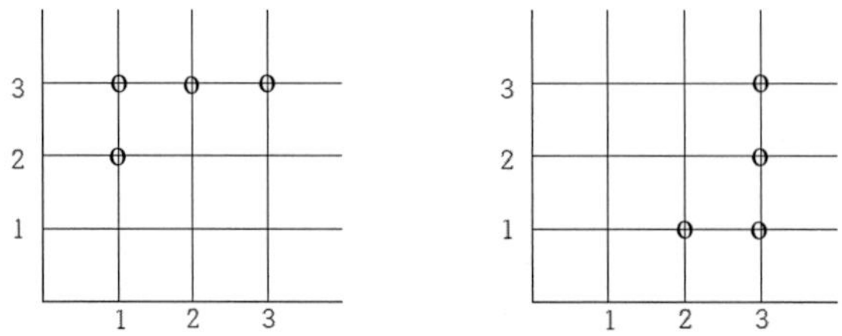

[그림 3.4] 관계 R과 그 역관계 R^{-1}

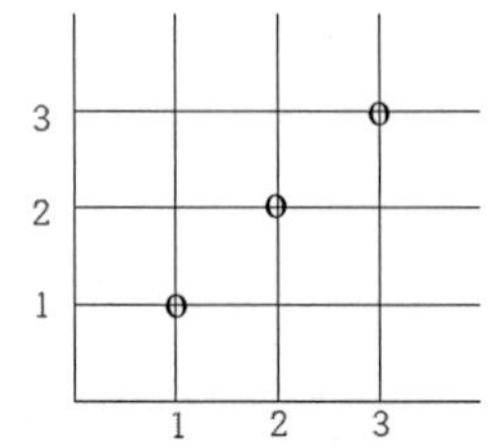

[그림 3.5] 항등관계

정의 3.15 이항관계

관계에서 특히 A와 B가 같은 집합일 때, A에서 A로의 관계를 이항관계라 하며 이를 간단하게 A에서의 이항관계라 한다. 즉 이항관계는 A×A의 부분집합이라 할 수 있다.

$A = \{1, 2, 3\}$에서의 이항관계의 개수는 2^9이지만 수학적으로 의미있는 기본적인 이항관계인 반사관계, 대칭관계, 추이관계, 반대칭관계를 다루며 아울러 동치관계와 순서관계도 알아본다.

1) 반사관계

정의 3.16 반사관계

집합 A에서 이항관계 R가 반사관계란 모든 $a \in A$에 대해서 $(a, a) \in R$(해집합)일 때를 말한다. 이를 명제함수 p(x, y)로 설명하면 임의의 $a \in A$에 대해 p(a, a)는 참이다. 이를 항등관계로 나타내면 $I_A \subset R$이다.

예제 3.17 $A = \{1, 2, 3\}$에서 A의 반사관계는 어떤 형태의 집합일까?

(i) A의 항등관계는 반사관계인가?

(ii) 그래프에서 반사관계의 모양은 어떠한가?

(iii) A에서 반사관계의 개수를 구하시오.

풀이 (i) 항등관계 $I_A=\{ (1, 1), (2, 2), (3, 3)\}$는 대각선에 있는 (a, a) 모양의 원소를 모두 포함하고 있으므로 항등관계는 반사관계이다. (ii) 반사관계란 [그림 3.6]의 대각선에 있는 ⊙ 모양의 원소를 모두 포함하면 된다. (iii) 대각선 원소를 제외한 나머지 6

개 순서쌍을 나타내는 o의 포함 여부와는 상관없이 반사관계가 된다. 예를 들면, {(1, 1), (2, 2), (3, 3)}, {(1, 1), (2, 2), (3, 3), (1, 2)}, {(1, 1), (2, 2), (3, 3), (1, 2), (2, 3)} 등이 모두 반사관계이다. 그러므로 반사관계의 개수는 o의 포함여부에 따라 2^6개이다.

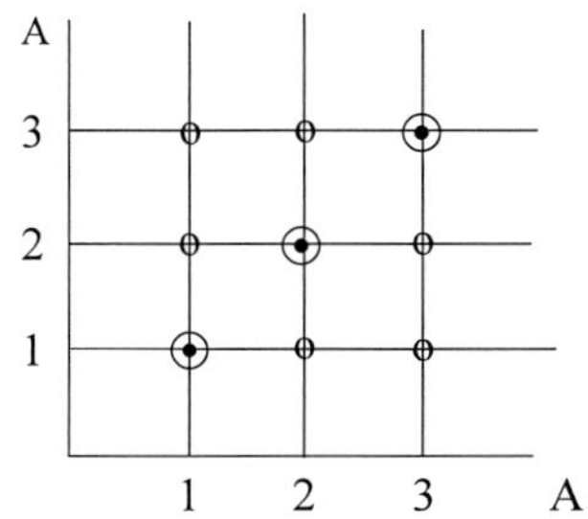

[그림 3.6] 반사관계

이제 명제함수로 주어진 이항관계에서 반사관계를 찾아보자.

예제 3.18 주어진 집합 ℕ이 자연수 집합이라 하자. 다음 명제함수로 정의되는 관계는 반사관계인가?

(i) p(x, y) : x는 y의 약수이다.

(ii) q(x, y) : x는 y의 배수이다.

(iii) r(x, y) : x×y는 짝수이다.

(iv) s(x, y) : x ≤ y.

풀이 모든 자연수 a∈ℕ에 대하여 a는 a의 배수이며, a는 a의 약수이다. 또한 a≤a이다. 그러므로 p(a, a), q(a, a), s(a, a)는 참인 명제이다. 따라서 (i), (ii), (iv)는 반사관계이다. (iii)에서 r(a, a)는 항상 참인 명제가 아니다. 그러므로 반사관계가 아니다.

과제 3.19 다음 관계 중 반사관계를 찾으시오.

(i) L을 직선들의 모임이라 하자. L에서의 이항관계인 평행과 수직 관계

(ii) P를 다각형들의 모임이라 하자. P에서의 이항관계인 합동과 닮음 관계

(iii) ℤ를 정수 집합이라 하자. ℤ에서의 이항관계인 대소(≤), 대소(<) 관계

(iv) S를 정수의 부분집합들의 집합족이라 하자. S에서의 이항관계인 포함관계(⊂)

2) 대칭관계

정의 3.20 대칭관계

집합 A에서의 이항관계 R이 대칭관계란 (a, b)∈R이면 (b, a)∈R일 때를 말한다. 다르게 표현하면 aRb ⇒ bRa을 만족할 때이다. 명제함수로 표현하면, p(a, b)가 참이면 p(b, a)도 참일 때를 말한다.

예제 3.21 A = {1, 2, 3}에서 A의 대칭관계는 어떤 형태의 집합일까?

(i) A의 항등관계는 대칭관계인가?

(ii) 그래프에서 대칭관계의 모양은 어떠한가?

(iii) A에서 대칭관계의 개수는 구하시오.

풀이 대칭관계는 순서쌍 (a, b)의 짝이라 할 수 있는 (b, a)를 포함하는 이항관계를 말한다. 그러므로 {(1, 2), (2, 1)}은 대칭관계이나 {(1, 2), (2, 1), (1, 3)}은 대칭관계가 아니다. 그런데 대각선 원소 (a, a)는 그 자체가 짝이라 말할 수 있다. 그러므로 {(1, 2), (2, 1), (1, 1)}은 대칭관계가 된다. (i) 항등 관계는 대칭관계이다. (ii) 대칭관계는 좌 대각선(그림의 점선)을 중심으로 좌우 대칭인 점으로 구성된다([그림 3.7]참조). (iii) 대칭관계의 개수는 대각선 원소 3개의 포함여부, 나머지 6개 중에서는 2개씩 3개의 짝이 함께 포함되는지의 여부에 따라 결정된다. 그러므로 $2^3 \times 2^3 = 2^6$개다.

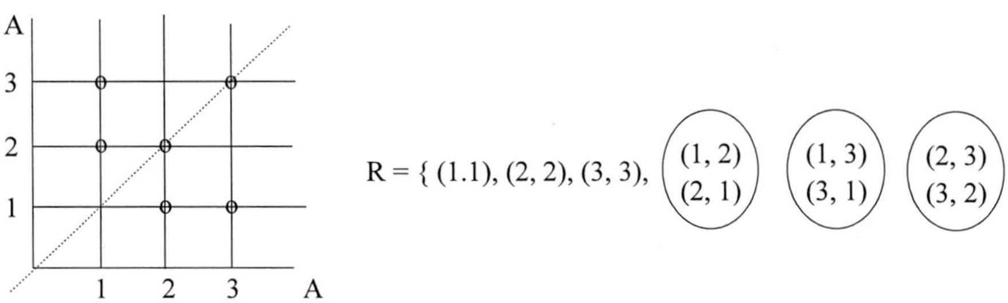

[그림 3.7] 대칭관계

이들 대칭관계의 일반적인 원소 구성은 위 R과 같다. 순서쌍 모두 포함하는 A×A과 어떤 원소도 갖지 않는 공집합도 대칭관계이다. 예제 3.21에서 반사관계이면서 대칭관계인 이항관계는 2^3개이다. 반사관계는 대각선 원소를 모두 포함해야하고, 나머지 3개의 짝을 가진 쌍의 포함 여부에 따라 2^3가지가 나온다.

과제 3.22 공집합이 대칭관계임을 조건문(2장 1절 참조)의 논리로 설명하시오.

예제 3.23 A에서 R가 대칭관계일 필요충분조건은 $R = R^{-1}$

풀이 충분조건을 보이기 위해, $(a, b) \in R$이라 하자. R의 대칭관계를 가정하였으므로 $(b, a) \in R$이다. 그러므로 $(a, b) \in R^{-1}$. 따라서 $R \subseteq R^{-1}$. 다른 한편으로 $(a, b) \in R^{-1}$이면, $(b, a) \in R$이고, R이 대칭관계이므로 $(a, b) \in R$이다. 따라서 $R^{-1} \subseteq R$. 그러므로 $R^{-1} = R$. 역으로 $R = R^{-1}$을 가정하면, $(a, b) \in R$일 때 $(a, b) \in R^{-1}$이므로 $(b, a) \in R$이다. 따라서 R이 대칭관계이다.

과제 3.24 주어진 집합이 자연수 집합 $\mathbb{N}$일 때 아래 명제함수로 정의되는 관계는 대칭관계인가?

(i) $p(x, y)$: x는 y의 약수이다.

(ii) $q(x, y)$: x는 y의 배수이다.

(iii) $r(x, y)$: $x \le y$.

(iv) $s(x, y)$: $x \times y$는 짝수이다.

일상적인 용어로 말하면 대칭관계는 상호적인 관계를 말한다. 순서쌍 (a, b)으로 이루어진 두 대상 a, b의 위치를 바꾸어도 그 관계가 유지되는 관계를 말한다. a가 b의 사촌이면 b도 a의 사촌이다. 사촌 관계는 대칭관계이다. 유사하게 친구나 고등학교 동창은 대칭관계이나 사제, 부자, 형제는 대칭관계가 아니다. a가 b의 형이며, b는 a의 형이 될 수 없다. 대칭관계에서는 상호적이므로 대상의 순서를 고려하지 않아도 된다. a는 b의 친구라 말하기 보다는 a와 b는 친구라 한다.

예시 3.25 다음 이항관계에서 대칭관계를 찾으시오.

(i) L을 직선들의 모임이라 하자. L에서의 이항관계인 평행과 수직관계

(ii) P를 다각형들의 모임이라 하자. P에서의 이항관계인 합동과 닮음관계

(iii) $\mathbb{Z}$를 정수 집합이라 하자. $\mathbb{Z}$에서의 이항관계인 대소($\le$), 대소($<$)관계

(iv) $\mathbb{Z}$를 정수 집합이라 하자. 서로소 관계 $(a, b) = 1$.

풀이 (i), (ii), (iv) 평행과 수직, 합동과 닮음, 서로소 관계는 상호적인 관계이므로 대칭관계이다. (iii) 대소 관계는 대칭관계가 아니다.

3) 반대칭 관계

정의 3.26 반대칭 관계

집합 A에서의 이항관계가 반대칭 관계란 조건문 $(a, b)\in R \wedge (b, a)\in R$이면 $a=b$이 성립할 때이다. 이를 대우 명제로 설명하면, $a\neq b$이면 $(a, b)\notin R \vee (b, a)\notin R$이다. 다시 말하면, $a\neq b$이면 (a, b) 또는 (b, a) 중 적어도 하나는 R에 속하지 않는다.

예제 3.27 A = {1, 2, 3}에서 A의 반대칭 관계는 어떤 형태의 집합일까?

(i) A의 항등관계는 반대칭 관계인가?
(ii) 그래프에서 반대칭 관계의 모양은 어떠한가?
(iii) A에서 반대칭 관계의 개수는 구하시오.
(iv) A에서 대칭관계이면서 반대칭 관계는 모두 몇 가지인가?

풀이 반대칭 관계란 짝이 되는 서로 다른 두 원소(예, (1, 3)과 (3.1))를 동시에 포함하지 않아야 한다. 짝이 되는 두 원소, (a, b)와 (b, a)를 동시에 포함한다면 그땐 a = b이다. 그러므로 대각선 원소의 포함여부는 반대칭관계와 무관하다는 의미이다. (i) 항등관계는 반대칭관계이다. (ii) 아래 그래프와 같이 (2.1), (3, 1)이 R에 포함되면, 짝인 (1, 2)와 (1, 3)은 포함되지 않아야한다. 좌대각선을 중심으로 완전 비대칭이다.

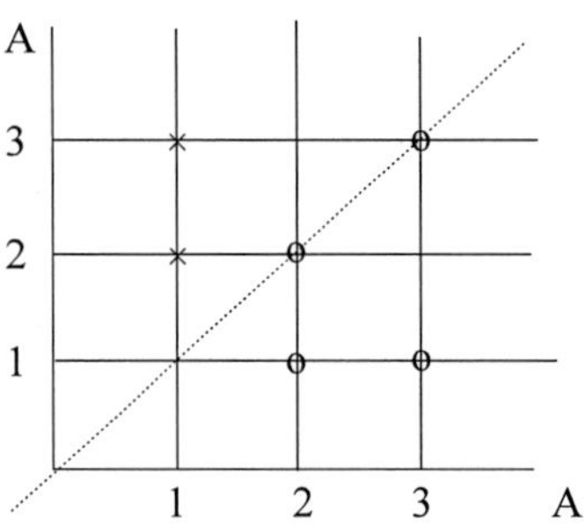

{(1.1), (2, 2), (3, 3), □ (1, 2) (2, 1), □ (1, 3) (3, 1), □ (2, 3) (3, 2) }

[그림 3.8] 반대칭 관계

(iii) 3개의 대각선 원소의 포함여부에 따라 2^3개가 생기게 되고, 서로 다른 짝이 동시에 들어갈 수는 없지만 하나만 포함하는 경우는 무관하다. 예를 들어, (1, 2), (2, 1), 또는 아무것도 포함시키지 않는 경우 □가 있으므로 3가지씩 생기게 되므로 이 경

우가 3^3가지이다. 전체 개수는 이들의 곱인 $2^3 \times 3^3$가지이다. 이들 중 특별한 반대칭 관계는 ∅이며, 반대칭 관계는 많아야 6개의 순서쌍을 가진다. A×A은 반대칭 관계가 아니다. (iv) 대칭관계이면서 반대칭관계는 어떤 형태인가? 일단 $a \neq b$이면 (a, b) 순서쌍을 포함할 수 없다. {(1.1), (2, 2), (3, 3)}의 부분집합이므로 그 가지 수는 2^3이다.

과제 3.28 조건문을 이용하여 공집합이 반대칭 관계임을 설명하시오.

예제 3.29 자연수 집합 ℕ에서 명제함수로 정의된 이항관계가 반대칭 관계인지를 설명하시오.

(i) p(x, y) : $x \leq y$.

(ii) q(x, y) : x는 y의 약수이다.

(iii) r(x, y) : x는 y의 배수이다.

(iv) s(x, y) : x×y는 짝수이다.

풀이 먼저 p(a, b)($a \leq b$)이고 p(b, a)($b \leq a$)를 가정하면 $a = b$이다. 그러므로 대소관계 (i)는 반대칭 관계이다. (ii)와 (iii)에서 자연수 a가 b의 약수이며, b는 a의 배수이고 $a \leq b$이다. 그러므로 (ii)와 (iii)에서 약수와 배수관계도 반대칭 관계임을 알 수 있다. (iv)에서 s(2, 3)과 s(3, 2)가 동시에 참이므로 반대칭 관계가 아니다.

위 예제에서 자연수 집합이 아니라 정수 집합 ℤ으로 확장하면 약수와 배수관계는 반대칭관계가 되지 않는다. 예를 들면 3과 -3은 서로 약수이며 배수이기 때문이다.

과제 3.30 A = {1, 2, 3}두고, A의 멱집합을 P(A)라 두자. P(A)에서의 포함관계(⊂)는 반대칭관계임을 보이시오.

반대칭 관계 R은 대각선 원소를 제외하고서는 그 역관계 R^{-1}과는 공통인 원소를 갖지 않는다. $R \cap R^{-1}$은 대각선 원소만을 포함하는데 이를 수학적으로 밝혀보자.

명제 3.31 집합 A에서의 관계 R가 반대칭관계일 필요충분조건은 $R \cap R^{-1} \subset I_A$이다.

풀이 먼저 R가 반대칭관계라 하자. $(a, b) \in R \cap R^{-1}$이면 $(a, b) \in R$이고 $(a, b) \in R^{-1}$이다. 역

관계의 정의에 의해 (b, a)∈R이다. R가 반대칭관계이므로 a = b이다. 따라서 (a, b) ∈I_A이고 R∩R^{-1}⊂I_A이다. 역으로 R∩R^{-1}⊂I_A을 가정하자. (a, b)∈R이고 (b, a)∈R 이면, 역관계의 정의에 의해 (a, b)∈R^{-1}. 따라서 (a, b)∈R∩R^{-1}이고, 가정에 의해 (a, b) ∈I_A이다. 그러므로 a = b이다. 즉, R이 반대칭 관계이다.

4) 추이관계

정의 3.32 추이관계

A에서의 이항관계 R이 추이관계란 조건문 (a, b)∈R이고 (b, c)∈R이면 (a, c)∈R을 만족할 때를 말한다. 추이 관계적 성질을 추이성이라 한다. 추이성을 → 표로 나타낼 수 있다.

(a, b)∈R이고 : a에서 b로의 관계가 성립하고,
(b, c)∈R이면 : b에서 c로의 관계가 성립하면
(a, c)∈R이다. : a에서 c로의 관계가 성립한다.

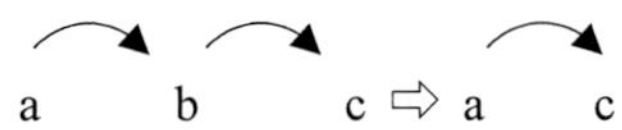

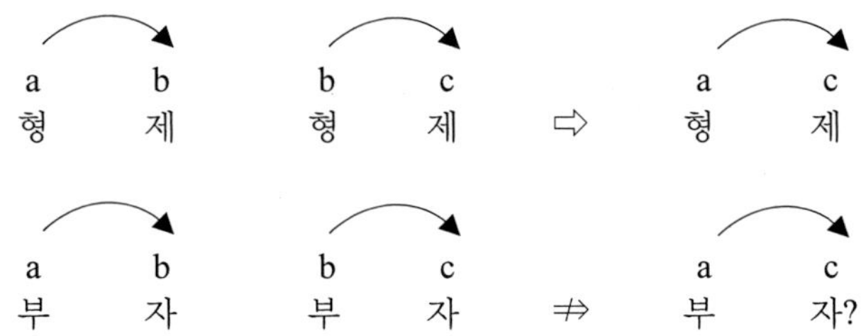

일상적인 관계에서 형제 관계와 대학 동창 관계는 추이관계이다. a는 b의 형이고, b는 c의 형이다면 a는 c의 형이 된다. 그러므로 형제 관계는 추이관계이다. 유사하게 자매관계나 대학 동창은 추이성을 가진다.

형제관계와 달리 부자관계는 추이성을 갖지 못한다. 아버지의 아버지는 아버지가 아니다. 추이성이 없는 관계는 친구관계, 사제 관계 등이 있다.

과제 3.33 다음 이항관계에서 추이관계를 찾으시오.

(i) L을 직선들의 모임이라 하자. L에서의 이항관계인 평행과 수직관계
(ii) P를 다각형들의 모임이라 하자. P에서의 이항관계인 합동과 닮음관계
(iii) ℤ를 정수 집합이라 하자. ℤ에서의 이항관계인 대소(≤), 대소(<)관계
(iv) ℤ를 정수 집합이라 하자. 서로소 관계 (a, b) = 1.

예제 3.34 자연수 집합에서 명제함수로 정의된 다음 관계가 추이관계인가?

(i) p(x, y) : x는 y의 약수이다.

(ii) q(x, y) : x는 y의 배수이다.

(iii) r(x, y) : xy는 짝수이다.

(iv) s(x, y) : x < y.

풀이 약수의 약수는 약수이며, 배수의 배수도 배수이다. 그리고 큰 것보다 큰 것은 더 큰 것이다. 따라서 약수, 배수, 대소 관계는 추이성을 가진다. 그러나 r(1, 2) 참, r(2, 3) 참이나 r(1, 3)은 참이 아니다. 그러므로 두 수의 곱이 짝수인 관계는 추이관계가 아니다. (i), (ii), (iv)은 추이관계이나 (iii)은 추이관계가 아니다.

예제 3.35 A = {1, 2, 3}에서 다음 이항관계는 추이관계인가?

(i) ∅

(ii) {(1, 1), (2, 2)}

(iii) {(1, 2), (1, 3)}

(iv) {(1, 1), (2, 2), (3, 3), (1, 2), (3, 1)}

풀이 (i) 추이관계가 조건문으로 정의되었다. 공집합은 조건문의 전건이 공집합이므로 조건문은 참이다. 따라서 공집합은 추이관계이다. (ii) 추이관계의 전건이 '(a, b)∈R이고 (b, c)∈R'인데 {(1, 1), (2, 2)}에서 이 조건을 만족하는 순서쌍은 a = b = c인 경우뿐이다 즉, (1, 1)∈R이고 (1, 1)∈R이므로 (1, 1)∈R이다. 따라서 대각선 원소는 추이관계를 만족한다. (iii)에서는 전건을 '(a, b)∈R이고 (b, c)∈R'을 만족하는 순서쌍이 없다. 전건이 거짓이면 조건문이 참이므로 (iii)도 추이성을 갖는다. (iv)에서는 (3, 1)과 (1, 2)가 R에 속하나 (3, 2)가 없으므로 추이관계가 되지 못한다.

3.4 동치관계

정의 3.36 동치관계

집합 A에서 이항관계 R이 동치관계란 R이 반사관계, 대칭관계, 추이관계를 동시에 만족할 때를 말한다.

우선 A = {1, 2, 3}에서 동치관계의 예를 찾아보자. 예제 3.21 이후에서 설명한 것처럼 A = {1, 2, 3}에서 반사관계이면서 대칭관계가 되는 것은 8개뿐이었다. 이들 중에서 추이관계가 되는 것들을 찾으면 동치관계를 모두 찾을 수 있다.

과제 3.37 A = {1, 2, 3}의 반사관계이며 대칭관계가 되는 이항관계 8개를 모두 나열해보시오.

예제 3.38 A = {1, 2, 3}일 때 아래 관계(반사관계와 대칭관계를 만족함)에서 추이관계가 되는 것을 찾으시오.

(i) {(1, 1), (2, 2), (3, 3)}

(ii) {(1, 1), (2, 2), (3, 3), (1, 2), (2, 1)}

(iii) {(1, 1), (2, 2), (3, 3), (1, 2), (2, 1), (1, 3), (3, 1)}

풀이 (i)와 (ii)는 추이관계가 되나 (iii)는 추이관계가 아니다. (3, 1)과 (1, 2)가 포함되나 (3, 2)를 포함하지 않기 때문이다. 그러므로 과제 3.37의 8개 관계 중에서 동치관계가 되는 것은 5개뿐임을 알 수 있다.

명제 3.39 A = {1, 2, 3}에서 동치관계는 아래 5가지 경우뿐이다.

① {(1, 1), (2, 2), (3, 3)}

② {(1, 1), (2, 2), (3, 3), (1, 2), (2, 1) }

③ {(1, 1), (2, 2), (3, 3), (1, 3), (3, 1)}

④ {(1, 1), (2, 2), (3, 3), (2, 3), (3, 2)}

⑤ 전체 집합 A×A

정의 3.40 동치류

집합 A에서 동치관계 R에 대해서 $(x,\ y)$∈R이면 x와 y는 동치라하고, 집합 A의 한 원소 x와 동치인 원소 전체의 집합 $\overline{x}$ = {y∈A | $(x$, y)∈R}을 x에 의해 정해진(결정된) 동치류라 한다. 이때 $\overline{x}$ ⊂A이다.

예제 3.41 A = {1, 2, 3}의 동치관계에서 A의 각 원소에 대한 동치류를 찾아보시오.

(i) {(1, 1), (2, 2), (3, 3)}

(ii) $\{(1, 1), (2, 2), (3, 3), (1, 2), (2, 1)\}$
(iii) 전체 집합 A×A

풀이 (i)에서 $\overline{1}=\{1\}$, $\overline{2}=\{2\}$, $\overline{3}=\{3\}$.
(ii)에서 $\overline{1}=\{1, 2\}=\overline{2}$, $\overline{3}=\{3\}$.
(iii)에서 $\overline{1}=\{1, 2, 3\}=\overline{2}=\overline{3}$.

(i)에서는 서로 다른 원소들 간에 관계가 없다. 그러므로 동치류가 각각 하나의 원소로 이루어져있다. (ii)에서는 1과 2가 관계가 있다. 그러므로 1의 동치류와 2의 동치류는 같은 집합이다. (iii)에서는 1, 2, 3이 모두 관계를 가지므로 이들의 동치류는 모두 같고, {1, 2, 3} 자체가 된다. 이 예제는 다음 과제와 같이 일반화되어진다.

과제 3.42 집합 A에서의 동치관계 R이 주어졌을 때, 다음 식이 성립한다.
(i) $(x, y)\in R \Leftrightarrow \overline{x}=\overline{y}$
(ii) $x\in\overline{y} \Leftrightarrow \overline{x}=\overline{y}$
(iii) $\overline{x}\cap\overline{y}\neq\varnothing$이면 $\overline{x}=\overline{y}$

위 과제에 의해 집합 A에 임의의 두 원소 x, y에 대해서 (x, y)가 R에 속하거나 그렇지 않을 것이다. 만약 $(x, y)\in R$이면 x, y의 해집합은 서로 같다. 그리고 $(x, y)\notin R$이면 위 과제의 (iii)와 (i)에 의해 $\overline{x}\cap\overline{y}=\varnothing$임을 알 수 있다.

명제 3.43 관계 R가 집합 A에서 동치관계라 하자. 각 $x\in A$에 대해, 동치류들의 모임인 집합족 $\{\overline{x} \mid x\in A\}$은 A의 분할[14)]이 된다.

풀이 $\{\overline{x} \mid x\in A\}$은 A를 첨자집합하는 첨자집합족이다. 각 $x\in\overline{x}$이므로, 각 $\overline{x}\neq\varnothing$, $\bigcup_{x\in A}\overline{x}=A$. 과제 3.42에 의해 A의 원소 x, y에 대하여 $\overline{x}\cap\overline{y}=\varnothing$이거나 $\overline{x}=\overline{y}$이다. 따라서 $\{\overline{x} \mid x\in A\}$이 A의 분할이다.

14) 분할의 정의는 1장 [정의 1.10]을 참조한다.

위 명제에 의해 집합 A에서 동치관계가 주어지면, 관계가 있는 원소끼리 분류한 것이 동치류이다. 이들 동치류는 A의 분할을 구성한다. 역으로 A의 분할 $\{A_i \mid i\in I\}$이 주어지면, $R=\{(x, y) \mid x, y\in A_i, \text{ for some } i\in I\}$으로 두면, R은 동치류가 A의 분할$\{A_i \mid i\in I\}$이 되는 동치관계가 됨을 확인할 수 있다. 그러므로 집합 A에서의 동치관계와 집합 A의 분할은 1-1 대응이 된다.

과제 3.44 $\{A_i \mid i\in I\}$을 A의 분할이라 하자. $R = \{(x, y) \mid x, y\in A_i, \text{ for some } i\in I\}$ 두면 다음이 성립한다.

(i) R은 A에서 동치관계이다.

(ii) R의 동치류는 $\{A_i \mid i\in I\}$과 같다.

정의 3.45 관계 R가 집합 A에서 동치관계라 하자. 동치류의 집합족 $\{\overline{x} \mid x\in A\}$을 상집합(quotient set)이라하고 A/R로 표현한다.

예제 3.46 집합 $A = \{1, 2, 3\}$에서의 각 동치관계에 대해 동치류, A의 분할, 상집합을 구하시오.

(i) $\{(1, 1), (2, 2), (3, 3)\}$

(ii) $\{(1, 1), (2, 2), (3, 3), (1, 2), (2, 1)\}$

(iii) 전체 집합 $A\times A$

풀이 (i), (ii), (iii)에서 주어진 동치관계에 대한 동치류는 예제 3.41에서 구하였다. 답을 정리하면 아래 표와 같다.

동치관계	동치류	A 분할	상집합
(i)	$\overline{1}=\{1\}, \overline{2}=\{2\}, \overline{3}=\{3\}$	1 | 2 | 3	$\{\overline{1}, \overline{2}, \overline{3}\}$
(ii)	$\overline{1}=\{1, 2\}=\overline{2}, \overline{3}=\{3\}$	1, 2 | 3	$\{\overline{1}, \overline{3}\}$
(iii)	$\overline{1}=\{1, 2, 3\}=\overline{2} = \overline{3}$	1, 2, 3	$\{\overline{1}\}$

위에서 A에서 동치관계가 주어지면 그 동치류가 A의 분할을 구성하고, 역으로 A의

분할에서부터 A의 동치관계를 구할 수 있다. 예를 들면, 분할이 $\boxed{1, 2}\boxed{3}$이면, 1과 2는 같은 분할에 속하므로 (1, 1), (1, 2), (2, 1), (2, 2)를 생성한다. 그리고 3은 하나뿐이므로 (3, 3)을 만들어 낸다. 그것이 (ii)이다. 같은 유형인 것은 2가지가 더 있다.

A에서의 동치관계가 주어지면 그에 대응하는 A의 분할이 구성되고, A의 분할이 있으면 그 분할을 동치류로 갖는 동치관계가 존재한다. 그러므로 A의 동치관계와 A의 분할은 1-1 대응됨을 알 수 있다.

예제 3.47 A = {1, 2, 3, 4}에서의 각 동치관계에 대해 동치류, A의 분할, 상집합을 구하시오.

(i) {(1, 1), (2, 2), (3, 3), (4, 4)}

(ii) {(1, 1), (2, 2), (3, 3), (4, 4), (1, 2), (2, 1)}

(iii) {(1, 1), (2, 2), (3, 3), (4, 4), (1, 2), (2, 1), (3, 4), (4, 3)}

(iv) {(1, 1), (2, 2), (3, 3), (4, 4), (1, 2), (2, 1), (1, 3), (3, 1), (2, 3), (3, 2)}

(v) A×A

풀이

동치관계	동치류	A 분할	상집합
(i)	$\overline{1} = \{1\}, \overline{2} = \{2\}, \overline{3} = \{3\}, \overline{4} = \{4\}$	$\boxed{1}\boxed{2}\boxed{3}\boxed{4}$	$\{\overline{1}, \overline{2}, \overline{3}, \overline{4}\}$
(ii)	$\overline{1} = \{1, 2\} = \overline{2}, \overline{3} = \{3\}, \overline{4} = \{4\}$	$\boxed{1, 2}\boxed{3}\boxed{4}$	$\{\overline{1}, \overline{3}, \overline{4}\}$
(iii)	$\overline{1} = \{1, 2\} = \overline{2}, \overline{3} = \{3, 4\} = \overline{4}$	$\boxed{1, 2}\boxed{3, 4}$	$\{\overline{1}, \overline{3}\}$
(iv)	$\overline{1} = \{1, 2, 3\} = \overline{2} = \overline{3}, \overline{4} = \{4\}$	$\boxed{1, 2, 3}\boxed{4}$	$\{\overline{1}, \overline{4}\}$
(v)	$\overline{1} = \{1, 2, 3, 4\} = \overline{2} = \overline{3} = \overline{4}$	$\boxed{1, 2, 3, 4}$	$\{\overline{1}\}$

과제 3.48 위 예제의 (ii), (iii), (iv)와 같은 유형의 분할을 만들어주는 A = {1, 2, 3, 4}에서의 동치관계를 구해보고, A에서 동치관계는 모두 몇 가지인지를 알아보시오.

(ii)

1, 2	3	4

(iii)

1, 2	3, 4

(iv)

1, 2, 3	4

3장(여러 가지 관계) 프로젝트

프로젝트 3.1 원소가 4개인 집합의 분할과 동치관계를 구해보고, 이들이 서로 일대일 대응이 됨을 보이시오. 그리고 일반적으로 공집합이 아닌 어떤 집합의 분할과 동치관계가 일대일 대응이 됨을 증명하시오.

4장 기수와 순서수

초등학교 1학년 수학교과서에 가장 먼저 나오는 개념이 자연수이며, 학생들이 수를 읽고, 쓰고, 사용할 수 있으며, 1, 2, 3 등이 수라는 것을 가르치지만 '수란 무엇인가요?' 라는 질문에 자신 있게 답하는 사람은 많지 않을 것이다. 이 장에서는 자연수의 두 가지 측면과 각 측면에서 수 개념을 이해한다.

4.1 무한 집합의 크기와 기수

자연수의 두 가지 측면 중 하나가 집합의 크기를 나타내는 기수이다. 유한 집합에서 집합의 크기는 원소의 개수를 의미한다. 집합의 크기를 무한 집합으로까지 확장하기 위해 우리는 1-1 대응을 사용할 것이다. 두 종류의 대상끼리 선긋기를 하는 연습(그림 4.1)은 1-1 대응에 기초한 수 개념 확립을 위한 활동이다. 이 그림은 왼쪽 컵의 수와 오른쪽 접시의 수가 같음을 1-1 대응으로 나타낸다. 여러 학습 자료에서 수 개념 형성을 위해 두 대상의 1-1 대응보다는 수 이름으로 대응시키는 활동을 더 빈번하게 사용한다([그림 4.2]).

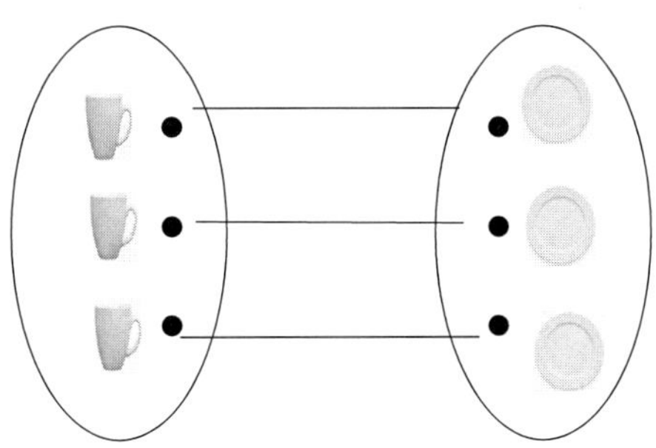

[그림 4.1] 집합의 크기와 1-1대응

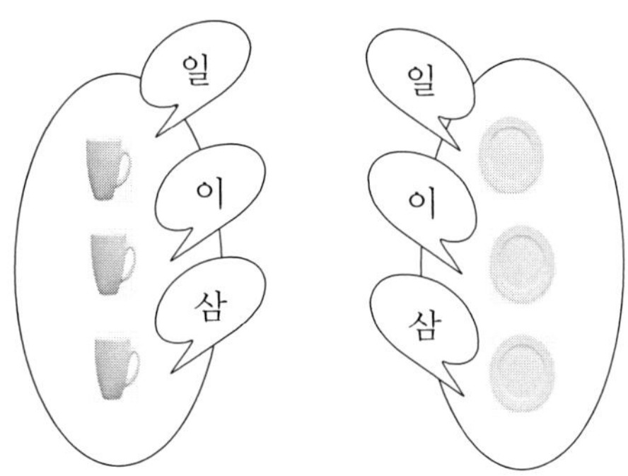

[그림 4.2] 수 이름 대응시키기

무한 집합에서 집합의 크기가 같음을 어떻게 정의할까? 유한집합뿐만 아니라 무한집합에서도 집합의 크기가 같은 집합을 규정하는 것은 1-1 대응에 기초한다.

정의 4.1 무한집합

집합 A가 무한집합이란 A가 진부분집합 중 하나와 1-1 대응될 때를 말한다. 그렇지 못한 집합을 유한집합이라 한다.

정의 4.2 대등한 집합과 기수

두 개의 집합 X, Y가 대등한 집합이란 X에서 Y로의 전단사함수가 존재할 때를 말한다. 그때 $X \approx Y$로 나타낸다.

대등한 집합 관계 $\approx$은 집합족에서 동치관계가 됨을 알 수 있다. 각 집합의 동치류는 대등한 집합족임을 알 수 있다.

과제 4.3 F를 집합족이라 하자. F에서의 이항관계 $\approx$은 동치관계이다. 다시 말해 두 집합 X, Y가 $\approx$ 관계가 있으면 $X \approx Y$[15]로 나타내자. 이때 다음이 성립한다.

(i) 임의의 $X \in F$에 대해서, $X \approx X$

(ii) $X \approx Y$이면 $Y \approx X$

(iii) $X \approx Y$, $Y \approx Z$이면 $X \approx Z$

예제 4.4 짝수 집합, 자연수 집합, 그리고 정수 집합은 대등하다.

풀이 자연수에서 짝수로의 함수 $f(n) = 2n$은 1-1 대응임을 직관적으로 알 수 있다. 그리고 자연수에서 정수로의 함수는 짝수 $2n \rightarrow n$, 홀수 $2n + 1 \rightarrow -n$에 대응시키는 함수는 1-1 대응이 된다.

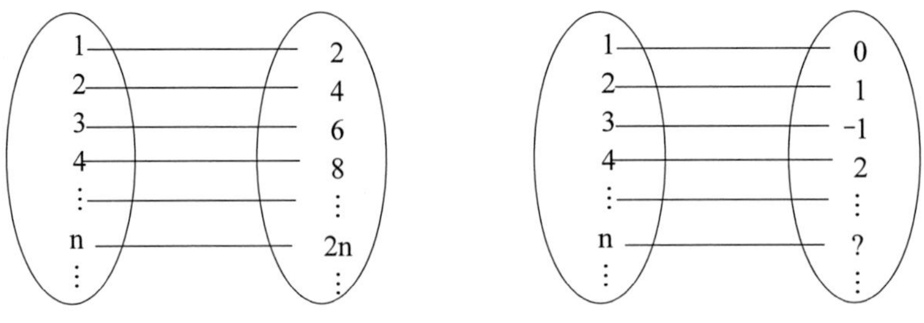

[그림 4.3] 대등한 무한 집합들

15) 3장에서는 $(X, Y) \in R$ 표기를 사용하였으나 여기서는 $X \approx Y$ 표기를 사용한다.

우리는 자연수가 짝수를 포함하는 더 큰 집합으로 알고 있다. 그런데 $n \rightarrow 2n$으로 대응시키면 모든 자연수는 짝수와 1-1 대응이 된다. 그러므로 자연수 집합의 크기는 짝수 집합의 크기와 같다. 기수 개념은 유클리드의 공준[16] 중에서 '전체가 부분보다 크다'는 원리에 배치되며, 포함관계를 나타내는 벤다이어그램과도 상충된다. 무한 집합의 크기를 이해하기 위해서는 이런 마인드세트에서 벗어나야 한다.

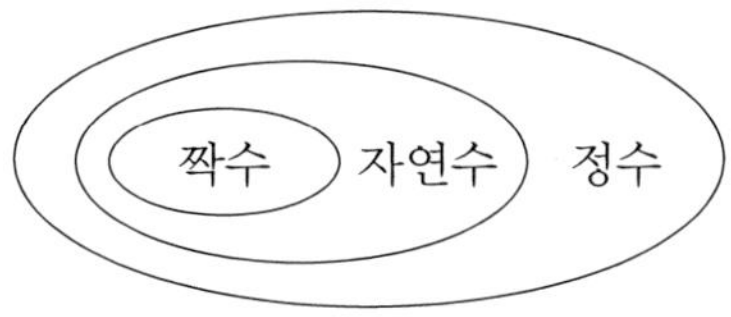

[그림 4.4] 포함관계

> **정의 4.5** 가부번 집합(可附番集合, denumerable set)과 가산집합(可算集合, countable set)
>
> 자연수 집합과 대등한 집합을 가부번[17] 집합이라 하며, 유한이거나 가부번집합을 가산 집합이라 한다. [예제 4.4]에서 정수 집합은 가부번집합임을 알게 되었는데, 정수에 자연수 번호를 붙일 수 있다는 말이다. 가부번집합은 원소를 자연수처럼 $a_1, a_2, a_3, \cdots, a_n,$ $\cdots$와 같이 나열 할 수 있다. 이후에 다루지만 [0, 1]은 비가부번이다. 그러므로 [0, 1]의 실수를 $a_1, a_2, a_3, \cdots, a_n, \cdots$와 같이 나열하여서는 전체와 같을 수 없다.

정수	0	1	-1	2	-2	3	-3	...
자연수번호	1	2	3	4	5	6	7	....

여기서 유리수 집합도 가부번 집합임을 보인다. 우선 자연수 집합 $\mathbb{N}$의 곱집합 $\mathbb{N} \times \mathbb{N}$도 가부번 집합임을 보이자. $\mathbb{N} \times \mathbb{N}$의 원소를 나열해보면 아래와 같다.

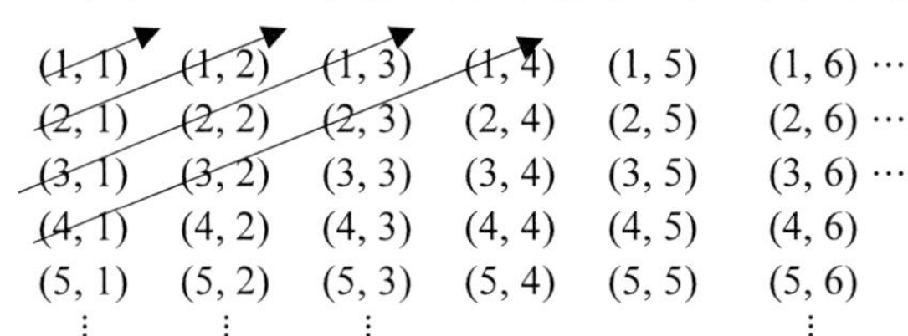

[그림 4.5] $\mathbb{N} \times \mathbb{N}$은 $\mathbb{N}$과 대등한 집합

---

16) 7장 유클리드 기하 5개의 공준을 참고하라.

17) 가부번이란 자연수 번호를 부여할 수 있는 집합이라는 의미이다. 자연수 번호를 붙일 수 있는 집합이란 자연수의 나열과 같이 첫 번째 원소부터 차례로 하나씩 하나씩 일렬로 원소 전체를 나열할 수 있는 집합이다.

이들 순서쌍을 자연수에 대응시키는 방법은 순서쌍 (1, 1)부터 시작하여 대각선을 따라 순차적으로 자연수 1부터 대응시킨다. 즉, 1을 (1, 1)에 2를 (2, 1), 3을 (1, 2), 4를 (3, 1)... 등과 같이 대응시키면 아무리 큰 순서쌍 (n, m)도 특정 자연수에 대응된다. 그러므로 $\mathbb{N}\times\mathbb{N}\approx\mathbb{N}$이다.

과제 4.6 범자연수 $\mathbb{N}\cup\{0\}$에 대하여 함수 $f:\mathbb{N}\cup\{0\}\times\mathbb{N}\cup\{0\}\rightarrow\mathbb{N}\cup\{0\}$으로 $f(m,n)=m+\dfrac{(m+n)(m+n+1)}{2}$으로 두면, f는 전단사함수임을 보이시오.

이제 $\mathbb{N}\times\mathbb{N}$은 양의 유리수 집합과 대등한 집합임을 설명하고자 한다. 양의 유리수 집합을 $\mathbb{Q}_{+}$로 두고, $\mathbb{N}\times\mathbb{N}$의 순서쌍 (n, m)을 양의 유리수 $\dfrac{n}{m}$에 대응시키면, 이 대응은 $\mathbb{N}\times\mathbb{N}$에서 $\mathbb{Q}_{+}$상으로의 전사함수가 된다. 임의의 양의 유리수는 $\dfrac{a}{b}$ 형태의 분수로 표현이 가능하므로 이는 순서쌍 (a, b)의 상(image)임을 알 수 있다. 그러므로 선택공리[18]를 적용하여 $\mathbb{Q}_{+}$은 $\mathbb{N}\times\mathbb{N}$의 부분집합과 1-1 대응됨을 보일 수 있다.

과제 4.7 f를 위와 같이 정의한 $\mathbb{N}\times\mathbb{N}$에서 $\mathbb{Q}_{+}$로의 함수라 하자. $\mathbb{Q}_{+}$은 $\mathbb{N}\times\mathbb{N}$의 부분집합에 1-1 대응됨을 보이시오.

그러므로 양의 유리수 집합의 크기는 자연수 집합과 대등한 $\mathbb{N}\times\mathbb{N}$의 크기보다 같거나 작다. 한편 $\mathbb{Q}_{+}$은 자연수 집합보다 큰 집합이므로 $\mathbb{Q}_{+}$는 자연수 집합과 대등하다. 유사하게 $\mathbb{Q}_{-}$는 $\mathbb{Q}_{+}$과 대등하며 음의 정수와도 대등할 것이다. 그러므로 $\mathbb{Q}=\{0\}\cup\mathbb{Q}_{+}\cup\mathbb{Q}_{-}$이고, 이것은 정수집합과 대등하므로 $\mathbb{Q}$는 정수 집합과 대등하다. 그러므로 $\mathbb{Q}$는 자연수 집합과도 대등하다.

정리 4.8 자연수 집합 $\mathbb{N}$은 $\mathbb{N}\times\mathbb{N}$과도 대등하며, 유리수 집합과도 대등하다.

18) 선택공리는 Ø를 포함하지 않는 (첨자붙은) 집합족 $\{A_i\}$에서 각 집합 A_i에서 원소 $a_i\in A_i$ 한 개씩을 동시에 선출하여 집합 $\{a_i \mid a_i\in A_i\}$을 만들 수 있다는 전제이다.

정의 4.9 F를 집합족이라 하면, 대등관계 $\approx$은 동치관계였다. 동치관계에 의해 생기는 동치류를 기수(집합수, 농도)라 한다. 집합 A의 동치류[19]를 A의 기수라 부르고 #(A)로 나타난다. 이것은 집합A의 크기를 나타낸다. 두 집합 A, B가 대등($A \approx B$)하면, 과제 3.42에 의해 #(A) = #(B)이다. 특히 유한 집합의 기수를 아래 그림 4.6과 같이 나타내고 이들을 자연수라 한다.

한편 자연수와 대등한 집합을 가부번집합이라 했다. 가부번 집합의 크기를 $\aleph_0$(알레프 영이라 읽음)으로 나타낸다. 그러므로 알레프 영이 되는 집합은 범자연수, 짝수, 홀수, 정수, 유리수 집합 등이 있다. 즉, #({0, 1, 2, 3, 4, 5, ...}) = #($\mathbb{N}$) = #(짝수) = #(홀수) = #(정수) = #(유리수) = $\aleph_0$. 그러므로 기수는 범자연수 0, 1, 2, 3, ... 등이 있고, 그 외 초한수인 $\aleph_0$가 정의되었다.

$$
\begin{aligned}
&\#(\varnothing) = 0 \\
&\#(\{a\}) = \#(\{0\}) = \cdots = 1 \\
&\#(\{a, b\}) = \#(\{0, 1\}) = \cdots = 2 \\
&\#(\{a, b, c\}) = \#(\{0, 1, 2\}) = \cdots = 3 \\
&\quad .....
\end{aligned}
$$

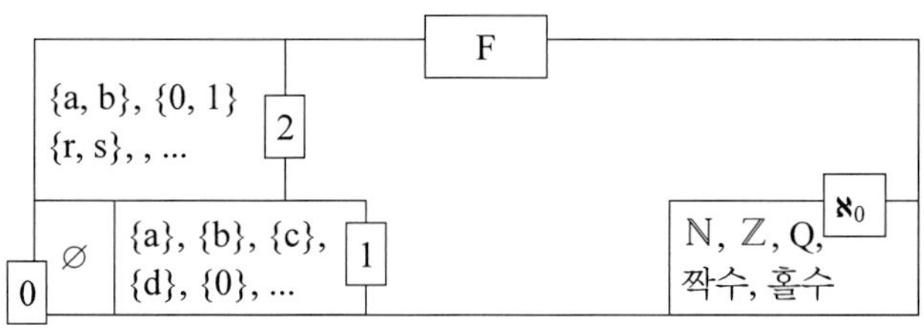

[그림 4.6] 기수

자연수 5가 3보다 크다는 것은 어떤 의미인가? 5와 3은 기수이므로 그에 상응하는 집합이 크다는 말이다. 유한 집합에서 집합의 크기는 원소의 개수로 비교할 수 있지만 무한집합에서 집합의 크기를 어떻게 비교할까?

---

19) 3장에서 x의 동치류를 $\bar{x}$로 나타내었으나 대등관계에 의한 집합 A의 동치류를 #(A)로 나타내었다.

정의 4.10 집합의 크기(기수)의 비교

집합 A에서 집합 B로 단사함수가 존재하면, 1장 명제 1.22에 의해 A는 B의 부분집합에 1-1 대응이 된다. 이때 A의 크기가 B보다 작거나 같다고 정의하고, $\#(A) \leq \#(B)$ 표시한다. 이때 A와 B가 대등하지 않으면, $\#(A) < \#(B)$이 된다. 따라서 지금까지 구한 기수에서 크기를 나타내면, $0 < 1 < 2 < 3 < \cdots < \aleph_0$. 초한수 $\aleph_0$는 어떤 자연수보다 더 크다.

정리 4.11 Schröder–Berstein

$f : A \rightarrow B$로의 단사함수이며, $g : B \rightarrow A$로의 단사함수가 존재하면 A와 B는 대등하다.

풀이 위 정의에 의해 $\#(A) \leq \#(B)$이고, $\#(B) \leq \#(A)$. 따라서 두 집합의 기수 #(B)와 #(A)가 서로 같다란 결론에 이르면 두 집합간에 1-1 대응이 존재함을 보여야한다. 존재성을 보이는 증명은 이 책의 수준을 넘어선다. 구체적인 증명은 Pinter의 Set Theory 집합론 해설(박찬녕 저, 경문사, 2011 인쇄, 219쪽)을 참조할 수 있다. 이 정리에 의해 $\#(A) \leq \#(B)$이고, $\#(B) \leq \#(A)$이면 $\#(A) = \#(B)$을 보인 셈이다.

정리 4.12 칸토어[20)]

A를 임의의 집합이라 하자. A의 모든 부분집합의 모임을 **멱집합** P(A)이라 하는데, 멱집합의 기수는 A의 기수보다 크다.

풀이 $A = \varnothing$일 때도 $P(A) = \{\varnothing\}$이므로 위 명제가 성립한다. $A \neq \varnothing$일 때 A의 각 원소 a를 $\{a\} \in P(A)$로 보내주는 함수는 단사함수가 된다. 그러므로 명제 1.22에 의해 A는 P(A)의 부분집합에 1-1 대응이 된다. 그러므로 $\#(A) \leq \#(P(A))$. 만약 전단사 함수 $f : A \rightarrow P(A)$가 존재한다고 가정하자. 그땐 $T = \{x \in A \mid x \notin f(x)\}$로 두면, $T \in P(A)$이다. f가 전단사함수이므로 $f(b) = T$가 되는 $b \in A$가 존재한다. $b \in T$이면 T의 구성 조건에 의해 $b \notin f(b) = T$이고, $b \notin T$이면 $b \in T$임을 알 수 있다. 따라서 모순에 이르게 된다. 따라서 A와 P(A)은 대등하지 않는다.

집합 A의 기수를 n이라 하면, P(A)의 기수 2^n은 n보다 크다. $\aleph_0$은 자연수 집합의 기수인데 위 정리에 의해 자연수 집합의 멱집합의 기수는 $\aleph_0$보다 크다.

---

20) 게오르크 칸토어(Georg Ferdinand Ludwig Philipp Cantor 1845～1919). 러시아에서 태어난 독일의 수학자이다.

명제 4.13 구간 (0, 1]에 있는 실수와 자연수 ℕ의 멱집합 P(ℕ)은 대등함을 보여라.

풀이 자연수의 부분 집합을 세 가지 종류로 분류하고 새로운 집합을 정의한다.

(i) ℕ의 부분집합 A가 유한 집합이면 A의 원소에 1을 더한 수를 제외한 나머지 집합을 B로 둔다. 예를 들면, A = {1, 3, 25}이면, B = ℕ-{2, 4, 26} = {1, 3, 5, ... , 25, 27, ...}로 둔다. 특히 A = ∅이면 B = ℕ으로 둔다.

(ii) A의 여집합이 유한집합인 경우, A의 여집합에 1을 더한 수와 1을 제외한 여집합을 B로 둔다. 예를 들어 A = {1, 3, 5, ... , 25, 27, ...}이면, A의 여집합 = {2, 4, 26}이고 B = ℕ-{3, 5, 27}-{1} = {2, 4, 6, 7, ...26, 28, ...}.

(iii) A와 A의 여집합이 모두 무한 집합이면 A=B둔다.

위 3가지 경우에서 B는 모두 무한 집합이다. (i)와 (ii)에서 B의 여집합이 유한집합이다. 집합 B로부터 거꾸로 과정을 통해 A를 구성할 수 있다. 한편 ℕ의 부분집합 A로부터 만들어지는 B에 대하여, $x = \sum_{n \in B} 2^{-n}$ 두자. 이진법에 의한 표현이므로 $x \in (0, 1]$는 실수이다. 특히 B = ℕ이면 $x = \frac{1}{2} + \frac{1}{4} + \frac{1}{8} + \cdots = 1$이고, B가 짝수 집합이며 $x = \frac{1}{4} + \frac{1}{16} + \frac{1}{64} + \cdots = \frac{1}{3}$. 한편 실수를 2진수로 나타내면 2가지로 표현될 수 있다. 예를 들면, $\frac{1}{4} = 0.01_2 = 0.001111\cdots_2$이 되는데, 1이 무한히 나타나는 후자의 경우로 표현을 하면 모든 $x \in (0, 1]$의 실수는 집합 B에 대응된다.

그러므로 P(ℕ)을 P(ℕ)의 부분에 1-1 대응을 시킨 후 (0, 1]으로 1-1 대응을 시켰다.

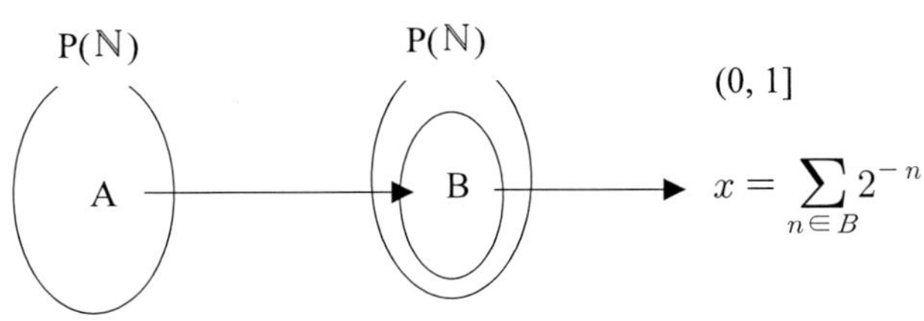

[그림 4.7] 1-1 대응 만들기

정의 4.14 (0, 1]의 기수를 c로 표시하고 '연속체 농도'라 한다. 그러므로 자연수 집합과 (0, 1]의 실수 구간은 모두 무한 집합이나 그 크기는 다르다. 정리 4.12와 명제 4.13에 의해서 $\aleph_0 < c$이다. 이 두 기수 사이에는 다른 기수가 없다는 것이 칸토어의 가설이다.

과제 4.15 $[0.1] \approx (0, 1] \approx (0, 1) \approx (0, s) \approx (-\infty, \infty)$임을 보이시오. 여기서 s는 양의 실수이다.

4.2 기수에서의 덧셈과 곱셈

기수에서의 덧셈과 곱셈을 정의한다. 이런 정의는 초등학교에서 배우는 자연수에서의 덧셈과 곱셈 원리를 기수로 확장한 것이다. 덧셈은 서로소인 두 집합의 합집합으로 정의하고 곱셈은 곱집합으로 정의한다.

정의 4.16 기수의 덧셈과 곱셈

(i) $A \cap B = \varnothing$일 때, $\#(A) + \#(B) = \#(A \cup B)$로 둔다.

(ii) $\#(A) \times \#(B) = \#(A \times B)$

예제 4.17 다음을 설명하시오.

(i) $2 + 3 = 5$ (ii) $2 \times 3 = 6$ (iii) $2 + \aleph_0 = \aleph_0$ (iv) $2 \times \aleph_0 = \aleph_0$

풀이 (i)와 (ii)의 증명 : $A=\{s, t\}$, $B=\{u, v, w\}$라 두면, $\#(A) = 2$, $\#(B) = 3$ 그리고 $A \cap B = \varnothing$이므로, 기수의 덧셈 정의에 의해 $2 + 3 = \#(A) + \#(B) = \#(A \cup B) = \#(\{s, t, u, v, w\}) = 5$이다. 그리고 $2 \times 3 = \#(A) \times \#(B) = \#(A \times B) = \#(\{(s, u), (s, v), (s, w), (t, u), (t, v), (t, w)\}) = 6$. (iii)와 (iv)를 위해서 $A = \{s, t\}$, $C = \mathbb{N}$(자연수 집합)으로 두자. 그땐 $\#(A) = 2$, $\#(C) = \aleph_0$ 그리고 $A \cap C = \varnothing$이므로, 기수의 덧셈 정의에 의해 $2 + \aleph_0 = \#(A) + \#(C) = \#(A \cup C)$. $A \cup C$은 $\mathbb{N}$과 대등하므로 그 기수는 $\aleph_0$이다.

$A \cup C$:	s	t	1	2	3	⋯	n	⋯
	↓	↓					↓	↓
$C = \mathbb{N}$:	1	2	3	4	5	⋯	n + 2	⋯

또한 곱집합 $\{1, 2\} \times \mathbb{N}$은 $\mathbb{N} \times \mathbb{N}$의 부분집합이고, 자연수 $\mathbb{N}$은 $\{1, 2\} \times \mathbb{N}$의 부분집합 $\{1\} \times \mathbb{N}$과 대등함을 알 수 있다. 그러므로 $\aleph_0 = \#(\mathbb{N}) = \#(\{1\} \times \mathbb{N}) \le \#(\{1, 2\} \times \mathbb{N}) \le \#(\mathbb{N} \times \mathbb{N})$. [정리 4.8]에서 $\#(\mathbb{N} \times \mathbb{N}) = \#(\mathbb{N}) = \aleph_0$임을 보였으므로 (iv)가 성립한다. (iv)

는 그림 4.5와 같이 대각선으로 나열하면 직접적인 증명이 가능하다.

과제 4.18 다음을 설명하시오.

(i) $\aleph_0 \times \aleph_0 = \aleph_0$

(ii) $\aleph_0 + \aleph_0 = \aleph_0$

4.3 순서수로서의 자연수

'그는 3남 중 2남이다.'에서 3은 3명의 형제를 의미하므로 집합의 크기, 즉 기수를 의미하나 2남의 2는 순서를 의미하므로 순서수(서수)이다. 자연수는 사용되는 맥락에 따라 기수나 순서수로 사용된다. 여기서는 자연수의 순서수적인 측면을 더 알아본다.

정의 4.19 준순서 집합

3장에서 집합 A에서의 관계를 다루었다. A에서의 이항관계 $\lesssim$가 반사성, 반대칭성, 추이성을 만족할 때 $\lesssim$을 준순서하고, (A, $\lesssim$)을 준순서 집합이라 한다.

준순서는 대소관계 $\leq$을 일반화한 것으로 볼 수 있다. 실수 R에 대해서 (R, $\leq$)은 준순서집합이다. 임의의 실수 $r \in R$에 대해 $r \leq r$이므로 반사성을 만족하며, $s \leq t$이고 $t \leq s$이면 $s = t$이므로 반대칭성을 만족하며, $r \leq s$이고 $s \leq t$이면 $r \leq t$이므로 추이성을 만족한다.

예제 4.20 $A = \{1, 2, 3, 4, 5, 6\}$에서 a가 b의 약수이면 $a \lesssim b$으로 두자. $\lesssim$은 준순서이다.

풀이 a는 a의 약수이므로 $\lesssim$은 반사관계이다. a가 b의 약수이고 b가 a의 약수이면($a \leq b$이고 $b \leq a$이므로) $a = b$이므로 반대칭성을 만족한다. 또한 a가 b의 약수이고 b가 c의 약수이면 a는 c의 약수이므로 추이성을 만족한다. $a \lesssim b$을 $a \rightarrow b$로 나타내면 A의 원소 6개의 순서 구조를 알 수 있다.

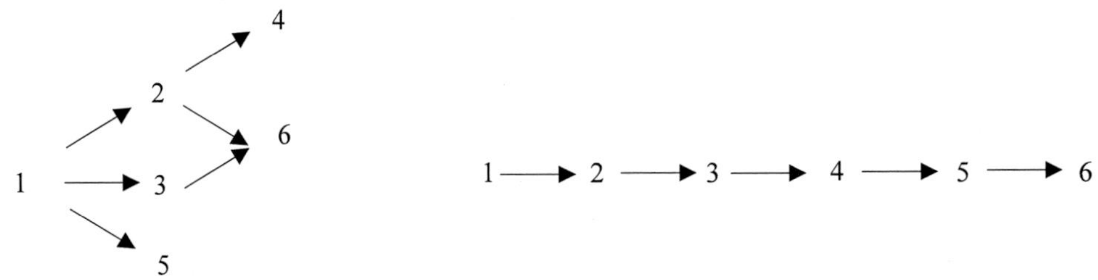

[그림 4.8] 순서수의 구조

약수나 배수 관계는 준순서 집합이다. 위 그림 4.8의 왼쪽에서 1은 2의 전자이고 2는 6의 전자이다. 그러므로 1은 6의 전자이다. 그러나 2와 3은 약수 관계가 아니므로 2와 3의 순서를 정할 수 없다. 즉 비교불가이다. 그러나 →으로 연결된 것들은 서로 비교 가능하다.

이에 비해 (A, ≤)는 위 그림 4.8의 오른쪽과 같이 대소관계의 순서가 일렬로 배열되어 있어 왼쪽 그림의 순서와는 구조가 다르다. 그러므로 동형이 아니라고 말한다. 동형이란 집합의 크기와 구조가 같은 순서를 말한다. 예컨대 {가 → 나 → 다 → 라 → 마 → 바 }는 (A, ≤)과 동형이다. 이 같은 순서는 임의의 두 원소가 순서적으로 비교가 가능하다.

과제 4.21 집합 {1, 2, 3}의 멱집합 P는 8개의 부분집합으로 이루어진 집합족이다. P에서 포함 관계⊂은 준순서 집합임을 보이고, →로 순서 구조를 그려보시오.

예제 4.22 ℕ을 자연수, ℤ를 정수, ℚ를 유리수라 하자. 대소 관계 ≤에 대해 (ℕ, ≤), (ℤ, ≤), (ℚ, ≤)의 순서집합에서 다음 성질을 만족하는지 확인해보자.

(i) 임의의 두 원소는 순서적 비교가 가능하다.
(ii) 순서적으로 가장 앞선(최초의) 원소가 있다.
(iii) 임의의 부분집합은 항상 최초의 원소를 갖는 것으로 보인다.

풀이 (i) 실수의 두 원소는 비교 가능하므로 세 가지 순서집합 모두 각 원소끼리 비교 가능하다. (ii) 순서적으로 가장 앞선 원소가 있는 순서집합은 (ℕ, ≤)뿐이며, 임의의 부분집합이 최초의 원소를 갖는 것도 (ℕ, ≤)임을 예상할 수 있다. 나머지 순서집합의 부분집합 (-∞, 0)에서는 최초의 원소를 갖지 못한다.

정의 4.23 정렬집합과 동형사상

정렬 집합이란 임의의 부분집합이 항상 최초의 원소를 갖는 순서집합 (A, ≤)을 말한다. 정렬 집합은 어떤 집합인가? 임의의 두 원소로 이루어진 집합 {a, b}에서도 최초의 원소를 가지므로 임의의 두 원소는 비교 가능하다. 뿐만 아니라 전체 집합A에서 최초의 원소 a_1을 가지고, a_1을 제외한 A-$\{a_1\}$에서도 최초의 원소 a_2를 가지며, A-$\{a_1, a_2\}$에서도 최초의 원소 a_3를 가진다. 그리고 A-$\{a_1, a_2, \cdots, a_{n-1}\}$에서도 최초의 원소 a_n를 가진다. 이들 원소들의 순서는 $a_1 \leq a_2 \leq a_3 \leq, \cdots, \leq a_{n-1} \leq, \cdots$와 같은 형태가 된다. 6개 원소의 정렬 집합은 아래와 같이 최초의 원소부터 시작하여 일련 순의 형태뿐이다.

가 → 나 → 다 → 라 → 마 → 바

1 ⟶ 2 ⟶ 3 ⟶ 4 ⟶ 5 ⟶ 6

위와 같이 두 개의 정렬집합이 동형이란 두 집합 간에 1-1 대응이 존재하여 대응하는 원소들끼리 순서가 같을 때를 말한다. 그와 같은 1-1 대응을 동형 사상이라 한다. 다시 말해 두 개의 순서 집합 (A, ≤)와 (B, ≪)가 존재하여 두 집합 A, B간에 전단사함수 f가 존재하고, A의 두 원소 a, b에 대해 a≤b이면 그 상(image)도 f(a)≪f(b)이 되어 그 순서가 보존될 때를 말한다.

과제 4.24 정렬집합에서 동형 관계는 동치관계이다.

정의 4.25 정렬집합에서 동치관계인 동형인 것들의 모임은 동치류가 된다. 이들 동치류를 순서수 또는 기수라 한다. 예를 들어 원소가 3개인 정렬 집합 {a → b → c}의 동치류는 {0 → 1 → 2}, {A → B → C}, {d → e → f} 등의 정렬집합을 말한다. 이와 같은 정렬집합들의 모임을 순서수 3으로 나타내고, 각 정렬집합의 순서수도 3이라 한다. 순서수와 대표적인 정렬집합은 아래 표와 같다.

<표 4.1> 정렬집합과 순서수

순서수	대표적인 정렬집합
0	∅
1	{0}
2	{0 → 1}

순서수	대표적인 정렬집합
3	$\{0 \to 1 \to 2\}$
…	
n	$\{0 \to 1 \to 2 \to, \cdots, \to n-1\}$
…	
ω	$\{0 \to 1 \to 2 \to, \cdots, \to n- \to, \cdots\}$
ω+1	$\{0 \to 1 \to 2 \to, \cdots, \to n-1 \to, \cdots, \omega\}$
ω+2	$\{0 \to 1 \to 2 \to, \cdots, \to n-1 \to, \cdots, \omega, \omega+1\}$
…	
2ω	$\{0 \to 1 \to 2 \to, \cdots, \to n-1 \to, \cdots, \omega, \omega+1, \omega+2, \cdots\}$

예제 4.25 순서집합이 다음과 같은 순서로 나열되어 있을 때 7은 (가)번째이고, 2는 (나)번째, 6은 (다)번째이다. 그리고 ω와 2ω번째는 어느 것인가? ω번째는 (라)바로 앞까지를 말하고, 자연수의 순서번째라고 생각하면 된다.

1, 4, 7, 10, 13, ... 2, 5, 8, 11, ..., 3, 6, 9, 12, ...

풀이 <표 4.1>에서 동형인 것을 찾으면 된다. 가 - 3, 나 - ω+1, 다 - 2ω+2, 라 - 2. ω와 2ω 번째는 지칭할 수 없다. 순서수에서는 마지막 원소를 지칭할 수 없는 경우가 있다.

지금까지 공부한 것으로부터 자연수의 순서를 화살표나 부등호 대신 < 기호를 사용하기도 한다. 자연수를 포함한 순서수는 다음과 같다.

$$0 < 1 < 2 < 3 < \ldots < n < \ldots < \omega < \omega+1 < \omega+2 < \ldots. < \omega+n < \ldots. < 2\omega < 2\omega+1 < \ldots < 3\omega < \ldots$$

4.4 순서수와 페아노 공리

자연수의 순서적 구조를 가지는 순서집합은 어떤 조건을 만족하는가? 최소 조건(공리라 부름)으로 어떤 개념을 정의하는 방법을 공리적 방법이라 한다. 공리에 있는 조건들은 자연수에서 성립하는 사실들이다. 페아노[21])는 순서수로서의 자연수 집합을 다음과 같이 공리적 방법으로 규정하였다.

---

21) Giuseppe Peano(1858-1932)는 이탈리아 수학자이면서 철학자이었다.

> **공리 4.26** 페아노
>
> 순서수로서의 자연수는 다음 조건을 만족하는 순서집합 ℕ이다.
>
> (i) ℕ에는 특정 원소가 존재한다. 이를 1로 표시한다.
> (ii) $x' = 1$되는 x는 ℕ에 존재하지 않는다. 1은 순서적으로 최초의 원소이다.
> (iii) $x \in$ ℕ이면 x의 직후자 x'(나중에 $x + 1$ 둠)도 ℕ의 원소이다.
> (iv) x, $y \in$ ℕ에 대해서 $x' = y'$이면 $x = y$. 즉, 두 개의 전자를 허용하지 않는다.
> (v) 임의의 $M \subset$ ℕ에 대해서 다음 두 조건을 만족하면 M = ℕ이다. 위 네가지 조건을 만족하는 최소의 집합이다.
> (1) $1 \in M$
> (2) $x \in M$이면 $x' \in M$

위 공리에 대해서 설명을 덧붙이면, (i)와 (ii)는 최초의 원소가 존재하고 그것을 1로 둔다는 것이다. (iii)는 후자가 항상 존재한다. 그러므로 1의 후자, 1 후자의 후자, ..., 계속되는 후자가 존재한다. (v)는 이와 같이 1을 포함하며 그 후자를 지속적으로 포함하는 정렬집합은 ℕ이며 그것보다 더 작은 집합이 없다는 것이다. 아래 그림은 (iv)에서 4의 전자를 두 개 허용하는 반례이며, (v)에서 1과 그 후자를 포함하는 것만으로 이루어진 최소의 집합이라는 것에도 모순되는 예이다.

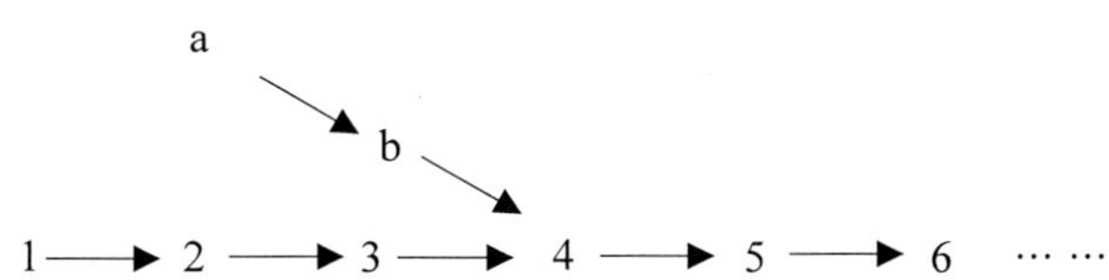

(v)의 조건을 이해하는데 도움이 되는 예시는 앞에서 보았던 아래 예시이다. 1을 포함하는 정렬집합이나 ω를 포함하는 정렬집합을 제외하려는 조건이다.

$$1 < 2 < 3 < \ldots < n < \ldots < \omega < \omega+1 < \omega+2 < \ldots. < \omega+n < \ldots.$$

기수에서 덧셈을 정의하였는데 순서수에서도 덧셈과 곱셈의 정의가 가능하다.

> **정의 4.27** 순서수적 자연수에서 덧셈 연산
>
> (1) 자연수 n에 1을 더한 것을 n의 후자로 둔다. 즉 $n+1 = n'$.

(2) 자연수 n에 1, 2, 3, ..., m을 더하는 덧셈이 정의되었다면, m다음의 수 m'을 더하는 덧셈 n + m' = (n + m)' 정의한다.

정의 4.28 순서수적 자연수에서 곱셈

(i) n × 1 = n 두자. 그리고 n에 2, 3, 4, ..., m까지의 곱이 정의되었다 하자.

(ii) n × m' = n × m + n으로 정의한다.

(iii) n = m + k를 만족하는 자연수 k∈ℕ가 존재할 때 n > m이라 한다(대소관계).

정의 4.27로부터 모든 자연수를 생성할 수 있다. 1 + 1 = 1′(2로 두자), 2 + 1 = 2′(3으로 두자), 3 + 1 = 3′(4로 두자), ..., 2 + 2 = (2 + 1)′ = 3′ = 4, ... 등으로 모든 자연수를 생성한다. 그리고 자연수에서 덧셈과 곱셈을 순차적으로 정의할 수 있다. 위 두 정의의 적절성은 다음의 수학적 귀납법에 의해 보장된다.

정리 4.29 수학적 귀납법

(i) 자연수 n에 대한 명제 P(n)에 대해서 'P(1)이 참'이고 'P(n)이 참이면 P(n+1)도 참'이라 하자. 그땐 모든 자연수 n에 대해서 P(n)이 참이다

(ii) 임의의 자연수 m, n에 대하여 P(m, 1)과 P(1, n)이 참이고, 그리고 임의의 자연수 k, *l*에 대하여 P(k+1, *l*)과 P(k, *l*+1)이 참이면 P(k+1, *l*+1)도 참이라 하자. 그땐 모든 자연수 m, n에 대하여 P(m, n)이 참이다.

'P(n)이 참이면 P(n+1)도 참'이라는 연쇄적인 논리에 의해 수학적 귀납법으로 유도된 결론은 항상 참이다. 그리고 (ii)의 귀납법을 이중 수학적 귀납법이라 한다. 수학적 귀납법으로 증명될 수 있는 것들은 자연수의 크기와 순서로 나열될 수 있는 것이다. 이어지는 다음 두 문제는 수학적 귀납법으로도 증명할 수 있다.

예제 4.30 모든 자연수 n에 대하여 $n^2 + 2n \geq 3$임을 수학적 귀납법으로 증명하시오.

풀이 $P(n) = n^2 + 2n$으로 두면, P(1) = 3이므로 부등식을 만족한다. n = k일 때 부등식을 만족하다고 가정하면 n = k + 1에서도 참임을 증명하자.

$P(k) = k^2 + 2k \geq 3$을 가정하자.

$$P(k+1) = (k+1)^2 + 2(k+1)$$
$$= (k^2 + 2k) + (2k+3) : P(k) \geq 3 \text{ 가정에 의해}$$
$$\geq 3 + (2k+3) \geq 3 \quad : k \geq 2\text{이므로}$$

과제 4.31 모든 자연수 a, b, c에 대해서 $a + b, a \times b \in \mathbb{N}$이고 다음이 성립한다.

(i) $a + b = b + a, (a + b) + c = a + (b + c)$

(ii) $ab = ba, (ab)c = a(bc)$

(iii) $a(b + c) = ab + ac, (b + c)a = ba + ca$

(iv) $a > b, a = b, b > a$ 중 하나만 성립한다.

(v) $a + b = a + c \Rightarrow b = c, ab = ac \Rightarrow b = c$

(vi) $a < b, b < c \Rightarrow a < c$

(vii) $a > b \Rightarrow a + c > b + c, ac > bc$

4장(기수와 순서수) 프로젝트

프로젝트 4.1 칸토어 집합(Cantor set)에 대해서 조사하고, 이 집합의 기수를 알아보시오.

프로젝트 4.2 실수집합 [0, 1]이 비가번임을 증명하시오. 그리고 [0, 1]은 실수 전체 집합 $\mathbb{R}$과도 1-1 대응됨을 보이시오. 그리고 [0, 1]은 $[0, 1] \times [0, 1]$과도 1-1 대응됨을 보이시오. 그러므로 연속체 농도 c에 대해서 $c^2 = c$이고, 그리고 1-1 대응은 길이와 넓이를 보존하지 못함을 알 수 있다.

5장 정수

5장에서는 4장에서 배운 자연수로 정수를 만들고 그 성질을 알아본다. 정수에서 성립하는 많은 성질들이 자연수에서도 성립한다. 학교 수학과 관련 있는 정수론 부분을 공부한다.

5.1 정수의 생성

4장에서 우리는 자연수가 어떻게 생성되는지를 보았다. 자연수로부터 정수를 만들어 볼 것인데, 그 도구는 집합과 동치관계이다. $\mathbb{N}$을 자연수 집합이라 하자.

순서쌍 $(m, n), (p, q) \in \mathbb{N} \times \mathbb{N}$에 대하여, $m + q = n + p$이면 $(m, n) \sim (p, q)$으로 두자.

위 이항관계 $\sim$는 동치관계임을 증명할 수 있다([과제 5.1] 참조). 동치관계에 의해 만들어지는 동치류들로 구성된 상집합 $\mathbb{N} \times \mathbb{N} / \sim$을 알아보자.

(1, 1)의 동치류 : (1, 1), (2, 2), (3, 3), (4, 4), ... (n, n), ...으로 구성된 집합이다.
(1, 2)의 동치류 : (1, 2), (2, 3), (3, 4), (4, 5), ... (n, n+1), ...으로 구성된 집합이다.
(2, 1)의 동치류 : (2, 1), (3, 2), (4, 3), (5, 4), ... (n+1, n), ...으로 구성된 집합이다.
(1, 3)의 동치류 : (1, 3), (2, 4), (3, 5), (4, 6), ... (n, n+2), ...으로 구성된 집합이다.
(3, 1)의 동치류 : (3, 1), (4, 2), (5, 3), (6, 4), ... (n+2, n), ...으로 구성된 집합이다.
⋮
(p, 1)의 동치류 : (p, 1), (p+1, 2), (p+2, 3), ... (p+s, s+1), ...으로 구성된 집합이다.
(1, p)의 동치류 : (1, p), (2, p+1), (3, p+2), ... (s+1, p+s), ...으로 구성된 집합이다.
⋮

임의의 순서쌍 (m, n)는 (p, 1) 또는 (1, p)의 동치류 중 하나에 속할 것이다. 여기서 $(m, n) \in \mathbb{N} \times \mathbb{N}$의 동치류를 [m, n]이라 두면, (m, n)이 속하는 (p, 1)의 동치류 [p, 1]과 같거나 또는 (1, p)의 동치류 [1, p]와 같을 것이다.

과제 5.1 자연수의 순서쌍 (m, n), (p, q)$\in\mathbb{N}\times\mathbb{N}$에 대하여, $m+q=n+p$이면 (m, n) ~(p, q)으로 두자. ~는 동치관계임을 보이시오.

정의 5.2 정수

위에서 정의된 동치관계 ~에 의해 만들어지는 동치류의 집합(상집합)을 정수 집합이라 하고 $\mathbb{Z}$로 나타낸다.

기존의 자연수를 확장하여 정수를 만들었다. 정수의 기호도 자연수 기호의 확장으로 두는 것이 편리할 것이다. 따라서 (m+1, 1)의 동치류를 자연수 m과 같은 것으로 나타낸다. 정수의 순서나 연산(덧셈과 뺄셈, 곱셈 등) 구조도 자연수 구조의 연장이 되어야 할 것이다.

정의 5.3 임의의 [a, b], [c, d]$\in\mathbb{Z}$에 대하여 정수에서의 새로운 연산(+, -, ×)과 대소 관계(<)를 정의한다.

(i) $[a, b] + [c, d] = [a+c, b+d]$(가법)

(ii) $[a, b] \times [c, d] = [ac+bd, ad+bc]$(승법)

(iii) $[a, b] < [c, d] \Leftrightarrow a+d < b+c$(대소관계)

(iv) $[a, b] - [c, d] = [a+d, b+c]$(감법)

방금 구성한 정수에 정의한 연산을 자연수에서 정의된 연산 기호와 구분하기 위해 잠시동안 진하게(bold) 표현했다. (i)의 [a + c, b + d]에서 사용한 +은 우리가 알고 있는 자연수의 덧셈이고, [a, b] + [c, d]에서 사용한 덧셈 기호와는 구분되어야 한다. 자연수의 기존 덧셈을 이용하여 새로운 덧셈을 정의하고 있다. 먼저 여기서 정의한 연산과 부등호가 적절하게 정의되었는지를 확인할 필요가 있다. 같은 동치류를 나타내는 이름은 [a, b] = [a+1, b+1] = [a + 2, b + 2] = [a + 3, b + 3] = ...처럼 아주 많다. 이름을 바꾸어도 그 결과가 같아야함을 보이는 것이 '잘 정의됨[22]'을 확인하는 것이다.

22) 잘 정의됨에 대해서 6장 1절에서도 언급된다.

예제 5.4 위에서 정의한 정수의 연산과 부등호가 '잘 정의되어 있음'을 보이시오.

풀이 [a, b] + [c, d] = [a + c, b + d]에서 [a, b] = [a′, b′], [c, d] = [c′, d′]일 때 이름을 바꾼 계산 결과와 같음을 보이는 것이다. 즉, [a, b] + [c, d] = [a′, b′] + [c′, d′]. 등식 [a, b] = [a′, b′], [c, d] = [c′, d′]과 동치관계 정의에 의해 $a + b' = b + a'$이고, $c + d' = d + c'$이다. 따라서 $(a+c) + (b'+d') = (b+d) + (a'+c')$이다. 그러므로 [a + c, b + d] = [a′ + c′, b′ + d′]이고, 덧셈의 정의에 의해 [a, b] + [c, d] = [a′, b′] + [c′, d′]임을 알 수 있다. 그러므로 (i)의 덧셈이 잘 정의됨을 확인하였다. 나머지 예제 문제도 이와 같은 방법으로 확인할 수 있을 것이다.

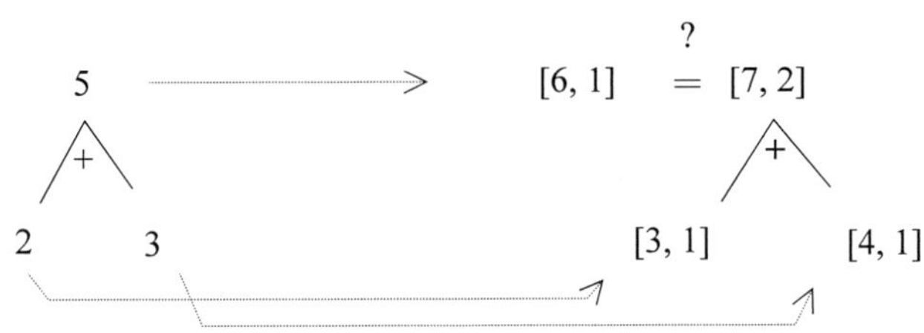

[그림 5.1] 덧셈의 동형 구조

위 정의 5.3 (i)에서 [m + 1, 1] + [n+1, 1] = [m + n + 2, 2] = [m + n + 1, 1]이므로, 자연수 m과 n을 좌변의 정수 [m + 1, 1]과 [n + 1, 1]에 대응시키면 그 합 m + n은 두 정수의 합 [m + 1, 1] + [n + 1, 1] = [m + n + 2, 2]과 일치한다. 예컨대 그림 5.1에서 2, 3, 5로 연결된 삼각형은 덧셈 구조의 일부이다. 2와 3의 합이 5이고, 2와 3은 각각 정수 [3, 1]과 [4, 1]에 대응된다. 이들 정수의 합은 위에서 정의한 규칙에 따라 [7, 2]가 되는 구조를 형성하는데, 이 결과가 5의 상(image) [6, 1]과 같은 동치류가 되어 일치한다. 그러므로 자연수의 세 원소와 그에 대응하는 정수의 세 원소는 같은 구조를 이룬다고 말할 수 있다.

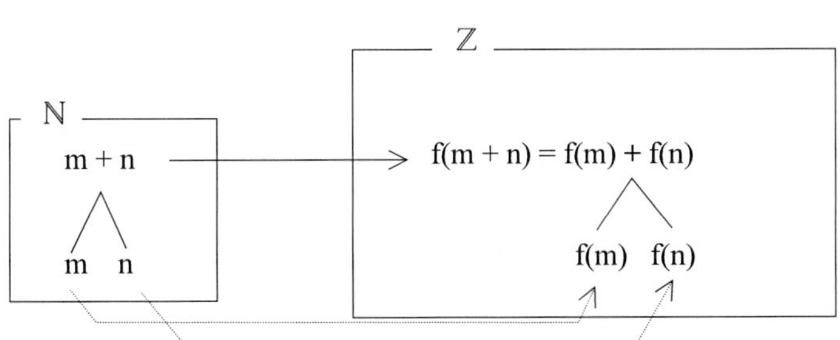

[그림 5.2] 덧셈을 가진 자연수의 동형 구조

이를 일반화한 것은 그림 5.2의 함수로 설명할 수 있다. 함수 $f : \mathbb{N} \rightarrow \mathbb{Z}$를 $f(n) = [n + 1, 1]$로 정의하면, 함수 f는 단사함수임을 보일 수 있으며, $f(m + n) = f(m) + f(n)$임을 확인할 수 있다. 그러므로 자연수 n을 정수 $[n + 1, 1]$로 대응시켰을 때, 자연수의 덧셈 구조가 정수의 부분집합으로서 그대로 보존된다는 것이다. 자연수에서 정수로의 확장에서 덧셈 구조의 보존으로 정수의 덧셈(+) 기호를 자연수의 덧셈 기호 +와 구분하지 않고 그대로 사용한다. 특히 $[a, b] + [m, m] = [m, m] + [a, b] = [a + m, b + m] = [a, b]$이므로 $[m, m]$은 항등원[23]임을 알 수 있다. 또한 $[a, b] + [b, a] = [a + b, a + b]$이므로 $[a, b]$과 $[b, a]$은 덧셈에 대한 역원[24]임을 알 수 있다. (iv)에서 $[m, m] - [a, b] = [m + b, m + a] = [b, a]$이므로 각 원소는 그 역원과 음수 관계이다.

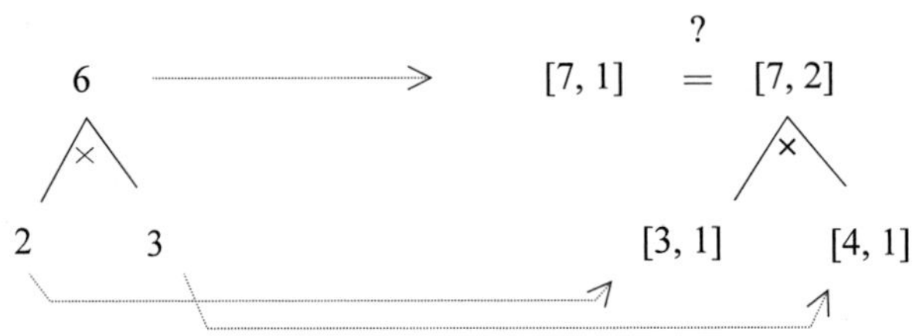

[그림 5.3] 곱셈 동형 구조

(ii)의 곱셈에 대해서도 마찬가지이다. 2와 3의 곱은 6이며, 이는 덧셈과는 다른 구조를 가진다. 곱셈의 정의 $[a, b] \times [c, d] = [ac + bd, ad + bc]$에 의해 $[3, 1] + [4, 1] = [12 + 1, 3 + 4]$이며 이는 $[7, 1]$과 같은 동치류임을 알 수 있다. 일반적으로 $[m + 1, 1] \times [n + 1, 1] = [mn + m + n + 1, m + n + 2] = [mn, 1]$이므로 $f(m \times n) = f(m) \times f(n)$가 된다. 특히 임의의 정수 $[a, b]$에 대하여, 정수의 곱 $[a, b] \times [2, 1] = [2, 1] \times [a, b] = [2a + b, a + 2b] = [a, b]$임을 알 수 있다. 그러므로 $[2, 1]$은 곱셈에 대한 항등원임을 알 수 있다. 한편 정수의 곱셈 정의가 복잡해 보이지만 정수 $[m, n]$을 $m - n$으로 간주하면 이해가 빠를 것이다. $[a, b] + [c, d]$은 $(a - b) + (c - d) = (a + c) - (b + d)$이므로 $[a + c, b + d]$로 정의되었으며, $(a - b) \times (c - d) = (ac + bd) - (ad + bc)$이므로 $[a, b] \times [c, d] = [ac + bd, ad + bc]$으로 정의된 것이다. 그림 5.4에서 자연수가 정수로 확장되어도 곱셈 구조가 그대로 유지됨을 알 수 있다. 그리고 정수의 곱셈 기호를 자연수에서의 곱셈기호와 통일시킨다.

---

23), 22) 항등원과 역원의 정의는 6장 1절에서 설명한다.

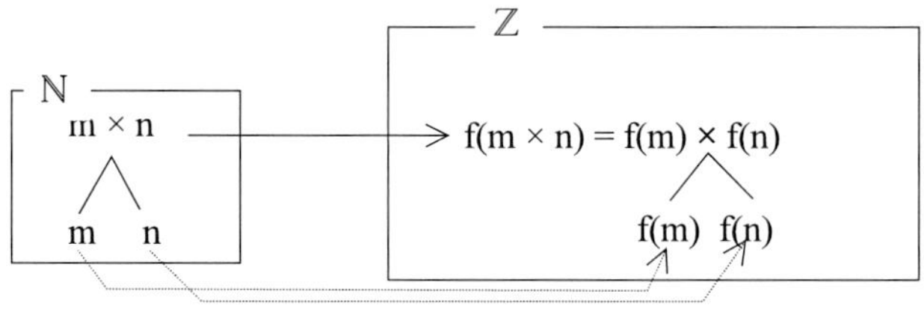

[그림 5.4] 곱셈의 구조

(iii)의 대소 관계도 마차가지인데, 자연수의 크기도 정수 크기의 한 부분으로 간주할 수 있다. $m < n$이면 $(m + 1) + 1 < (n + 1) + 1$이므로 $[m + 1, 1] < [n + 1, 1]$이 됨을 알 수 있다.

마지막으로 정수의 뺄셈을 정의한다. 덧셈의 역산인 뺄셈은 항등원에 대한 역원으로 본다. $[a, b] - [c, d]$은 $[a, b] + ([c, d]$의 역원)인 셈이다. 앞에서 $[c, d]$의 역원은 $[d, c]$였으며 $[a, b] - [c, d] = [a, b] + [d, c]$이므로 덧셈의 정의에 의해 $[a + d, b + c]$이 되는 것이다.

요약하면, $f : \mathbb{N} \to \mathbb{Z}$를 모든 $n \in \mathbb{N}$에 대하여

$$f(n) = [n + 1, 1]$$

로 정의하면 f는 단사함수이고, 모든 $m, n \in \mathbb{N}$에 대하여

$$f(m + n) = f(m) + f(n),\ f(mn) = f(m) \times f(n) \text{ 및 } n < m \Leftrightarrow f(n) < f(m)$$

이 성립된다. 따라서 $n \in \mathbb{N}$을 f에 의한 상(image) $[n + 1, 1]$과 동일시하면 $\mathbb{N} \subset \mathbb{Z}$라 생각할 수 있다. 여기에서 $[n, n] = 0$, $[n + 1, 1] = n$, $[1, n + 1] = -n$으로 쓰기로 하면 $\mathbb{Z}$는 $\mathbb{N} \cup \{0\} \cup \mathbb{N}^-$으로 구성된다. 여기서 $\mathbb{N}^- = \{-n \mid n \in \mathbb{N}\}$이다. 이에 $\mathbb{Z} = \{\cdots, -2, -1, 0, 1, 2, \cdots\}$라 놓고 $\mathbb{Z}$에 속한 원을 정수라 부르고, 특히 $\mathbb{N}^- = \{\cdots -3, -2, -1\}$을 음의 정수 집합, $\mathbb{N} = \{1, 2, 3, \cdots\}$을 양의 정수 집합 또는 자연수 집합이라고 한다. $m \geq n$이면 $[m, n] = [m - n + 1, 1] = m - n$이며, $m < n$이면 $[m, n] = [1, n - m + 1] = -(n - m) = m - n$이다. 또한 $(a - b) \cdot (c - d) = (ac + bd) - (ad + bc)$를 얻게 되고 이로부터 $(+) \cdot (+) = +$, $(+) \cdot (-) = -$, $(-) \cdot (-) = +$, $0 \cdot a = 0$인 곱셈에 관한 법칙들을 얻는다. 자연수에서 정수로 확장하였으나 기존에 있었던 자연수의 법칙과 그 기호를 그대로 보전하는 형식불역의 원리[25]를 따른다.

---

25) 형식불역의 원리 : 어떤 구조를 확장할 때 기존 구조에서 인정된 구조를 그대로 유지한다는 원리이다.

5.2 정수의 기본 성질

정수에 대하여 다음이 성립한다. 이는 자연수의 법칙([과제 4.31])의 확장이다.

과제 5.5 임의의 $a, b \in \mathbb{Z}$에 대하여 $a+b \in \mathbb{Z}$, $a \times b \in \mathbb{Z}$이고

(i) $a+b=b+a$, $(a+b)+c=a+(b+c)$, $a+0=a$, $a+(-a)=0$

(ii) $ab=ba$, $(ab)c=a(bc)$, $a \times 1=a$, $ab=ac$이고 $a \neq 0 \Rightarrow b=c$

(iii) $a(b+c)=ab+ac$, $(b+c)a=ba+ca$

(iv) $a>b$, $a=b$, $a<b$ 중 하나만 성립

(v) $a>b$, $b>c \Rightarrow a>c$

(vi) $a>b$, $c>0 \Rightarrow ac>bc$

여기서 $a \times b = ab$로 나타낸다.

정의 5.6 절대값

정수 a의 절대값(absolute value)을 $|a|$로 나타내고,

$$|a| = \begin{cases} a & (a \geq 0) \\ -a & (a < 0) \end{cases}$$ 로 둔다.

이 정의에서 $|a| \geq 0$이고, $|a|=0$이 될 필요충분조건은 $a=0$이며, $|ab|=|a||b|$임을 알 수 있다. 그리고 정수에서의 나눗셈은 몫과 나머지도 정수를 가정한다. 정수론에서 사용하는 수는 정수뿐이며 나머지도 정수이다. 반면 유리수 나눗셈에서는 나머지를 고려할 수 없다.

수의 범위	나눗셈 식	결과	비고
정수	$17 \div 5$	$=3$(몫).....2(나머지)	정수론
유리수	$17 \div 5$	$=3\frac{2}{5}$ (분수몫)	

정리 5.7 정수의 나눗셈 정리

임의의 $a(\neq 0)$, $b \in \mathbb{Z}$에 대하여 다음 식을 만족하는 $q, r \in \mathbb{Z}$가 유일하게 존재한다. 이때 q를 몫(quotient), r을 나머지라 한다.

$$b = q \times a + r, \ 0 \leq r < |a|$$

예제 5.8 정수의 나눗셈 정리에 의해 몫과 나머지를 구해보시오.

(i) $a = 7, b = 47$ (ii) $a = 8, b = -36$ (iii) $a = -5, b = 12$

풀이 (i)의 풀이는 $47 = 6 \times 7 + 5$ 이므로 $q = 6, r = 5$. (ii)의 풀이는 $-36 = (-5) \times 8 + 4$이므로 $q = -5, r = 4$. (iii)의 풀이는 $12 = (-2) \times (-5) + 2$ 이므로 $q = -2, r = 2$.

정수의 나눗셈 정리에서는 나머지가 0이상이지만 몫의 절댓값보다는 작다. 나눗셈 식과 조건 $0 \leq r < |a|$을 만족하는 몫과 나머지는 유일하게 존재하다는 증명을 위해서는 정수의 정렬성이라는 공리가 필요하다.

공리 5.9 정수의 정렬성

양의 정수 집합의 부분집합 $S(\neq \varnothing)$는 최소 원소를 갖는다.

과제 5.10 정수의 나눗셈 정리를 증명하시오.

5.3 약수와 배수

정의 5.11 약수와 배수

임의의 $a, b \in \mathbb{Z}$에 대하여, $b = ac$인 $c \in \mathbb{Z}$가 존재할 때 a를 b의 약수 또는 인수(factor)라 하고, b를 a의 배수라 한다. 또 'a는 b를 나눈다.' 또는 'b는 a로 나누어진다.'라고 말하며 $a \mid b$로 표시한다.

초등학교에서는 자연수 범위 내에서 약수와 배수를 다루나 약수와 배수는 정수에서 정의된다. b가 두 정수 a와 c의 곱으로 표현되면 b는 a의 c배, 또는 c의 a배가 되는 것이다. 이때 a와 c는 모두 b의 약수가 된다. 그러나 약수와 배수 개념을 유리수로 확대하지 않는다. 유리수에서는 임의의 두 수가 약수와 배수 관계이므로 그 가치가 사라지기 때문이다.

정수 a의 배수는 a의 정수 배수를 의미하며, 그것은 a의 0배, a의 ±1배, a의 ±2배, a의

±3배, ... 등이 되므로 0, ±a, ±2a, ±3a, .. 등의 수를 말한다. 이들은 a에 모든 정수를 곱한 것이므로 a$\mathbb{Z}$를 a의 배수 집합으로 표기하고, $a\mathbb{Z} = \{ac \in \mathbb{Z} \mid$ 어떤 정수 $c \in \mathbb{Z}\} = \{..., -3a, -2a, -a, 0, a, 2a, 3a, ...\}$이 된다. 특히 0의 배수는 0뿐이고, -a의 배수와 a의 배수는 서로 같은 집합이다. 즉 $a\mathbb{Z} = -a\mathbb{Z}$이다.

한편 약수에 대해 알아보자. 6의 약수는 6 = ○ × □를 만족하는 두 정수 ○와 □이다. 그러므로 6의 약수는 ±1, ±2, ±3, ±6이며 이들은 −6의 약수이기도 하다. 한편 0의 약수는 0 = ○ × □을 만족하는 두 수 ○와 □이다. 그러므로 임의의 정수 a에 대해, 0 = 0 × a이므로 0의 약수는 모든 정수이다. 약수의 개수가 가장 많은 정수는 0이다.

명제 5.12 정수 $\mathbb{Z}$에서 약수와 배수는 다음 성질이 있다.

(i) 임의의 $a \in \mathbb{Z} \Rightarrow a \mid a$(반사율)

(ii) $a \mid b, b \mid c \Rightarrow a \mid c$(추이율)

(iii) $a \mid b, b \mid a \Rightarrow a = \pm b$

(iv) $a \mid b, a \mid c \Rightarrow$ 임의의 $x, y \in \mathbb{Z}$에 대하여 $a \mid (bx \pm cy)$

풀이 (i) a = a × 1이므로 1과 a는 a의 약수이다. 특히 0에 대해서도 성립한다. (ii) b = ka, c = k′b ⇒ c = k′ka이므로 성립한다. (iii) b = ka, a = k′b ⇒ b = kk′b ⇒ b가 0아니면 kk′ = 1. b = 0이면 등식으로부터 a = b = 0이고, b ≠ 0이면 k = k′ = ±1[26]이므로 a = ±b이다. (iv) b와 c가 a의 배수이며(b = ka, c = k′a), 임의의 x, y에 대하여 bx와 cy도 a의 배수임을 쉽게 알 수 있다. 이들의 합과 차도 a의 배수이다. 즉, bx ± cy = kxa ± k′ya = (kx ± k′y)a이다. a의 배수 집합 a$\mathbb{Z}$는 덧셈과 뺄셈에 대해서 닫혀있음을 알 수 있다.

명제 5.13 임의의 $n \in \mathbb{Z}$에 대하여 $n\mathbb{Z}$는 덧셈과 뺄셈에 관하여 닫혀 있다. 역으로 $\varnothing \neq S \subseteq \mathbb{Z}$인 S가 가법 및 감법에 관하여 닫혀($a, b \in S \Rightarrow a \pm b \in S$) 있으면.

$$S = n\mathbb{Z},\ n \geq 0$$

인 $n \in \mathbb{Z}$가 존재한다.

26) [과제 4.28]와 [정의 5.3]으로부터 kk′ = 1이면 k = k′ = ±1임을 추론해보시오.

풀이 $n\mathbb{Z}$는 가법과 감법에 관하여 닫혀있음은 위 명제 (iv)의 결과이다. 역으로 S가 덧셈과 뺄셈에 관하여 닫혀 있으면 모든 $a \in \mathbb{Z}$에 대하여 $a - a \in S$이므로 $0 \in S$이다. 만일 $S = \{0\}$이면 $S = 0 \cdot \mathbb{Z}$이므로 위 정리가 성립된다. 만약 S가 $0 \neq a \in S$를 가지면, S는 덧셈과 뺄셈에 닫혀있으므로, $a - a = 0 \in S$, $0 - a = -a \in S$이다. 따라서 S는 양의 정수를 갖는다. 정수의 정렬성에 의하여 S는 최소의 양의 정수 n을 갖는다. $n\mathbb{Z} = S$을 보인다. 먼저 덧셈과 뺄셈에 닫혀있다는 조건으로부터 $n\mathbb{Z} \subseteq S$임을 알 수 있다. 다음 $S \subseteq n\mathbb{Z}$가 성립함을 보이기 위해서 임의의 원소 $a \in S$를 생각하면 정수의 나눗셈 정리에 의하여

$$a = qn + r,\ 0 \le r < n$$

인 $q, r \in \mathbb{Z}$가 존재한다. 이때 $qn \in S$이고 $a \in S$이므로 $a - nq = r \in S$이고, n의 최소성에 의하여 r는 양의 정수가 될 수 없으므로 $r = 0$이어야 한다. 따라서 $a = nq$가 되어 $a \in n\mathbb{Z}$이다. 따라서 $S \subseteq n\mathbb{Z}$이고, 결론적으로 $S = n\mathbb{Z}$이다.

정의 5.14 최대공약수

임의의 $a, b \in \mathbb{Z}$에 대하여 다음 조건을 만족하는 정수 $d \ge 0$를 a와 b의 최대공약수라 하고 (a, b)로 나타낸다. 또한 $(a, b) = 1$일 때 a와 b를 서로 소라 한다.

(i) $d \mid a,\ d \mid b$

(ii) $e \mid a,\ e \mid b \Rightarrow e \mid d$

초등학교에서는 최대공약수를 공약수 중에서 가장 큰 수로 정의한다. 이 정의가 최대공약수의 의미를 파악하는데 도움이 되지만 이를 수학적으로 활용하는데 한계를 가진다. 이 정의보다 위 정의가 더 강한 조건이며 수학적으로 활용이 높은 고차원의 정의라 할 수 있다. (i)에서 d는 a와 b의 공약수라는 것이며, (ii)에서 알 수 있는 것은 정수 e가 a와 b의 공약수라면 e는 d의 약수라는 것이다. $d \ge 0$이므로 e가 d보다 클 수가 없다. 더욱이 모든 공약수는 최대공약수의 약수라는 것을 알 수 있다.

예제 5.15 다음의 공약수를 구해보시오.

(i) −12와 18의 공약수

(ii) 0과 6의 공약수

(iii) 0과 0의 공약수

풀이 (i) ±1, ±2, ±3, ±6이고 이들은 모두 최대공약수 6의 약수이다. (ii) 0의 약수는 모든 정수이므로 공약수는 ±1, ±2, ±3, ±6이고 이들은 모두 최대공약수 6의 약수이다. (iii) 모든 정수이고 이들의 최대공약수는 0이다. 최대공약수를 약수 중 가장 큰 것으로 약속을 하면 0과 0의 공약수는 무한히 많으므로 최대공약수가 없다고 생각할 수 있다. 위 (iii)에서 최대공약수는 모든 공약수의 배수를 말하므로 0이 최대공약수이다.

$a\mathbb{Z} + b\mathbb{Z} = \{ax + by \mid x, y \in \mathbb{Z}\}$두자. $a\mathbb{Z}$는 a의 배수 집합이며, $b\mathbb{Z}$는 b의 배수 집합이다. 이들 두 집합을 덧셈으로 표현한 $a\mathbb{Z} + b\mathbb{Z}$은 두 정수 a, b의 배수들의 합을 나타낸 것이다. 예를 들면 $2\mathbb{Z} = \{...-6, -4, -2, 0, 2, 4, 6, 8, ..., 2s, ...\}$, $3\mathbb{Z} = \{...-9, -6, -3, 0, 3, 6, 9, ..., 3t, ...\}$에서 $2\mathbb{Z} + 3\mathbb{Z}$는 두 집합의 원소들의 합이다. $4 + (-3) = 1$, $2 + (-3) = -1$, $8 + (-6) = 2$, $4 + (-6) = -2$...이렇게 만들어지는 집합이므로 정수 전체의 집합이 되어 $2\mathbb{Z} + 3\mathbb{Z} = \mathbb{Z}$가 된다. 일반적으로 $a\mathbb{Z} + b\mathbb{Z} = d\mathbb{Z}$, 여기서 $d = (a, b)$임을 증명한다.

정리 5.16 임의의 $a, b \in \mathbb{Z}$에 대하여

(i) a, b의 최대공약수 $d = (a, b)$가 존재하며

(ii) $a\mathbb{Z} + b\mathbb{Z} = d\mathbb{Z}$이고 $d = as + bt$인 $s, t \in \mathbb{Z}$가 존재한다.

풀이 $S = a\mathbb{Z} + b\mathbb{Z}$라 하면 $a \in a\mathbb{Z} \subseteq S$, $b \in b\mathbb{Z} \subseteq S$이고 $\emptyset \neq S \subseteq \mathbb{Z}$이다. 또한 S는 덧셈과 뺄셈에 관하여 닫혀있음을 확인할 수 있다. 따라서 명제 5.13에 의하여 $S = d\mathbb{Z}$인 정수 $d \geq 0$가 존재한다. 이때 $d \in S$이므로 $d = as + bt$인 $s, t \in \mathbb{Z}$가 존재한다. 한편 $a, b \in S = d\mathbb{Z}$이므로 $d \mid a$, $d \mid b$이다. 또한 $d = as + bt$이므로 명제 5.12 (iv)에 의하여 $e \mid a$, $e \mid b$이면 $e \mid d$이다. 그러므로 d는 a와 b의 최대공약수이다.

과제 5.17 다음 문제에서 $d \geq 0$를 구하고 확인하시오.

(i) $-12\mathbb{Z} + 18\mathbb{Z} = d\mathbb{Z}$

(ii) $8\mathbb{Z} + 13\mathbb{Z} = d\mathbb{Z}$

(iii) $0\mathbb{Z} + 6\mathbb{Z} = d\mathbb{Z}$

(iv) $0\mathbb{Z} + 0\mathbb{Z} = d\mathbb{Z}$

정의 5.18 서로소

$(a, b) = 1$일 때 a와 b를 '서로 소'라 한다. 위 정리 5.16에서 $1 = as + bt$를 만족하는 정수 s, t가 존재한다. (8, 13) = 1에서 8 × s + 13 × t = 1을 만족하는 정수 s, t가 존재하지만 이것이 유일하지는 않다. s = 5, t = -3 그리고 s = -8, t = 5가 위 식을 만족함을 알 수 있고 다른 쌍을 찾을 수 있다. 다음 명제는 서로소를 확인하는 방법이다.

명제 5.19 $(a, b) = 1 \Leftrightarrow 1 = as + bt$인 $s, t \in \mathbb{Z}$가 존재한다.

증명 충분조건(⇒)은 위에서 설명하였다. 필요조건(⇐)을 위해 $1 = as + bt$인 $s, t \in \mathbb{Z}$가 존재함을 가정하자. 그리고 $(a, b) = d$라 하자. $d \mid as$, $d \mid bt$이므로 명제 5.12 (iv)에 의해 $d \mid 1$이다. 그러므로 $d = 1$.

서로 소의 필요충분조건으로 $1 = as + bt$($s, t \in \mathbb{Z}$ 존재)을 사용하면 쉽게 해결할 수 있는 문제들이 많다.

과제 5.20 위 정리를 사용하여 다음을 설명하시오.

(i) 임의의 정수 n에 대하여 $\dfrac{3n+5}{2n+3}$꼴의 분수는 기약분수이다.

(ii) $(a, b) = 1$이고 $(a, c) = 1$일 때, $(a, bc) = 1$.

(iii) $a \mid bc$이고 $(a, b) = 1$이면 $a \mid c$.

두 수의 최대공약수를 찾는 알고리즘으로 소인수분해를 사용하는 경우가 많지만 여기서는 나눗셈을 이용하는 유클리드(Euclid)의 호제법을 소개한다.

정리 5.21 유클리드 호제법

a, b를 자연수라하자. 나눗셈 알고리즘에 의해 $a = q \cdot b + r$ $(0 \le r < b)$을 만족하는 양의 정수 q, r이 존재한다. 이때 $(a, b) = (b, r)$이다.

풀이 $(a, b) = d$라 하면, $d = (b, r)$임을 보이면 된다. 위에서 정의한 최대공약수의 정의 5.14를 이용해야한다[27]. (i) $d \mid b$, $d \mid r$임을 보이고 (ii) $e \mid b$이고 $e \mid r$이면 $e \mid d$임을 보이면 된다.
(i) 가정 $(a, b) = d$에 의해 $d \mid b$이고, $d \mid a$이다. 명제 5.12 (iv)에 의해 $d \mid (a - q \cdot b)$이므로 $d \mid r$이다. (ii) $e \mid b$이고 $e \mid r$을 가정하면 명제 5.12에 의해 $e \mid (q \cdot b + r)$이고 $e \mid a$이다. $e \mid a$이고 $e \mid b$이며 가정 $d = (a, b)$에 의해 $e \mid d$이다. 따라서 (i)과 (ii)에 의해 두 수의 최대공약수는 나누는 수와 나머지간의 최대공약수와 같음을 보였다.

---

27) 여기서 최대공약수의 정의를 '약수 중 가장 큰 수'로 두면, 이 정리를 증명하는데 어려움이 많아진다.

$a \geq b > r$이고, b와 r에 대하여 위 정리를 반복적으로 적용해보자. 각 단계마다 $a > b > r > r_1 > r_2 > \ldots > r_n$ 점점 작아져서 나머지가 0될 때까지 계속한다. 나머지 $r_{n+1} = 0$이면 $(r_{n-1}, r_n) = r_n$이므로 유클리드 호제법에 의해서 $(a, b) = (b, r) = (r, r_1) = (r_1, r_2) = \ldots = (r_{n-1}, r_n) = r_n$이 된다. 예를 들어 (78, 21)을 구하는 과정은 다음과 같다.

$a = q \cdot b + r \ (0 < r < b)$ $b = q_1 r + r_1 \ (0 < r_1 < r)$ $r = q_2 r_1 + r_2 \ (0 < r_2 < r_1)$ $r_1 = q_3 r_2 + r_3 \ (0 < r_3 < r_2)$ ..... $r_{n-1} = q_{n+1} r_n + r_{n+1} \ (0 = r_{n+1})$	(78, 21) 구하기 $78 = 3 \cdot 21 + 15 \Rightarrow (78, 21) = (21, 15)$ $21 = 1 \cdot 15 + 6 \Rightarrow (21, 15) = (15, 6)$ $15 = 2 \cdot 6 + 3 \Rightarrow (15, 6) = (6, 3) = 3$ $6 = 2 \cdot 3 \Rightarrow (78, 21) = 3$

과제 5.22 정리 5.16와 (78, 21) = 3으로부터 $3 = 78 \cdot s + 21 \cdot t$를 만족하는 정수 s, t가 존재한다. 위 유클리드 호제법을 적용한 식으로부터 s, t를 찾아보시오.

정의 5.23 최소공배수

임의의 $a, b \in \mathbb{Z}$에 대하여 다음 조건을 만족하는 정수 $l \geq 0$을 a와 b의 최소공배수라 하고 [a, b]로 표시한다.

(a) $a \mid l, b \mid l$

(b) $a \mid e, b \mid e \Rightarrow l \mid e$

초등학교에서는 자연수 범위에서 공배수를 다루므로 가장 작은 공배수를 최소 공배수로 정의하는데 여기서는 최소공배수의 성질을 이용하여 모든 공배수의 (음수가 아닌) 약수로 정의하고 있다. 이 정의가 초등수준의 정의보다 더 강한 조건이며, 다음과 같은 정리를 증명할 때도 유용하게 사용할 수 있다.

정리 5.24 임의의 $a, b \in \mathbb{Z}$에 대하여 다음이 성립한다.

(i) a와 b의 최소공배수 l은 존재한다.

(ii) $a\mathbb{Z} \cap b\mathbb{Z} = l\mathbb{Z}$

풀이 $S = a\mathbb{Z} \cap b\mathbb{Z}$라 하면 ab은 a의 배수이면서 b의 배수이다. 그러므로 $ab \in a\mathbb{Z} \cap b\mathbb{Z} = S$이다. $\emptyset \neq S \subseteq \mathbb{Z}$이고, 또한 S는 덧셈과 뺄셈에 대해서 닫혀있음을 확인할 수 있다. 따라서 명제 5.13에 의하여 $S = l\mathbb{Z}$인 정수 $l \geq 0$이 존재한다. 그런데 $l \in S = a\mathbb{Z} \cap b\mathbb{Z}$이므로 $a \mid l$, $b \mid l$이다. 또한 $a \mid e$, $b \mid e$이면 $e \in a\mathbb{Z} \cap b\mathbb{Z} = l\mathbb{Z}$이므로 $l \mid e$이다. 그러므로 $l = [a, b]$이다.

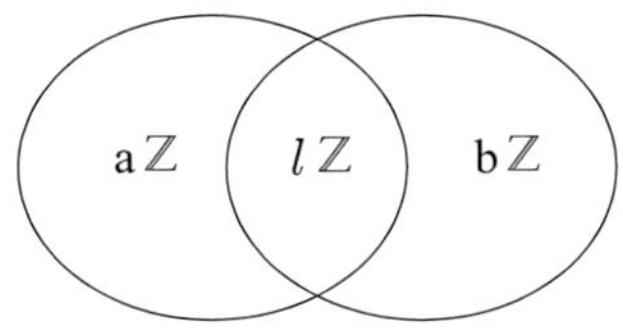

5.4 법(mod)과 배수 찾기

앞에서 우리는 $a, b \in \mathbb{Z}$와 $m \in \mathbb{N}$에 대하여 a, b의 차(difference) a-b가 m의 배수일 때 a와 b는 법(modulus) m에 관하여 합동이라 하고 이것을 $a \equiv b$(mod m/법 m)로 표시하였다. 합동 관계는 동치관계([과제 5.25])이며 각 정수 a의 동치류를 $\overline{a}$로 나타내었다. 한편 정수의 나눗셈 정리에 의하면 임의의 $a \in \mathbb{Z}$에 대하여

$$a = q \cdot m + r,\ 0 \leq r < m$$

인 정수 q, r가 존재한다. 이때 $q \cdot m \equiv 0$(mod m)이므로 $a \equiv r$(mod m)이다. 따라서 $\overline{a} = \overline{r}$이다. 즉 $\overline{a}$는 $\overline{0}, \overline{1}, \cdots, \overline{m-1}$ 중 어느 하나가 되므로 $\overline{0}, \overline{1}, \cdots, \overline{m-1}$을 동치류의 대표원으로 둔다. 합동관계의 동치류 집합(잉여류 집합이라 함)을 $\overline{Z_m}$으로 나타낸다. 즉,

$$\overline{Z_m} = \{\overline{a} \mid a \in \mathbb{Z}\} = \{\overline{0}, \overline{1}, \cdots, \overline{m-1}\}$$

과제 5.25 정수에서 합동관계가 동치관계임을 증명하시오.

정의 5.26 잉여류 집합에서 덧셈과 곱셈 정의하기

임의의 $a, b \in \overline{Z_m}$에 대하여 덧셈과 곱셈을 다음과 같이 정의한다.

(i) $\overline{a}+\overline{b}=\overline{a+b}$ (덧셈)
(ii) $\overline{a}\times\overline{b}=\overline{a\times b}$ (곱셈)

풀이 $\overline{a+b}$에서 +는 정수에서의 덧셈을 말하며, $\overline{a\times b}$에서도 ×은 정수의 곱셈이다. 정수의 덧셈과 곱셈을 이용하여 잉여류 집합에 덧셈과 곱셈을 새롭게 정의한 것이다. 여기서도 이 정의가 잘 정의되었는지를 확인해야 한다.

예제 5.27 $\overline{Z_4}=\{\overline{0},\overline{1},\overline{2},\overline{3}\}$의 가법과 승법

+	$\overline{0}$	$\overline{1}$	$\overline{2}$	$\overline{3}$
$\overline{0}$	$\overline{0}$	$\overline{1}$	$\overline{2}$	$\overline{3}$
$\overline{1}$	$\overline{1}$	$\overline{2}$	$\overline{3}$	$\overline{0}$
$\overline{2}$	$\overline{2}$	$\overline{3}$	$\overline{0}$	$\overline{1}$
$\overline{3}$	$\overline{3}$	$\overline{0}$	$\overline{1}$	$\overline{2}$

×	$\overline{0}$	$\overline{1}$	$\overline{2}$	$\overline{3}$
$\overline{0}$	$\overline{0}$	$\overline{0}$	$\overline{0}$	$\overline{0}$
$\overline{1}$	$\overline{0}$	$\overline{1}$	$\overline{2}$	$\overline{3}$
$\overline{2}$	$\overline{0}$	$\overline{2}$	$\overline{0}$	$\overline{2}$
$\overline{3}$	$\overline{0}$	$\overline{3}$	$\overline{2}$	$\overline{1}$

$\overline{Z_4}$에서 각 원소는 덧셈에 대하여 역원을 가진다. $\overline{1}$와 $\overline{3}$는 역원 관계에 있으며, $\overline{2}$의 역원은 그 자체이다. 한편 곱셈에 대해서는 역원을 가지는 원소는 $\overline{1}$와 $\overline{3}$가 있으나 $\overline{2}$는 어떤 원소를 곱해도 곱셈에 대한 항등원 $\overline{1}$가 되지 못한다. 더욱이 $\overline{2}\times\overline{2}=\overline{0}$되어 0아닌 수의 곱이 0이 된다. 실수의 곱과는 다르다.

예제 5.28 $\overline{Z_5}=\{\overline{0},\overline{1},\overline{2},\overline{3},\overline{4}\}$의 가법과 승법

+	$\overline{0}$	$\overline{1}$	$\overline{2}$	$\overline{3}$	$\overline{4}$
$\overline{0}$	$\overline{0}$	$\overline{1}$	$\overline{2}$	$\overline{3}$	$\overline{4}$
$\overline{1}$	$\overline{1}$	$\overline{2}$	$\overline{3}$	$\overline{4}$	$\overline{0}$
$\overline{2}$	$\overline{2}$	$\overline{3}$	$\overline{4}$	$\overline{0}$	$\overline{1}$
$\overline{3}$	$\overline{3}$	$\overline{4}$	$\overline{0}$	$\overline{1}$	$\overline{2}$
$\overline{4}$	$\overline{4}$	$\overline{0}$	$\overline{1}$	$\overline{2}$	$\overline{3}$

×	$\overline{0}$	$\overline{1}$	$\overline{2}$	$\overline{3}$	$\overline{4}$
$\overline{0}$	$\overline{0}$	$\overline{0}$	$\overline{0}$	$\overline{0}$	$\overline{0}$
$\overline{1}$	$\overline{0}$	$\overline{1}$	$\overline{2}$	$\overline{3}$	$\overline{4}$
$\overline{2}$	$\overline{0}$	$\overline{2}$	$\overline{4}$	$\overline{1}$	$\overline{3}$
$\overline{3}$	$\overline{0}$	$\overline{3}$	$\overline{1}$	$\overline{4}$	$\overline{2}$
$\overline{4}$	$\overline{0}$	$\overline{4}$	$\overline{3}$	$\overline{2}$	$\overline{1}$

위 예에서 $\overline{0}$아닌 원소는 모두 곱셈에 대해 역원을 가진다. $\overline{2}\times\overline{3}=\overline{1}$, $\overline{4}\times\overline{4}=\overline{1}$이므로 $\overline{2}$와 $\overline{3}$는 서로 역원이며, $\overline{4}$는 자체가 역원이다.

> **과제 5.29** $\overline{Z_{12}}$에서 곱셈에 대해 역원을 가지는 원소를 찾아보시오. 12와 서로소인 원소는 곱셈에 대해 역원을 가짐을 증명하시오.

자연수의 배수를 찾는 알고리즘을 찾아보자. 2의 배수는 짝수이며, 4와 5의 배수도 쉽게 알 수 있다. 3의 배수는 법3에 대해서 0인 수이다. 예를 들면, 352를 법3에 대하여 동치류를 알아보면, $352 = 3 \times 100 + 5 \times 10 + 2$이고 $\overline{352} \equiv 3 \times \overline{100} + 5 \times \overline{10} + 2 \pmod 3$. 여기서는 $100 \equiv 1 \pmod 3$, $10 \equiv 1 \pmod 3$이므로 $\overline{352} \equiv 3 + 5 + 2 \equiv 1 \pmod 3$와 같다. 3의 배수를 알아보는 알고리즘은 각 자리에 있는 모든 수를 더해보면 알 수 있다.

> **과제 5.30** 다음 수의 배수를 찾는 알고리즘을 발견하시오.
>
> (i) 7의 배수 (ii) 8의 배수 (iii) 9의 배수
>
> (iv) 11의 배수 (v) 13의 배수 (vi) 17의 배수

5.5 정수의 부정방정식

정수의 방정식 해에 대해서 알아본다.

> **정의 5.31** a, b, c가 정수이고 직선의 식 $ax + by = c(ab \neq 0)$을 만족하는 정수해 (x, y)만을 고려한 방정식을 부정방정식 또는 **디오판투스**[28] 방정식이라 한다.

> **예제 5.32** 바퀴가 6개인 트럭과 네 발 자동차 바퀴의 수가 n = 11 (12, 13)개이다. 이때 $6X + 4Y = n$의 근이 항상 존재할까?

풀이 n = 12에 대해서 해가 존재하고 $6 \cdot (2) + 4 \cdot (0) = 12$. 특수해 (2, 0)로부터 일반해를 찾을 수 있다. $6X + 4Y = 12 \Rightarrow 3X + 2Y = 6$. 따라서 일반해 $X = 2 + (4/2) \cdot k = 2 + 2k$, $Y = 0 - 6 / 2 \cdot k = -3k (k \in \mathbb{Z})$이다. 그러나 나머지 n에 대해서는 해가 없다. 해의 존재 조건과 그 해를 구하는 방법을 다음에서 알 수 있다.

---

28) 디오판토스(Διόφαντος ὁ Ἀλεξανδρεύς : 214년? ~ 298년?)는 알렉산드리아에서 활동한 고대 그리스의 수학자이다.

정리 5.33 a, b, c∈ $\mathbb{Z}$ 이고, (a, b) = d일 때 다음이 성립한다.

(i) ax + by = c가 해를 가질 필요충분조건은 d | c

(ii) (x_0, y_0)가 위 부정방정식의 특정해라고 하자. 이 식의 일반해는

$$x = x_0 + \frac{b}{d}k,\ \ y = y_0 - \frac{a}{d}k\ \ (k \in \mathbb{Z}) \cdots\cdots (1)$$

풀이 (i) ax + by = c가 해를 가지면, d는 a와 b의 약수이므로 명제 5.12 (iv)에 의해 d | c이다. 역으로 d | c이면 $\frac{c}{d}$는 정수이다. (a, b) = 1이므로 명제 5.16에 의해서 as + bt = d을 만족하는 s, t 존재한다. 이 등식에 $\frac{c}{d}$을 곱하면 a(s× $\frac{c}{d}$) + b(t× $\frac{c}{d}$) = c이므로 부정식을 만족하는 정수해가 존재한다.

(ii)에 대해서도 해 (1)을 부정식에 대입하면 등식이 성립하므로 이것들이 근이 됨을 알 수 있다. 이제 근이 이것뿐임을 보여야한다. ax+ by = c와 $ax_0 + by_0 = c$에서 $a(x - x_0) = b(y_0 - y)$을 얻고, $\frac{a}{d}(x - x_0) = \frac{b}{d}(y_0 - y)$인데, $(\frac{a}{d}, \frac{b}{d}) = 1$이므로 과제 5.20 (iii)에 의해 $\frac{b}{d}$는 $(x - x_0)$을 나누어야 한다. 그러므로 $x - x_0 = \frac{b}{d}k$(k∈ $\mathbb{Z}$)이다. $x - x_0 = \frac{b}{d}$k를 $a(x - x_0) = b(y_0 - y)$식에 대입하면 $y = y_0 - \frac{a}{d}k$ 얻게 된다.

5장(정수의 성질) 프로젝트

프로젝트 5.1 5장에서는 자연수에서 정수를 확장하는 작업을 하였다. 이때 자연수에서 정의된 연산(+, ×)과 부등호와 같은 대수적 구조를 그대로 보존하면서 정수로 확장하였다. 유사하게 정수에서 동치관계를 이용하여 정수에서 유리수를 확장할 수 있다. 유리수로 확장하는 방법에 대해서 조사하시오.

6장 대수계

하나의 대수계(an algebraic system)란 연산이 정의된 집합을 말한다. 예를 들면, 덧셈(+)이나 곱셈(×)을 가진 자연수 ℕ은 하나의 대수계가 된다. 즉, (ℕ, +), (ℕ, ×), (ℕ, +, ×)은 모두 대수계이다. 집합에 정의된 연산은 $2+3=5$, $2\times3=6$과 같이 원소간의 관계를 결정하는데, 이를 관계망을 대수적 구조라 한다. 그러므로 대수적 구조는 주어진 집합, 그에 정의된 연산, 그리고 연산에 의한 원소간의 관계로 특징된다.

벤젠 구조의 단면

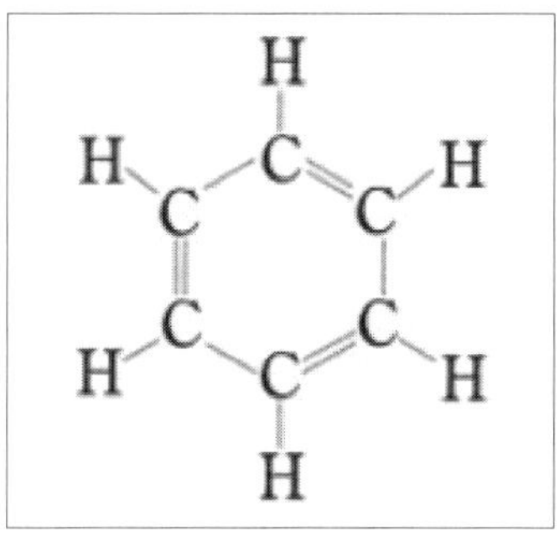

덧셈 구조의 단면

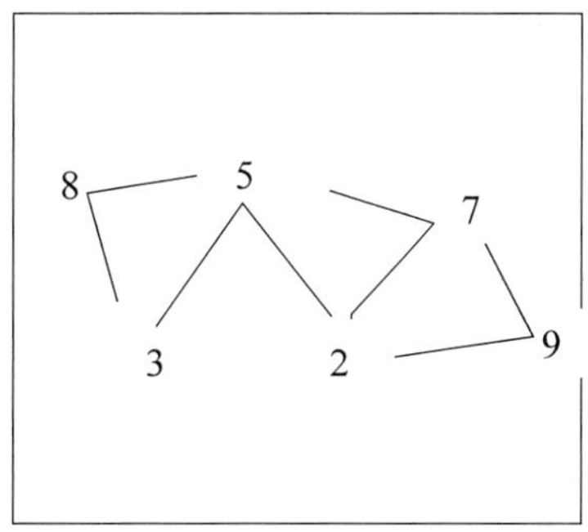

원소간의 관계를 시각화할 수 있으면 대수적 구조를 파악하는데 도움이 된다. 벤젠의 구조와 덧셈 구조의 단면은 전체 구조를 이해하는데 도움이 된다. 특정한 법칙을 만족하는 대수계로는 군(group), 환(ring), 체(field) 등이 있는데, 수학자는 이들 대수계의 구조를 연구함으로써 수학적 난제를 해결하기도 한다. 여기서는 대수계에서 성립하는 일반적인 법칙을 다루며, 대수적 구조에서는 군에 대해서만 간단히 다루겠다.

6.1 연산과 법칙

연산은 기본적으로 수 집합에서 두 개의 원소로부터 새로운 원소를 생성하는 조작이다. 이것을 일반화하여 집합이나 행렬, 벡터 등과 같은 대상들 사이에서도 적용이 되게 일반화된 개념으로 사용되기도 한다. 집합에는 두 집합의 합집합, 교집합, 차집합 등이 연산이 되며, 벡터에서는 벡터의 합과 차 등이 벡터에서의 연산이 된다. 연산의 법칙으로는 교환법칙, 결합법칙, 분배법칙 등이 있으며, 대수계의 특징으로 항등원의 존재, 역원의 존재 등이 있다. 이와 같은 연산과 법칙을 다루기 전에 명확히 할 점은 '연산이 정의된다.'란 그 연산이 주어진 집합에 대해서 닫혀있음을 전제로 한다.

1) 잘 정의됨

5장의 정의 5.26에서 잉여류 집합에서 연산을 정의하였다. 덧셈은 $\overline{a} + \overline{b} = \overline{a+b}$으로, 곱셈은 $\overline{a} \times \overline{b} = \overline{a \times b}$으로 두었다. 하나의 동치류(잉여류)를 나타내는 이름이 많았다. 예컨대 $\overline{1} = \overline{m+1} = \overline{2m+1} = \overline{3m+1} = \overline{4m+1}$들은 모두 m으로 나누었을 때, 나머지가 1인 정수들의 집합을 나타내는 이름들이다. 이런 경우 연산의 정의가 '잘 정의'되었는지를 확인할 필요가 있다. 이름을 바꾸어도 연산의 결과가 동일해야 한다는 것이다. $\overline{a} = \overline{a'}$이고, $\overline{b} = \overline{b'}$이면, 덧셈의 경우는 $\overline{a} + \overline{b} = \overline{a'} + \overline{b'}$이어야 하며, 곱셈의 경우는 $\overline{a} \times \overline{b} = \overline{a'} \times \overline{b'}$이어야 한다. 덧셈인 경우 $\overline{a} = \overline{a'}$으로부터 a - a′ = km, $\overline{b} = \overline{b'}$으로부터 b - b′ = k′m을 만족하는 정수 k, k′이 존재하므로 (a + b) - (a′ + b′) = (k + k′)m이다. 따라서 $\overline{a} + \overline{b} = \overline{a+b} = \overline{a'+b'} = \overline{a'} + \overline{b'}$임을 알 수 있다.

어떤 연산이 정의되기 위해서는 그 표현에 상관없이 연산의 결과가 동일해야할 것이다. 하나의 실체를 여러 가지 방법으로 표현되는 분수(예, $\frac{1}{2} = \frac{2}{4} = \frac{-3}{-6} = \ldots$)나 동치류(예, $\overline{1} = \overline{8} = \overline{15} = \overline{-6}$ mod 7)에서 연산을 정의할 때 주의를 해야한다. 잘 정의되지 못한 예는 분수의 연산에서 찾아볼 수 있다.

> 잘 정의되지 못한 연산의 예
>
> a, b를 유리수라 하고, $a = \frac{q}{p}$, $b = \frac{v}{u}$ 두자. $a * b = \frac{q+v}{p \cdot u}$와 같이 정의할 수 있을까? $\frac{1}{2} * \frac{1}{3} = \frac{2}{6} = \frac{1}{3}$이나 $\frac{2}{4} * \frac{1}{3} = \frac{3}{12} = \frac{1}{4}$이다. $\frac{1}{2} = \frac{2}{4}$이므로 연산의 결과도 같아야 하나 그렇지 못함을 알 수 있다. 따라서 $*$은 '잘 정의되지 못한' 연산이며, 사용이 불가하다.

2) 이항 연산과 닫혀있음

'집합 S가 연산 $*$에 대해 닫혀있다.'란 S의 임의의 두 원소 s_1, s_2에 대해서 $s_1 * s_2$가 항상 S의 원소일 때를 말한다. 이때 $*$을 이항 연산이라 부르며, 이것은 S × S에서 정의된 함수이다.

$$* : S \times S \rightarrow S$$

S × S의 원소 (a, b)에 대한 함수 $*$의 상(image)을 일반적인 함수처럼 전위표기법으로 $*$(a, b)와 같이 나타낼 수도 있겠으나 보통의 이항연산은 중위표기법을 사용해 a $*$ b 같이 나타낸다.

자연수 집합은 덧셈과 곱셈에 대해서는 닫혀 있으므로 자연수 집합에서 덧셈과 곱셈이 '정의될 수 있다'고 말한다. 그러나 자연수 집합에서 뺄셈과 나눗셈에서는 닫혀 있지 않다. 우리가 접하는 대부분의 연산이 이항 연산이나 세 개의 원소를 포함하는 곱셈 a × b × c와 같은 연산은 결합법칙을 배운 후에 다룬다.

주어진 연산에 대해서 닫혀 있음을 알 수 있는 방법은 무엇인가? 유한 집합에서는 아래와 같은 표를 사용하여 간단하게 확인할 수 있다. 집합 S = $\{a_1, a_2, a_3, ..., a_n\}$이 주어지고, S의 각 원소를 나열하여 표를 만들어 $a_i * a_j$의 값이 모두 S에 속하는지를 확인하면 된다. 하지만 무한집합에서는 논리적인 방법으로 확인해야 할 것이다.

$*$	a_1	a_2	a_3	…	a_n
a_1	$a_1 * a_1$	$a_1 * a_2$	$a_1 * a_3$	…	$a_1 * a_n$
a_2	$a_2 * a_1$	$a_2 * a_2$	$a_2 * a_3$		$a_2 * a_n$
a_3	$a_3 * a_1$	$a_3 * a_2$	$a_3 * a_3$		$a_3 * a_n$
…	…			…	…
a_n	$a_n * a_1$	$a_n * a_2$	$a_n * a_3$	…	$a_n * a_n$

집합과 연산에서 사용된 '닫혀있다.'란 말은 더 넓은 의미로 사용된다. 예를 들면, 유리수 집합에서 극한값(극한값을 가지는 경우만 생각함)은 유리수가 아닐 수 있다. 이때 유리수는 극한값에 대해서 닫혀있지 않지만 실수에서는 닫혀있다고 한다. 라이프니츠(G. W. Leibniz, 1646~1716)에 의해 알게 된 원주율의 $\frac{1}{4}$은 유리수의 무한급수로 표현된다.

$\frac{\pi}{4}=\frac{1}{1}-\frac{1}{3}+\frac{1}{5}-\frac{1}{7}+\frac{1}{9}-\cdots$을 이용하여 유리수열을 만든다.

$$\frac{1}{1}, \frac{1}{1}-\frac{1}{3}, \frac{1}{1}-\frac{1}{3}+\frac{1}{5}, \frac{1}{1}-\frac{1}{3}+\frac{1}{5}-\frac{1}{7}, \cdots$$

이 수열의 각 항들은 유리수이지만 수렴하는 값은 무리수 $\frac{\pi}{4}$이다. 유리수는 극한값에 닫혀있지 않다.

3) 교환법칙

연산 $*$가 집합 S에서 정의되어 있을 때, S의 임의의 두 원소 s_1, s_2에 대해서 $s_1 * s_2 = s_2 * s_1$가 성립하면 이 연산은 교환법칙(交換法則, commutative law)을 만족한다고 한다. 이때 연산은 가환(可換)이라고 한다. 교환법칙을 만족하지 않는 연산은 비가환이라고 한다. 예를 들어 자연수 집합에서 덧셈과 곱셈은 가환이다. 그러나 뺄셈과 나눗셈은 비가환이다. 교환법칙을 사용하면 연산을 더 쉽게 할 수 있는 이점을 가진다. 예를 들면, $4 \times 7 \times 5 = 5 \times 4 \times 7 = 20 \times 7$로 생각할 수 있다. 교환법칙이 성립하는 연산에서 유한개의 원소가 나열된 연산에서는 원소의 위치를 재배열하여도 그 결과는 같다. 그러나 무한히 많은 항들로 이루어진 급수에서 원소를 재배열하면 그 결과는 달라진다.

과제 6.1 리만(G.F.B. Riemann, 1826~1866)의 재배열 문제에 대해서 알아보시오. 그리고 다음에서 모순을 찾아보시오.

$$S = 1-\frac{1}{2}+\frac{1}{3}-\frac{1}{4}+\frac{1}{5}-\frac{1}{6}+\frac{1}{7}-\frac{1}{8}+\cdots\cdots$$

$$2S = 2-1+\frac{2}{3}-\frac{2}{4}+\frac{2}{5}-\frac{2}{6}+\frac{2}{7}-\frac{2}{8}+\frac{2}{9}-\frac{2}{10}+\cdots\cdots$$

$$=(2-1)-(\frac{2}{4})+(\frac{2}{3}-\frac{2}{6})-\frac{2}{8}+(\frac{2}{5}-\frac{2}{10})-\frac{2}{12}+(\frac{2}{7}-\frac{2}{14})-\cdots\cdot$$

$$=1-\frac{1}{2}+\frac{1}{3}-\frac{1}{4}+\frac{1}{5}-\frac{1}{6}+\frac{1}{7}-\frac{1}{8}+\cdots\cdots$$

$$=S$$

그러므로 $2S = S$이고 $S = 0$.

4) 결합법칙

연산 $*$가 집합 S에서 정의되어 있을 때, S의 임의의 원소 s_1, s_2, s_3에 대해서 $(s_1 * s_2) * s_3 = s_1 * (s_2 * s_3)$가 성립하면, 이 연산은 결합법칙(結合法則, associative law)을 만족한다고 말한다. 덧셈과 곱셈은 결합법칙을 만족하지만 뺄셈과 나눗셈은 그렇지 못하다.

결합법칙이 성립하지 않는 연산에서는 $s_1 * s_2$을 먼저 계산할 때와 $s_2 * s_3$을 먼저 계산할 때에 따라 그 결과가 달라질 수 있다. 그러므로 $s_1 * s_2 * s_3$와 같은 표현을 원칙적으로 사용할 수 없다. 그러나 결합법칙이 성립하지 않아도 괄호 사용의 불편함을 줄이기 위해 뺄셈과 나눗셈에서는 왼쪽부터 연산을 적용하는 것으로 약속한다. $s_1 * s_2 * s_3 = (s_1 * s_2) * s_3$. 그러므로 10 - 5 - 3 = (10 - 5) - 3, 12 ÷ 6 ÷ 2 = (12 ÷ 6) ÷ 2로 약속한 것이다. 결합법칙이 성립하지 않는 연산에서 괄호를 사용하지 않는 경우, 항상 왼쪽부터 연산을 적용한다는 규칙은 없다. 저자에 따라 다르게 적용할 수 있으니 맥락을 잘 파악해야 한다.

5) 분배법칙

두 개의 연산 $*$, $\circ$가 집합 S에서 정의되어 있을 때, S의 임의의 원소 s_1, s_2, s_3에 대해서 $s_1 * (s_2 \circ s_3) = (s_1 * s_2) \circ (s_1 * s_3)$ 또는 $(s_2 \circ s_3) * s_1 = (s_2 * s_1) \circ (s_3 * s_1)$가 성립하면, 연산 $\circ$에 대한 $*$의 분배법칙이 성립한다고 말한다. 등식을 살펴보면 '$s_1 *$'이 s_2와 s_3에 분배된다. 우리가 잘 알고 있는 예를 들면, a × (b + c) = (a × b) + (a × c)이다. 이것은 덧셈(+)에 대한 곱셈(×)의 분배법칙이다. 그러나 곱셈에 대한 덧셈의 분배법칙이 성립하는 것은 아니다. 즉, a + (b × c) ≠ (a + b) × (a + c). 덧셈(+)에 대한 곱셈(×)의 분배법칙은 초등수학의 곱셈과 나눗셈의 알고리즘에서 암묵적으로 사용되고 있다. 125 × 3 = (100 + 20 + 5) × 3의 분배성을 여러 가지 형태로 나타내고 있다.

1	2	5
×		3
	1	5
	6	0
3	0	0
3	7	5

	100 × 3 =	300
125 × 3 →	20 × 3 =	60
	5 × 3 =	15
	답	375

	100 × 3 =	300
125 × 3 →	30 × 3 =	90
	-5 × 3 =	-15
	답	375

	↱	100 ÷ 5 = 20			↱	100 ÷ 5 = 20
125 ÷ 5	→	25 ÷ 5 = 5		125 ÷ 5	→	20 ÷ 5 = 4
		답 25			↳	5 ÷ 5 = 1
						답 25

6) 항등원의 존재

연산 $*$가 집합 S에서 정의되어 있을 때, S의 임의의 원소 s에 대해서 $s * e = s = e * s$을 만족하는 e가 집합 S에 존재하면 대수계 (S, $*$)는 항등원 e를 갖는다(또는 항등원 e가 존재한다)고 말한다.

> **명제 6.2** 대수계 (S, $*$)에서 항등원은 유일하다.

풀이 e_1, e_2가 항등원이라 하자. 그땐 S의 임의의 원소 s에 대하여
$s * e_1 = s = e_1 * s$, $s * e_2 = s = e_2 * s$가 성립한다.
그런데 e_1, e_2도 S의 원소이므로 $e_2 * e_1 = e_2 = e_1 * e_2$, $e_1 * e_2 = e_1 = e_2 * e_1$가 성립한다. 따라서 $e_1 = e_2$. 즉, 항등원은 하나뿐이다.

자연수 a, b에 대해 a $*$ b = [a, b] 두자. 즉 a와 b의 최소공배수라 하자. 연산 $*$에 대한 항등원은 1이 된다. 그리고 'a ∘ b = a'라 두면, S의 임의의 원소 a에 대하여 $a \circ e = a$을 만족하는 e는 많으나 이들 중 $e \circ a = a$을 만족하는 e는 존재하지 않는다. 연산의 오른쪽에서는 항등원이 되나 왼쪽에서는 항등원이 되지 않을 수 있다. 항등원이 되기 위해서는 오른쪽과 왼쪽 모두 항등원이 되어야한다.

7) 역원

역원은 항등원이 존재할 때에 논의할 수 있다. 연산 $*$가 집합 S에서 정의되어 있으며 항등원 e를 가질 때, S의 임의의 원소 a에 대하여 $a * b = e = b * a$을 만족하는 b가 집합 S에 유일하게 존재하면 b를 a의 역원이라 한다.

대개의 대수계에서는 역원을 가지는 원소도 있고 역원을 갖지 못하는 원소도 있을 수 있다. 역원을 가지는 원소는 상호적이다. 그리고 교환법칙이 성립하지 않으면, $a * b = e$

이 $b * a = e$이 보장되지 않는다.

명제 6.3 연산 $*$가 집합 S에서 정의되어 있고, 결합법칙을 만족하며, 항등원 e를 가질 때, S의 원소 a에 대하여 $a * b = e = b * a$을 만족하는 b가 집합 S에 존재하면 b는 유일하다. 그러므로 b는 a의 역원이다.

풀이 a의 역원이 b, c라 하자. 그땐

$$a * b = e = b * a$$
$$a * c = e = c * a$$

한편 e가 항등원이므로 $c = c * e = c * (a * b)$이다.
결합법칙에 의해, $c = c * (a * b) = (c * a) * b = e * b = b$. 따라서 역원은 유일하다.

예제 6.4 2×2 행렬에서 행렬의 곱셈은 아래와 같이 정의된다. 다음을 보이시오.

$$\begin{pmatrix} a & b \\ c & d \end{pmatrix} \times \begin{pmatrix} a' & b' \\ c' & d' \end{pmatrix} = \begin{pmatrix} aa' + bc' & ab' + bd' \\ ca' + dc' & cb' + dd' \end{pmatrix}$$

(i) 행렬의 곱셈에서 항등원은 $\begin{pmatrix} 1 & 0 \\ 0 & 1 \end{pmatrix}$이다.

(ii) $\begin{pmatrix} 2 & 1 \\ 1 & 0 \end{pmatrix}$의 역원을 구하시오.

(iii) 역원을 가지는 행렬의 조건은 ad - bc ≠ 0 이다.

풀이 (i) 곱셈의 정의에 의해 $\begin{pmatrix} a & b \\ c & d \end{pmatrix} \times \begin{pmatrix} 1 & 0 \\ 0 & 1 \end{pmatrix} = \begin{pmatrix} 1 & 0 \\ 0 & 1 \end{pmatrix} \times \begin{pmatrix} a & b \\ c & d \end{pmatrix} = \begin{pmatrix} a & b \\ c & d \end{pmatrix}$임을 알 수 있다.

(ii) $\begin{pmatrix} 2 & 1 \\ 1 & 0 \end{pmatrix}$의 오른쪽 역원을 구하기 위해 $\begin{pmatrix} 2 & 1 \\ 1 & 0 \end{pmatrix}\begin{pmatrix} x & y \\ u & v \end{pmatrix} = \begin{pmatrix} 1 & 0 \\ 0 & 1 \end{pmatrix}$을 풀어보면, $\begin{pmatrix} x & y \\ u & v \end{pmatrix} = \begin{pmatrix} 0 & 1 \\ 1 & -\frac{1}{2} \end{pmatrix}$이 됨을 알 수 있고, $\begin{pmatrix} 0 & 1 \\ 1 & -\frac{1}{2} \end{pmatrix}\begin{pmatrix} 2 & 1 \\ 1 & 0 \end{pmatrix} = \begin{pmatrix} 1 & 0 \\ 0 & 1 \end{pmatrix}$이 되어 이들 두 행렬은 서로 역원이 된다.

(iii) 역원을 가지는 행렬에 대해서는 $\begin{pmatrix} a & b \\ c & d \end{pmatrix} \times \begin{pmatrix} x & y \\ u & v \end{pmatrix} = \begin{pmatrix} 1 & 0 \\ 0 & 1 \end{pmatrix}$을 만족한다. 이것을 풀면,

$ax + bu = 1$	$ay + bv = 0$
$cx + du = 0$	$cy + dv = 1$

좌상의 식에 d를 곱하면 $adx+bdu=d$를 얻고, 좌하의 식에 b를 곱하면 $bcx+bdu=0$을 얻는다. 이 두 식에서 $(ad-bc)x=d$를 얻게 된다. x가 해를 갖기 위해서는 $(ad-bc)\neq 0$임을 알 수 있다. x가 해를 가지면 좌상와 좌하의 식으로부터 u도 해를 가진다. 유사하게 우상과 우하의 식으로부터 y가 해를 가질 조건도 $(ad-bc)\neq 0$임을 알 수 있고 이때 y와 v도 해를 가짐을 알 수 있다.

6.2 군

군(group)이란 특정 조건을 만족하는 하나의 대수계이다.

정의 6.5 군의 정의

공집합이 아닌 집합 G와 연산 $*$가 있다면, 다음 조건을 만족하는 $(G, *)$을 하나의 군이라 한다.

① G가 연산 $*$에 닫혀있다.
② 연산 $*$가 결합법칙을 만족한다.
③ $(G, *)$가 항등원을 가진다.
④ G의 각 원소가 역원을 가진다.

특히 군 $(G, *)$가 교환법칙을 만족하면 $(G, *)$을 가환군이라 한다.

예제 6.6 다음 대수계가 가환군임을 보이시오.

(i) 정수 집합 $\mathbb{Z}$에 대해서 $(\mathbb{Z}, +)$
(ii) 0을 제외한 유리수 집합 $\mathbb{Q}^*$에 대해, $(\mathbb{Q}^*, \times)$

풀이 (i) 정수는 덧셈에 대해서 닫혔고, 결합법칙을 만족하며, 항등원 0을 가지며, 각각의 정수 z의 역원은 $-z$이다. 그리고 덧셈은 교환법칙을 만족하므로 $(\mathbb{Z}, +)$은 가환군이다.

(ii) 연산이 곱셈이므로 $\mathbb{Q}^*$은 닫혀 있고, 결합법칙을 만족하며, 항등원 1을 가진다. 그리고 $\mathbb{Q}^*$의 각 원소 q는 0이 아니므로 그 역원은 $\frac{1}{q}$이다. 또한 곱셈은 교환법칙을 만족하므로 $(\mathbb{Q}^*, \times)$은 가환군이다.

예제 6.7 법10에 대한 합동관계에서 10과 서로소인 원소들의 모임을 $\overline{Z_{10}^*} = \{ \overline{a} \mid (a, 10) = 1 \}$ 두자. 그땐 $(\overline{Z_{10}^*}, \times)$은 군이 된다.

풀이 $\overline{Z_{10}^*}$ 의 원소를 나열해보면, $\{\overline{1}, \overline{3}, \overline{7}, \overline{9}\}$이 된다. 4개의 원소로 이루어진 집합이 곱셈에 대해서 닫혀있음을 보인다. 곱셈 정의에 의해 $\overline{3} \times \overline{7} = \overline{21} \equiv \overline{1}$이 된다.

$\times$	$\overline{1}$	$\overline{3}$	$\overline{7}$	$\overline{9}$
$\overline{1}$	$\overline{1}$	$\overline{3}$	$\overline{7}$	$\overline{9}$
$\overline{3}$	$\overline{3}$	$\overline{9}$	$\overline{1}$	$\overline{7}$
$\overline{7}$	$\overline{7}$	$\overline{1}$	$\overline{9}$	$\overline{3}$
$\overline{9}$	$\overline{9}$	$\overline{7}$	$\overline{3}$	$\overline{1}$

위 표는 4개의 원소들을 서로 곱하면 표의 안쪽에 있는 4 × 4 격자에 나타나는 16개 원소가 되고 이들은 모두 $\overline{Z_{10}^*}$ 의 원소임을 확인할 수 있다. 그러므로 $\overline{Z_{10}^*}$ 은 곱셈에 대해서 닫혀있다. '닫혀있다'란 $\overline{Z_{10}^*}$ 의 원소들을 $\overline{3} \times \overline{7} \times \overline{9} \times \overline{7} \times \overline{9}$와 같이 아무리 많이 반복적으로 곱해도 $\overline{Z_{10}^*}$ 의 원소가 됨을 의미한다.

이 연산의 법칙은 정수에서의 곱셈과 유사하므로 결합법칙과 교환법칙이 성립한다. 그리고 항등원은 $\overline{1}$이며, $\overline{3} \times \overline{7} = \overline{1}$이고, $\overline{9} \times \overline{9} = \overline{1}$이므로 $\overline{3}$과 $\overline{7}$은 서로 역원이고, $\overline{9}$의 역원은 $\overline{9}$ 자신이다. 그러므로 $\overline{Z_{10}^*}$ 의 모든 원소가 역원을 가진다. 따라서 $(\overline{Z_{10}^*}, \times)$은 가환군임을 알 수 있다.

6.3 군과 평면도형의 이동

앞에서 배운 군이 어떻게 이용되는지를 초등학교 교육과정에 다루어지는 평면도형의 이동과 함께 이야기하고자 한다. '평면도형의 이동'은 공간에서 평면도형의 이동과 그 변화를 이해하는 단원이다. 평행이동을 밀기라 부르며, 회전이동은 시계(반대)방향으로 90도씩 돌리기기만 허용하며, 대칭이동은 x축과 y축으로의 뒤집기만 허용한다. 이때 돌리기와 뒤집기를 반복적으로 여러 번을 시행하면 도형의 방향[29]은 어떻게 되는가? 그리고 도

29) 돌리기나 뒤집기를 하여도 도형의 모양 자체는 변화가 없고 방향이 변한다고 말한다.

형(예, F 모양)의 방향 변화는 모두 몇 가지인가에 대한 물음에 답한다.

1) 변환(이동)의 기호화

우선 위치 변화가 없는 회전이동과 대칭이동으로 제한을 하자. 평면도형의 변환을 오른쪽으로 뒤집기 한 후 90도씩 시계방향으로 2번 돌린 후 아래로 뒤집기와 같은 변환을 반복적으로 사용하면 우리는 그 변화를 추적하기 힘들 것이다. 이를 기호로 나타내면 그 변화를 쉽게 이해할 수 있다. 이것이 기호의 편리함이며 수학의 힘이다.

도형 F를 시계방향으로 90도 회전이동을 ρ이라 두고, 180도, 270, 360도 회전을 각각 ρ^2, ρ^3, ρ^4이라 두자. 그리고 좌우 대칭을 μ라 두자.

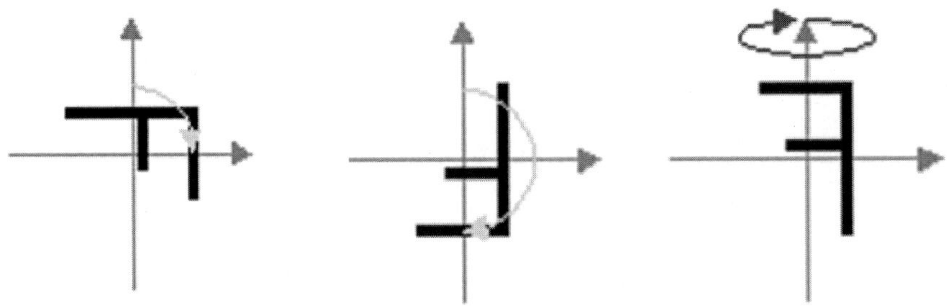

ρ ρ^2 μ

우선 회전이동과 대칭이동은 평면 $\mathbb{R}^2$로의 함수로 간주할 수 있다.

$$\rho : \mathbb{R}^2 \to \mathbb{R}^2,\ \mu : \mathbb{R}^2 \to \mathbb{R}^2$$

함수의 합성을 생각할 수 있다. $\rho \circ \mu : \mathbb{R}^2 \underset{\rho}{\to} \mathbb{R}^2 \underset{\mu}{\to} \mathbb{R}^2$으로 나타낼 것이다.

일반적으로 합성함수를 나타낼 때 오른쪽에 있는 μ를 먼저 적용한 후에 ρ를 적용하는 방식이나 여기서는 왼쪽에 있는 변환부터 적용할 것이다. F 도형이 $\rho \circ \mu$에 의해 변화되는 도형의 방향은 아래와 같다.

$\rho \circ \mu$:

그리고 연산 ∘을 생략하여 연산을 곱셈적 표기로 나타낸다. $\rho \circ \mu$은 간단하게 $\rho\mu$으로 나타내고, $\rho \circ \rho$은 90도 회전을 두 번 시행한 것이며, 간단하게 ρ^2으로 나타내고, 이를 세 번 시행한 $\rho \circ \rho \circ \rho$을 ρ^3으로 둔다. 유사하게 ρ을 네 번 시행한 것을 ρ^4으로 나타낸다. 그리고 ρ^4은 항등함수가 된다. 항등함수는 도형의 방향을 변화시키지 않으며, 다른 함수와 합성을 하여도 영향을 미치지 않는다. 그러므로 항등원과 같은 역할을 한다. 연산을 곱셈적 방식으로 나타내므로 항등함수를 1로 표시한다. 즉, $\rho^4=\mu^2=1$로 둔다.

2) 변환에 의한 방향의 수

90도 시계방향으로 돌리기 ρ와 오른쪽으로 뒤집기 μ, 이들 변환을 반복적 시행한 합성변환은 8개뿐임을 밝히고자 한다. ρ는 ρ, ρ^2, ρ^3, $\rho^4=1$으로 4개의 변환을 생성하고, μ는 μ와 $\mu^2=1$으로 2개를 생성한다. 이를 조합하면 8개를 얻게 되고, 이들 8개의 변환 외 다른 변환이 없음을 보이고자할 때 연산이 '닫혀있음'을 이용한다.

<표 6.1> 곱셈표

∘ (×)	**1=ρ^4**	ρ	ρ^2	ρ^3	μ	$\rho\mu$	$\rho^2\mu$	$\rho^3\mu$
$1=\rho^4$	1	ρ	ρ^2	ρ^3	μ	$\rho\mu$	$\rho^2\mu$	$\rho^3\mu$
ρ	ρ	ρ^2	ρ^3	1	$\rho\mu$	$\rho^2\mu$	$\rho^3\mu$	μ
ρ^2	ρ^2	ρ^3	1	ρ	$\rho^2\mu$	$\rho^3\mu$	μ	$\rho\mu$
ρ^3	ρ^3	1	ρ	ρ^2	$\rho^3\mu$	μ	$\rho\mu$	$\rho^2\mu$
μ								
$\rho\mu$							ρ^3	
$\rho^2\mu$								
$\rho^3\mu$								

위 곱셈표는 이들 연산이 닫혀있음을 직관적으로 보여주는 기법이다. 표에서 남은 빈 칸을 채우기 전에 곱셈의 원리를 확인할 필요가 있다.

예제 6.8 위 변환에서 다음이 성립함을 확인하시오.

(i) ρ와 μ를 사용하여 만들 수 있는 변환들 1(항등함수), ρ, ρ^2, ρ^3, μ, $\rho\mu$, $\rho^2\mu$, $\rho^3\mu$는 서로 다른 변환임을 어떻게 알 수 있는가? 도형 F에 대한 각 변환의 상(image)을 그려 보시오.

(ii) $\mu\rho=\rho^3\mu$

(iii) $\rho\mu \neq \mu\rho$

풀이 (i)에서는 도형 F의 방향이 아래와 같이 모두 다르므로 이들 8개의 변환은 다른 변환이다.

원소	$1=\rho^4$	ρ	ρ^2	ρ^3	μ	$\rho\mu$	$\rho^2\mu$	$\rho^3\mu$
위치	F				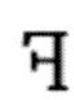			

(ii) $\mu\rho=\rho^3\mu$. 여러 도형을 적용해봄으로 두 이동이 같음을 보인다. 예를 들면, $\mu\rho$에 의해 도형 F가 어떻게 변화되는지를 살펴보면, 위 (i)의 $\rho^3\mu$과 같음을 알 수 있다. 그리고 이것으로부터 $\mu\rho\mu=\rho^3$임을 알 수 있다. 그리고 $\rho^2\mu = \mu\rho^2$도 확인할 수 있다.

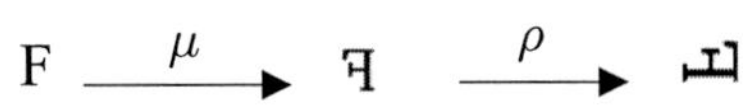

(iii) $\mu\rho=\rho^3\mu$이므로 $\mu\rho$는 $\rho\mu$와는 분명히 다르다.

위 예제를 살펴보면 ρ와 μ 사이에는 교환성이 없지만 유사교환성이 있다. 즉 $\mu\rho=\rho^3\mu$은 연산의 결과를 간단히 하는데 도움을 준다. 두 변환을 아무리 많이 합성하여도 그 결과를 $\rho^i\mu^j(i=0,1,2,3\ j=0,1)$의 형태로 나타낼 수 있다. 예를 들어 <표 6.1>에서 음영으로 표시된 ρ^3이 $\rho\mu\times\rho^2\mu$의 결과임은 아래에서 확인할 수 있다.

$$\rho\mu\times\rho^2\mu = (\rho\mu)(\rho^2\mu) = \rho(\mu\rho)\rho\mu = \rho(\rho^3\mu)\rho\mu = \rho^4(\mu\rho)\mu$$
$$= 1(\rho^3\mu)\mu = \rho^3\mu^2 = \rho^3 1 = \rho^3$$

이와 같은 방법으로 나머지 칸에 들어갈 변환도 찾을 수 있다. 이는 과제로 남긴다. 그리고 <표 6.1>에 의해 합성변환은 8개뿐이므로 이들 변환에 의해 생기는 도형의 방향은 많아야30) 8개이다. 그리고 X축에 대한 대칭이동, 즉 위(아래)로 뒤집기는 $\rho^2\mu$가 됨을 확인할 수 있다.

과제 6.9 곱셈표의 나머지 칸에 들어갈 변환을 채우시오.

명제 6.10 두 개의 변환 ρ와 μ로 만들 수 있는 합성변환은 8개뿐이다. 여기서 ρ는 90도 시계방향으로 돌리기이며, μ는 오른쪽으로 뒤집기이다.

예제 6.11 어떤 도형을 180도 돌린 후, 오른쪽으로 뒤집고, 시계반대 방향으로 90 돌린 것이 ㅋ이라고 하자. 처음 도형은 어떤 모양인가?

풀이 처음 도형을 X두자.

합성함수의 적용에서 왼쪽에 있는 함수를 먼저 적용하기로 했음을 기억하라.

$$X \xrightarrow{\rho^2} (X)\rho^2 \xrightarrow{\mu} ((X)\rho^2)\mu \xrightarrow{\rho} (((X)\rho^2)\mu)\rho$$

그런데 ㅋ은 도형 F를 뒤집은 것이므로 $(F)\mu$가 된다. 따라서 $(((X)\rho^2)\mu)\rho = (F)\mu$이다.

여기에 변의 오른쪽에 ρ의 역원 ρ^3을 취하면, $((X)\rho^2)\mu = (F)\mu\rho^3$

변의 오른쪽에 μ의 역원 μ을 취하면, $(X)\rho^2 = (F)\mu\rho^3\mu$

변의 오른쪽에 ρ^2의 역원 ρ^2을 취하면, $X = (F)\mu\rho^3\mu\rho^2$

그런데 $(F)\mu\rho^3\mu\rho^2$을 구하면, $(F)\rho^3$이 되어 X =  모양이 된다.

과제 6.12 합성함수 ∘에 대해서 위 8개의 각 원소의 역원을 구하시오.

원소	$1=\rho^4$	ρ	ρ^2	ρ^3	μ	$\rho\mu$	$\rho^2\mu$	$\rho^3\mu$
그 역원								

위 과제에 의해 8개의 변환은 합성함수 ∘에 대하여 비가환군이 됨을 알 수 있다.

30) 변환은 8개이나 도형에 따라 그 상은 8개미만이 될 수 있다. 그 예는 [과제 6.13] 참조하시오.

과제 6.13 위에서 도형 F 대신 A 모양, H 모양, O 모양의 도형에 대해서 위치가 다른 도형은 각각 몇 개가 생기는지 알아보시오.

과제 6.14 뒤집기는 위와 아래, 오른쪽과 왼쪽이나 돌리기를 45도씩 그리고 30도씩 돌렸을 때 두 이동의 합성에 의해 만들어지는 도형 F의 위치는 몇 개가 되는지 말해보시오.

힌트 45도씩 돌리기 : 45도씩 돌리기를 ρ라 두고, 뒤집기를 μ라 두면, $\rho^8 = 1$, $\mu^2 = 1$.

30도씩 돌리기 : 30도씩 돌리기를 ρ라 두고, 뒤집기를 μ라 두면, $\rho^{12} = 1$, $\mu^2 = 1$.

6장(대수계) 프로젝트

프로젝트 6.1 주어진 양의 정수 n에 대하여 $Z_n^* = \{ \bar{a} \mid (a, n)=1 \}$라 두자. 즉 n과 서로소인 a에 대해 a의 잉여류들의 모임으로 두자. 그땐 Z_n^*은 곱셈에 대해서 군이 됨을 보이시오.

프로젝트 6.2 정이면체 군(group)에 대해서 조사하시오. 정이면체 군을 (정)다각형의 이동과 관련지어 보시오.

7장 유클리드(Euclid) 기하학

유클리드는 에우클레이데스(Εὐκλεiδης, 330?~275? BC)의 이름을 영어식으로 표현한 고대 그리스의 수학자이다. 유클리드 기하학은 일반 평면에서 성립하는 기하적인 내용의 학문 영역인데, 그를 추종하는 학파와 함께 저술한 기하학원론(Elements)이 유클리드 기하학의 대표적인 내용이다. 그의 대표 업적물인 기하학원론을 보기 전에 그가 남긴 업적의 의미를 먼저 살펴보자.

7.1 유클리드 업적과 의미

1) 기하학의 아버지

이집트 알렉산드리아에 대부분의 시간을 보낸 그는 수학에 대한 여러 사실들을 발견하였는데, 특히 우리가 생각하는 수학적 논리성에 바탕을 둔 학문의 체계를 세운 업적으로 유명하다. 그가 쓴 기하학원론은 오늘날에도 수학을 가르치는데 사용되는 고전이며, 그 속에 담긴 수학적 사고는 그 당시뿐만 아니라 지금도 찬사를 받고 있다. 그 이전에도 수학에 관한 연구가 이루어졌으며 많은 책들이 집필되었으나 그는 그 동안 여기저기에 흩어져 있는 내용을 집대성(集大成)하여 기하학원론을 편찬하면서 기하학을 완전하고 정합적인 이론으로 발전시켰다. 전체 13권 중 8권이 기하학 내용인데, 이 내용을 모두 다 유클리드가 새롭게 발견한 것이 아니라, 당시 알려진 수학 전반에 관한 것을 재정리하고 보완한 것으로 볼 수 있다. 후대 사람들이 찬사를 보내는 것은 기존 방식과는 다른 논리수학적인 방식으로 수학 내용을 편찬하였다는 점이다. 기하학 연구에 그가 사용했던 방법과 원리를 이후의 수학자들이 자신의 연구 영역에서 사용할 수 있도록 발전시킬 수 있었다. 이런 면에서 그를 기하학의 아버지라 부른다.

유클리드가 살았던 BC 3세기경 그리스 시대에도 그는 학자로서 그리고 사상가로서 유명한 인사였다. 우리 주변의 세상을 보다 잘 이해할 수 있도록 새로운 아이디어를 수용하고, 수학적 사고방식에서 지금까지도 유효한 전통을 만들었다. 그의 업적은 여러 권의 책으로 명문화되어 있으나 그의 삶은 신비에 가려져 있다. 그의 삶을 말해주는 전기나 자서전이 발견되지 않았다. 생몰연도도 모호하다.

2) 수학의 꽃 논증 기하학

13권으로 이루어진 기하학원론은 정의, 공리, 공준, 명제들로 구성되어 있다. 직관적이고 경험적으로 알 수 있는 것들을 그대로 받아들여 사실로 인정하지 않고, 공준이나 공리로부터 논증적으로 수학적 지식 체계를 세웠다. 무엇보다도 논리의 출발점으로서 공리와 공준을 설정하고, 정의를 통해서 그 명확성을 더 했다. 예를 들어 아래 [그림 7.1]에서 우리는 맞꼭지각 a와 b가 같음을 직관적으로 알 수 있다. 시각이 증명을 의미하지는 않는다. 사람은 착시, 세밀한 차이에 대한 판단의 어려움이나 착오 등으로 오류를 범하기 쉽다. '직각삼각형의 착시'를 검색하면 알 수 있는 [그림 7.2]은 착시 이상의 지식이 있어야 그 차이를 알 수 있는 흥미로운 예이다. 그리고 [그림 7.3]의 왼쪽 그림이 직각삼각형처럼 보이지만 눈으로는 사실을 확인할 수 없다. 중학교에서는 변의 길이가 같음을 기호로 표시한다. 초등학교 교과서에서는 격자로 두 변의 길이가 같음을 나타낸다. 초등학교에서 길이를 알 수 있는 기준(여기서는 격자)도 없이 직각삼각형을 고르는 문제는 혼란을 줄 수 있다.

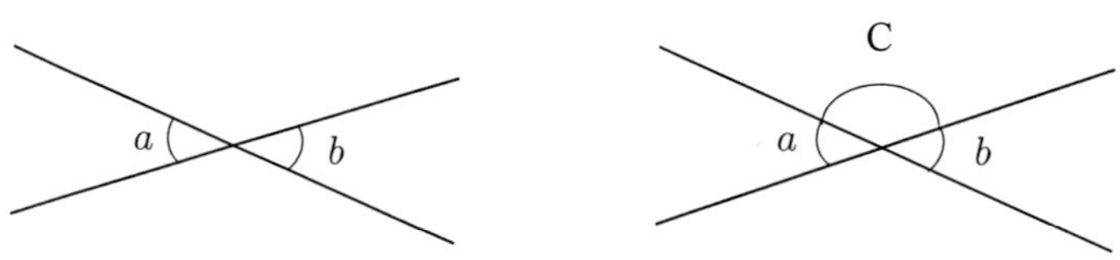

[그림 7.1] 맞꼭지각

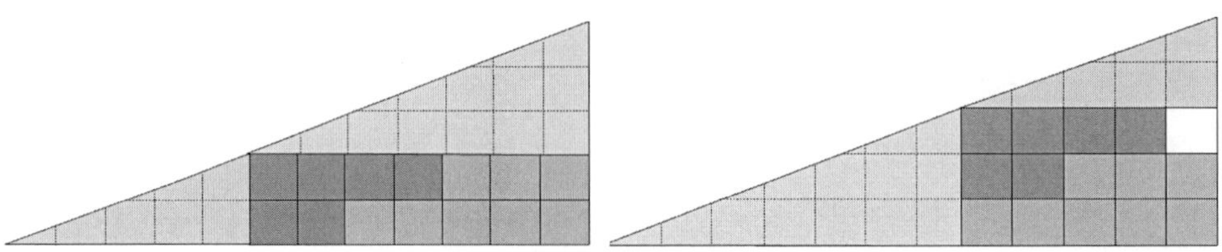

[그림 7.2] 직각삼각형의 착시

시각을 통한 인식의 한계 때문에 보다 이성적 사유에 의한 추론이 수학적으로 참인 명제를 이끌어낼 수 있을 것이라 본다. 예를 들면, [그림 7.1]에서 맞꼭지각이 서로 같음은 직관적으로 명확하므로 맞꼭지각이 같다고 결론을 내는 것이 아니라, 이를 논리적으로 증명함으로써 수학 연구의 방법론에 기여를 하였다.

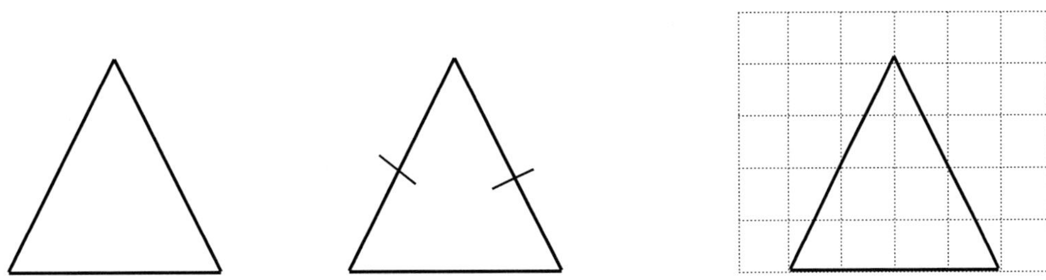

[그림 7.3] 이등변삼각형과 표현

유클리드 기하에서도 이미 정의[31]를 도입하였다. 정의는 개념이나 절차 등에서 수학적 의사소통을 위한 용어의 통일과 합의이다. 용어의 문제가 사고를 방해하지 않도록 보다 명확하게 해 두는 것이다. 또한 유클리드는 추론 과정에서 출발점으로 삼는 명제를 공리로 두었다. 하나의 공리를 증명하기 위해서는 또 다른 공리가 요구되어 무한히 이어지는 논리적 순환고리에서 벗어날 수 있기 때문이다. [그림 7.1]의 맞꼭지각이 같음을 증명하는데 사용되는 공리는 기하학원론 제1권에 있는 세 번째 공리[32]이다. 맞꼭지각에 그려진 두 선분은 평각으로서 서로 같다. 즉, a + c = b + c. 그러므로 (공리3)에 의해서 a = b가 된다. 이것이 유클리드의 업적이라고 할 수 있는 논증기하의 예이다.

3) 왕도가 없는 기하학

고대의 저술가 가운데 학교기하학에서 유클리드만큼 영향을 준 사람은 없다. 수학을 연구하는 방법뿐만 아니라 사상에서도 그러하다. 수학자에게 수학은 예술가에게 있어 작품과 같다. 예술품은 인간의 지적 정서적 문화를 풍요롭게 하고, 수학은 눈부신 과학 발전에 기여하는 사고 문화라 볼 수 있다. 유클리드의 일화를 통해 수학학습이 인간의

31) 2절에서 좀더 상세하게 다루게 된다.

32) (공리3) 같은 것에서 같은 것을 빼면 그 나머지는 서로 같다.

사고력 신장에 기여하는 일종의 도야적 가치를 지녔음을 알 수 있다.

이집트 톨레미 왕은 뛰어난 수학자인 유클리드에게 기하학을 배우고 있었는데, 왕은 기하학이 너무 어려워 유클리드에게 물었다. "기하학을 쉽게 배울 수 있는 방법이 없겠소." 그러자 유클리드는 "왕이시어. 길에는 왕께서 다니시도록 만들어 놓은 왕도[33]가 있지만, 기하학에는 왕도가 없습니다."라고 답했다(이광연[34], 2007).

기하를 공부할 때 왕이라고 해서 쉽고 빠르게 도달할 수 있는 지름길이 없음을 말하고 있다. 또한 유클리드는 기하학을 배워서 무엇에 쓰느냐고 묻는 청년한테 "돈 3 펜스를 갖다 주라"고 말했다는 유명한 일화도 역시 사고 훈련의 중요성을 암시하고 있다.

과제 7.1 위에서 언급한 것 외에도 유클리드가 기여한 업적이 많다. 다른 업적에 대해 조사하시오.

7.2 기하학원론 제1권

여기서는 유클리드 기하학원론 13권 중 제1권에 대해서 알아본다. 제 1권에는 23개의 정의, 5개의 공준, 5개의 공리, 48개의 명제가 수록되어 있는데 여기서는 그 일부만 언급한다.

1) 23개의 정의

(정의1) 점은 부분으로 분해할 수 없는 것이다.

(정의2) 선은 길이가 있고 폭이 없는 것이다.

(정의3) 선의 양끝은 점이다.

……………………

(정의10) 두 직선이 만나 생긴 이웃한 두 각의 크기가 서로 같을 때, 각각을 직각이라 하고, 한 직선은 다른 직선에 대해 수직이라고 한다.

---

33) 페르시아가 왕의 명령을 전달하기 위해 만든 고속도로와 같은 2400km의 길

34) [理知논술] 수학 오디세이. 수학에 왕도는 없다.
https://www.donga.com/news/Society/article/all/20070227/8411789/1

....

(정의23) 평행한 두 직선이란 동일 평면상에 존재하며, 양 끝을 무한히 연장했을 때 어느 방향으로도 서로 만나지 않는 두 직선이다.

초등학교 교과서에서 종이를 접어서 직각을 도입하는데 이 같은 전개는 정의 10과 뒤에 나오는 공리4에 근거한다. 그리고 서로 만나지 않는 두 직선을 평행선으로 규정한 정의 23은 지금도 그대로 사용되고 있을 정도로 정교하지만 현대 수학의 관점에서 보면 유클리드의 정의는 다소 엉성한 면도 있다. 이에 대해서는 이후 유클리드 기하의 결함에서 다루기로 한다. 제 1권에 나오는 공준과 공리를 현대적인 용어로 풀어서 소개한다. 현대 수학에서는 모두 공리로 통일하여 사용하지만 유클리드는 공리를 수학의 일반 법칙으로 보았고, 공준을 기하의 작도에서 전제하는 요구되는 전제로 두었다.

과제 7.2	초등학교 교과서에서 직각을 어떻게 정의하는지를 조사하시오.

2) 다섯 개의 공리

(공리1) 어떤 것과 같은 것은 서로 같다. 즉, a = b, b = c이면 a = c이다.

(공리2) 같은 것에 같은 것을 더하면 그 전체는 서로 같다. 즉, a = a'이고, b = b'이면 a + b = a' + b'이다.

(공리3) 같은 것에서 같은 것을 빼면 그 나머지는 서로 같다. 즉, a = a'이고, b = b'이면 a - b = a' - b'이다.

(공리4) 포개어지는 것은 같다. 즉, 기하학적으로 일치하는 것은 같다.

(공리5) 전체는 부분보다 크다.

공리1, 공리2, 공리3은 수학에서 흔히 사용하는 논거이다. 공리4는 초등학교에서 다루어지는 합동의 정의에 사용된다. 공리5는 당연한 것으로 여겨지지만 기수 개념에서는 작동하지 않음을 본서의 4장에서 보았다.

3) 다섯 개의 공준

(공준1) 주어진 두 점을 잇는 선분이 유일하게 존재한다.

(공준2) 주어진 선분은 어느 쪽으로도 끝없이 연장할 수 있다.

(공준3) 평면 위의 두 점이 주어졌을 때, 한 점 A를 중심으로 B를 지나는 원이 유일하게 존재한다.

(공준4) 모든 직각은 서로 같다.

(공준5 : **평행선 공준**) 한 직선이 두 개의 직선과 만나고 같은 쪽에서 만든 두 안각의 합이 두 직각보다 작을 때 두 직선을 그 쪽으로 연장시키면 만난다.

위 5개의 공준은 작도와 평면 기하학의 작업에서 요구되는 전제이다. 앞에서 소개한 정의1에서 '점은 부분이 없는 것'이라 했으며, 두 점을 정의2에서 규정한 '폭이 없는 선'으로 연결하는 것은 현실적으로 불가능한 작도일 것이다. 우리가 두 점을 연결하는 작업은 공준1에 의해 두 점을 연결하는 선분이 존재한다는 것을 알고 그것을 표현한 것에 불과하다. 공준2는 선을 연장할 수 있게 하며, 공준3은 임의의 원을 그릴 수 있게 한다. 공준4와 공준5는 평면도형의 성질을 규명하는데 사용되는 공준이다. 평행선 공준으로 부르는 공준5는 그림 7.4의 왼쪽 그림과 같이 두 안각의 합이 π보다 작은 쪽, 즉 오른쪽으로 선(점선)을 연장하면 (P점에서) 만난다.

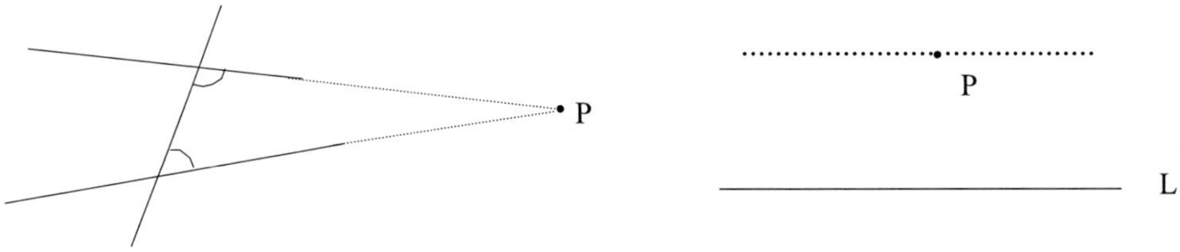

[그림 7.4] 평행선 공준

평행선 공준은 다소 복잡하고 이해하기도 힘들며 적용하기도 힘들어 유클리드원론에서도 이 공준의 사용을 자제했었다. 19세기 초 플레이페어[35]는 위 공준1부터 공준4까지를 전제한 상태에서 공준5는 보다 간단한 새로운 공준과 동치임을 밝혔다. 그러므로 공

35) John Playfair(1748-1819)은 지질학, 물리, 기하학 등에 관심을 가졌던 스코틀랜드 학자였다.

준1부터 4까지를 포함한 상태에서 공준5는 그림 7.4의 오른쪽 그림과 같이 쉽게 이해될 수 있는 문장으로 대체될 수 있었다.

존 플레이페어의 평행선 공준 : 주어진 직선 L 밖의 한 점 P를 지나고 L에 평행한 직선은 유일하게 존재한다.

평행선 공준이 없이는 삼각형의 내각의 합이 180도임을 논리적으로 증명할 수가 없다. 평행선의 동위각과 엇각에 대한 성질은 바로 위 공준에 근거하기 때문이다. 이 공준에 반하는 공준을 전제하면 비유클리드 기하가 된다. 평면기하에서는 평행선 공준이 사실 그 자체이지만 다른 공간에서는 사실이 아닐 수 있다. 제1권에서 많은 분량을 차지하는 48개의 명제를 살펴보기 전에 유클리드 기하의 결함에 대해서 몇 가지만 언급해 보자.

4) 유클리드 기하의 결함

① 정의에서의 결함

유클리드원론 제1권 서두에 나오는 정의에서 점, 선, 면 등을 규정하고 있다. 점, 선, 면 등은 유클리드원론에 가장 먼저 나오는 내용이지만 현대 수학에서는 이와 같은 용어에 대한 정의를 내리지 않는다. 점이 '부분으로 분해할 수 없는 것'이라 정의를 하고, 부분이나 분해를 정의하며, 그것들을 정의한 단어를 또 정의한다면 이어지는 연쇄적 고리는 무한할 것이다. 우리가 사용할 수 있는 유한개의 단어와 그 조합 때문에 용어 사용에서 반복적 순환에 빠지게 될 것이다. 이에 우리는 수학적 전개의 시작점에서 정의없이 사용하는 용어, 즉 무정의 용어로 출발한다. 점, 선, 면, 도형과 같은 것을 무정의 용어로 둔다. 한편 유클리드 원본의 정의1과 정의2는 점이나 선의 정의라기보다는 그 성질에 가까운 것이다.

② 유리수 좌표와 정삼각형의 작도 결함

제1권의 48명제의 초반에 한 변의 길이가 1인 정삼각형 작도가 나온다. 삼각형 밑변의 두 끝점이 각각 (0, 0)과 (1, 0)의 점이라 가정하면, 앞에서 언급한 유클리드 공준3에 의해 정삼각형을 작도할 수 있다. 그땐 삼각형의 꼭짓점 P는 $(\frac{1}{2}, \frac{\sqrt{3}}{2})$이 된다. 무리수에 대한 인식이 완전하지 않았던 유클리드 시대에 그림 7.5의 점 P에 대한 존재를 확인하지 않고 작도에만 의존한 것이 결함이다.

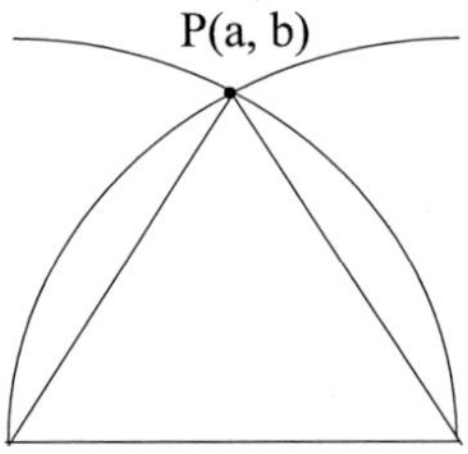

[그림 7.5] 정삼각형

③ 공리의 부족으로 모든 삼각형은 이등변삼각형이라는 결함

삼각형의 꼭짓점 B에서 각 ABC를 이등분한 선 BP와 변 AC를 수직이등분한 선의 교점을 P라 두자. 일단 점 P가 그림 7.6과 같이 삼각형의 내부에 있다고 하자. 그땐 점 P에서 삼각형의 다른 변에 각각 수선의 발을 내려 만나는 점을 E와 F라 하자. 그땐 직각삼각형 BPE와 BPF가 합동이고, 삼각형 APD와 CPD가 합동임을 쉽게 알 수 있다. 직각삼각형 APE와 CPF는 두 변의 길이가 같으므로 한 변의 길이 AE와 CF가 같음을 알 수 있다. 그러므로 두 개의 변 AB와 BC의 길이가 같다.

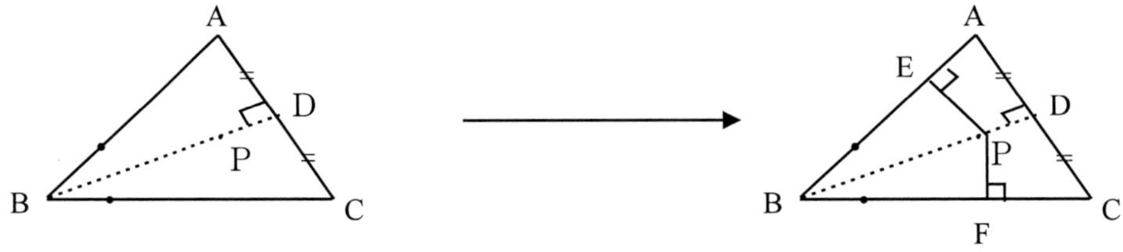

[그림 7.6] 모든 삼각형은 정삼각형

점 P가 삼각형의 외부에 있을 때도 위와 같은 방법으로 이 삼각형이 이등변삼각형임을 유도할 수 있다. 분명 모순이다. 모순된 결론에 도달하지 않도록 제어할 공준이 없다. 이러한 여러 가지 결함을 줄이기 위해 Hilbert(1862~1943)는 더 많은 공리를 추가하여 이와 같은 모순이 생기지 않도록 하였다.

7.3 원론 제1권의 48 명제와 중립기하

수세기를 통하여 유클리드의 평행선 공준을 나머지 4개의 공준으로부터 유도하려는 시도는 많았다. 논란의 평행선 공준을 제외한 나머지 4개의 공준에서 성립하는 기하를 중립기하(또는 절대기하)라 부르는데 이를 처음으로 체계적으로 연구한 사람이 사케리(G. Saccheri, 1667-1733)이다. 유클리드원론 제1권에 나오는 48개의 명제(원론 명제로 표시함)들 중 평행선 공준을 사용하지 않고 증명이 가능한 명제들에 대해 알아본다. 아래 명제를 통해 독자들은 유클리드 기하의 수학적 논리성과 엄밀성이라는 논증기하의 특징을 음미할 것이다. 눈금없는 곧은 자와 컴퍼스를 유클리드 도구라 한다.

명제 7.3 주어진 선분 AB를 한 변으로 하는 정삼각형을 그릴 수 있다(원론 명제1).

풀이 정의3에 의해서 선분 AB의 끝은 점이다.
공준3에 의해서 A를 중심으로 점 B를 지나는 원을 그릴 수 있고, 또한 B를 중심으 로 점 A를 지나는 원을 그릴 수 있다.
유클리드 기하의 결함에서 언급했지만 두 원이 만나는 점의 존재성은 실수 영역에서는 보장이 되므로 정삼각형을 그릴 수 있다.

명제 7.4 점 A와 선분 BC가 주어져있을 때, BC와 같은 길이의 선분을 A에서 그릴 수 있다(원론 명제2).

풀이 명제 7.3에 의해 AB를 한 변으로 갖는 정삼각형 ABD를 그릴 수 있다(그림 7.7).
공준3에 의해 점 B를 중심으로 하며, 반경이 BC인 원을 그린다.
공준2에 의해 선분 DB를 연장한다. 그리고 원과 만나는 점을 G라 둔다.
공준3에 의해 점 D를 중심으로 반경이 DG인 원을 그린다.
공준2에 의해 DA를 연장하여 큰 원과 만나는 점을 L이라 하자.
큰 원의 반경이므로 DL = DG, 정삼각형의 한 변이므로 AD = BD이다.
공리3에 의해 DL - AD = DG - BD이다. 그러므로 AL = BG.
작은 원의 반경이므로 BG = BC.
공리1에 의해서 AL = BC.
따라서 점 A에서 선분 BC와 길이가 같은 선분 AL을 그렸다.

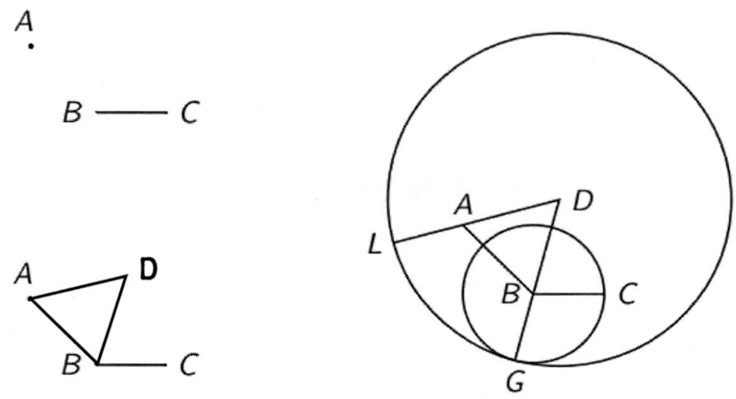

[그림 7.7] 같은 길이의 선분 작도

명제 7.4는 유클리드 도구로 주어진 선분을 이동할 수 있다는 것이다. 이를 사용하면 점 A에서 시작되는 반직선 위에 주어진 선분 BC와 같은 길이의 선분 AD를 그릴 수 있다. 이것이 원론의 명제3이다. 또한 과제로 남긴 다음 명제는 주어진 각의 크기를 작도할 수 있음을 보여준다.

> **과제 7.5** 선분 AB와 각 ∠DEF가 주어졌을 때 이것과 같은 크기의 각 ∠ABC를 만들 수 있다. 명제 7.4와 삼각형의 합동조건인 다음 명제 7.6을 이용하면 해결될 수 있다.

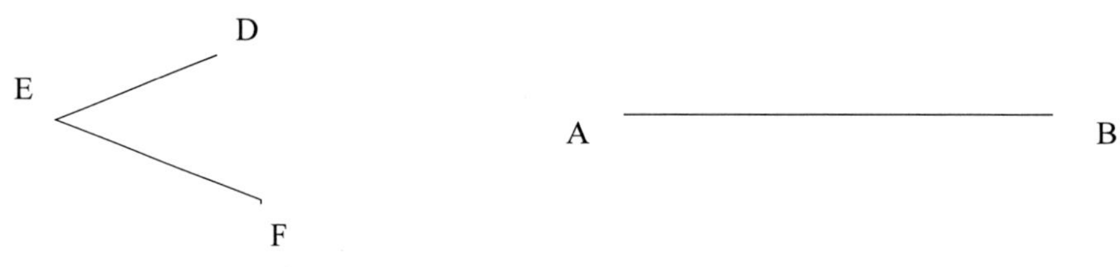

[그림 7.8] 같은 크기의 각 작도

> **명제 7.6** 두 개의 삼각형 △ABC와 △A'B'C'가 AB = A'B', AC = A'C', ∠A = ∠A' 이면 BC = B'C', ∠B = ∠B', ∠C = ∠C'이다(원론 명제4).

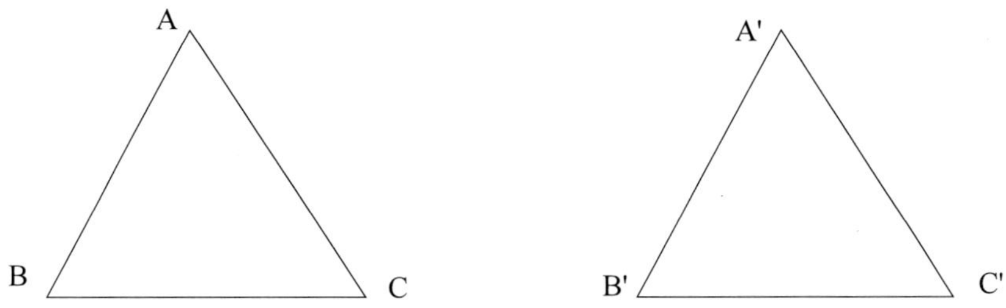

(풀이) 유클리드의 증명에 따르면 AB를 A'B'에 AC를 A'C'에 겹쳤을 때 B와 B', C와 C'이 겹친다. (공준1)에 의해 두 점을 잇는 선분이 유일하므로 B와 C를 잇는 선분과 B'과 C'을 잇는 선분이 같다. 결국 두 개의 삼각형은 완전히 포개지므로 (공리4)에 의해 두 도형은 같다. 그러므로 ∠B = ∠B', ∠C = ∠C'이다.

명제 7.6(원론 명제4)의 삼각형의 합동 조건에 의해 다음의 원론 명제가 쉽게 증명될 수 있다. 증명은 연습으로 남긴다.

(원론 명제5) A를 꼭짓점으로 하는 이등변삼각형 ABC의 밑각 B와 C는 같다.

(원론 명제6) 삼각형 ABC의 두 각 B와 C가 같으면 두 변 AB=AC이다.

(원론 명제7) 선분 AB의 양끝에서 두 선분 AC와 BC를 그어 점 C에 만난다하자. 이때 각 끝점에서 기존의 선분과 길이가 같고, 같은 쪽에서(그림에서는 위로) 만나도록 선분을 그을 수 없다. 즉, AC = AD, BC = BD인 새로운 점 D를 잡을 수 없다.

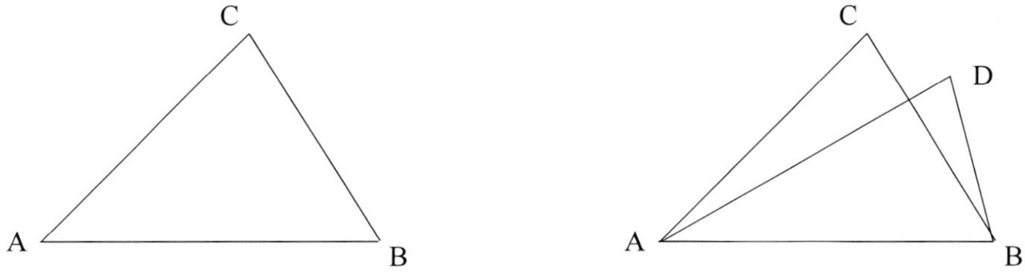

[그림 7.9] 원론 명제 7

(원론 명제8) △ABC와 △A'B'C'의 대응하는 변이 서로 같으면 대응하는 각이 모두 같다.

다음의 명제는 작도를 위한 공준과 공리로 확인할 수 있다.

(원론 명제9) 주어진 각을 이등할 수 있다.

(원론 명제10) 주어진 선분을 이등분할 수 있다.

(원론 명제11) 선분 위의 한 점에서 수선을 세울 수 있다.

(원론 명제12) 직선 위에 있지 않은 점에서 수선을 내릴 수 있다.

(원론 명제13) 한 직선위에 다른 직선이 세워져 있을 때 각각이 직각이거나 또는 두 각의 합이 두 직각[36])이다.

[그림 7.10] 원론 명제 13

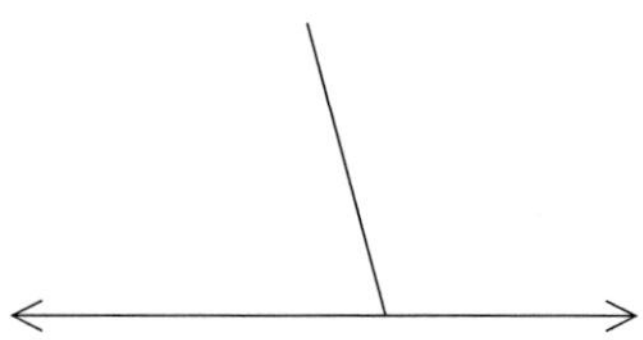

[그림 7.11] 원론 명제14

(원론 명제14) 선분의 한 끝점에서 양 방향으로 그은 두 반직선에 의해 만들어지는 두 각의 합이 두 직각이면 두 반직선은 일직선 위에 있다.

(원론 명제15) 두 직선이 만날 때 맞꼭지각은 같다.

명제 7.7 △ABC의 변 BC를 반직선으로 연장하여 그 위의 점 D를 잡았을 때 외각 ∠ACD는 내각 ∠A와 ∠B보다 크다(원론 명제16).

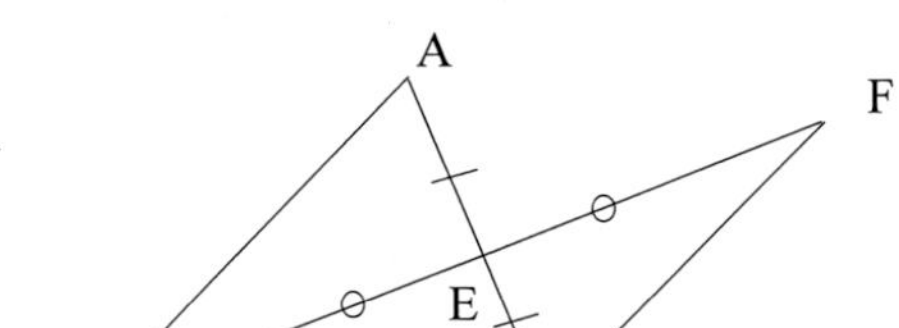

[그림 7.12] 각의 크기

풀이 (공준1)~(공준3)에 의해 어렵지 않게 주어진 선분을 이등분할 수 있다. 그리고 앞에서 설명한 '맞꼭지각이 같다'는 것을 이용한다.

우선 B에서 AC의 중점 E를 통과하는 직선을 BE = EF가 되도록 연장하고, C와 F를

36) 두 직각이란 평각(180도)를 말한다.

선분으로 이으면, 명제 7.6에 의해 $\triangle$EAB와 $\triangle$ECF는 합동이며, 외각 $\angle$ACD는 내각 $\angle$A보다 크다(그림 7.12 참조). 내각 B보다 크다는 것을 알기 위해서는 꼭짓점A에서 BC의 중점을 통과하는 직선을 그으면 위와 유사하게 증명할 수 있다.

위 명제로부터 삼각형의 두 내각의 합이 π보다 작음을 알 수 있다. 삼각형 ABC에서 각 A와 각 ACB의 합은 평각 π보다 작다. 따라서 명제 7.8이 성립한다.

> **명제 7.8** 삼각형의 두 내각의 합은 π보다 작다(원론 명제17).

이 명제는 평행선 공준의 역이다. 그리고 위 명제는 삼각형의 세 내각의 합이 π이라는 것을 알면 쉽게 알 수 있지만 중립기하(평행선 공준이 전제되지 아니함)에서는 이를 증명할 수 없다. 사케리와 르장드르(A. Legendre, 1752-1883)는 각기 중립기하에서 '삼각형 세 내각의 합이 π보다 작거나 같다'를 증명하였다(과제 7.13 참조).

> **명제 7.9** 두 직선이 한 직선과 만나고 엇각이 같으면 두 직선은 평행하다. 다시 말해 $\gamma = \beta'$ (또는 $\delta = \alpha'$)이면 l과 l'은 평행이다(그림 7.13 참조).

증명 평행하지 않다고 가정하면 어느 한쪽에서 만나게 된다. 예를 들어 왼쪽에서 l과 l'이 만난다고 하자. 명제 7.7에 의해서 삼각형의 내각 γ와 외각 β'가 같을 수 없다. 이는 가정에 모순된다. 따라서 두 직선은 평행하다.

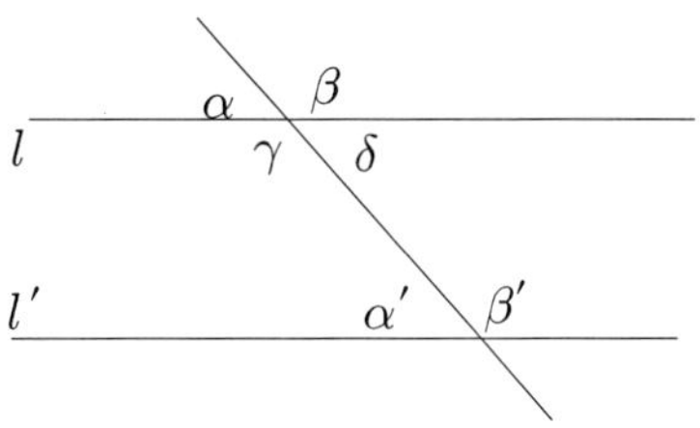

[그림 7.13] 평행선과 각

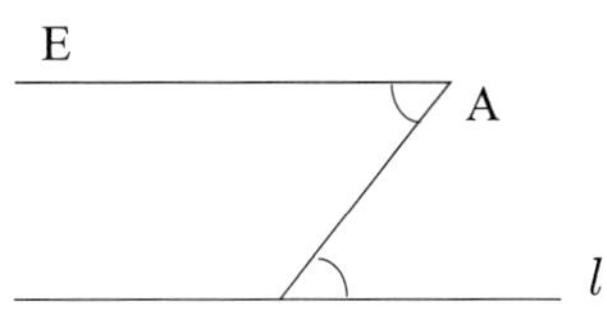

[그림 7.14] 평행선의 작도

과제 7.5와 명제 7.9를 이용하면 다음 명제가 성립함을 쉽게 알 수 있다.

> **명제 7.10** 직선 l 과 그 위에 있지 않은 점 A가 주어졌을 때, A를 지나고 l 에 평행한 직선 l'을 그을 수 있다(그림 7.14 참조).

위 명제는 평행선 공준과 혼동하기 쉽다. 중립기하에서는 하나의 직선과 그 직선 밖에 있는 점 P가 주어졌을 때 점 P를 지나고 주어진 직선에 평행한 직선을 그을 수 있다. 그러므로 직선이 존재한다는 것이다. 그러나 그런 직선이 유일하다는 보장이 없다. 이 유일성을 전제한 것이 평행선 공준임을 다시 한 번 강조한다.

과제 7.11 사케리(Saccheri)의 사각형이란 길이가 같은 수선(AD=BC)을 밑변의 양 끝 점에서 올려 만든 도형이다(그림 7.15 참조). 중립기하에서 $\angle C=\angle D$[37]임을 증명하여라.

[그림 7.15] 사케리 사각형

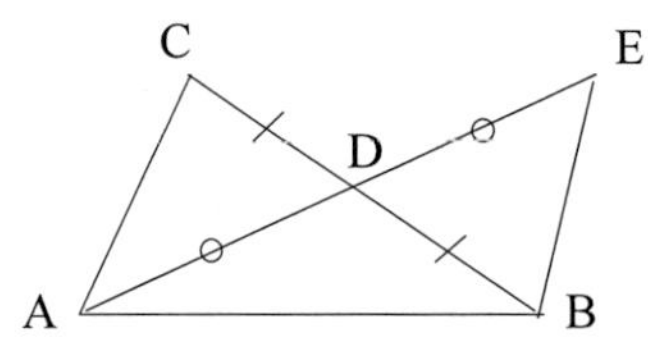

[그림 7.16] 사케리 정리

과제 7.12 주어진 삼각형 $\triangle ABC$와 내각의 합이 같고, $\angle A' \le \frac{1}{2}\angle A$를 만족하는 삼각형 $\triangle A'B'C'$이 존재한다(그림 7.16 참조).

과제 7.13 (사케리 & 르장드르의 정리) 삼각형 세 내각의 합이 π보다 작거나 같음을 증명하라.

7.4 유클리드 기하와 비유클리드 기하

공준1부터 공준4까지의 공준을 모두 전제한 중립기하에서 평행선 공준을 채택한 기하를 유클리드 기하라 한다. 평행선 공준을 부정하면 두 가지의 경우로 나누어지는데 이들을 채택한 기하를 비유클리드 기하라 한다. 이를 요약하면 아래와 같다.

37) 평행선 공준의 전제 없이는 각 C와 D가 직각임을 증명할 수 없다.

종류	전제	주어진 직선 L과 직선 밖의 한 점 P에 대해서	비고
중립기하	(공준1)~(공준4)	점 P를 지나고 L에 평행한 직선이 존재	
유클리드 기하	(공준1)~(공준4) 평행선 공준	점 P를 지나고 L에 평행한 직선이 유일하게 존재	
비유클드 기하	평행선 공준 부정	점 P를 지나고 L에 평행한 직선이 존재하지 않음 / 무수히 많이 존재함	구면기하(타원기하), 택시기하
	(공준1)~(공준4) 평행선 공준 부정	점 P를 지나고 L에 평행한 직선이 2개 이상 (무수히) 존재	쌍곡기하

평행선 공준으로 증명될 수 있는 내용은 아래와 같으나 증명은 생략한다.

(a) 임의의 직각삼각형에서 피타고라스의 정리가 성립한다.
(b) 직사각형이 존재한다.
(c) 임의의 삼각형의 내각의 합은 π이다.
(d) 삼각형의 한 외각의 크기는 이와 이웃하지 않는 두 내각의 크기의 합과 같다.
(e) 임의의 삼각형 ABC과 임의의 주어진 선분 DE에 대하여 대응각의 크기가 서로 같은 닮은 삼각형 DEF가 존재한다.

이제 비유클리드 기하에 대해서 간단히 설명한다. 비유클리드 기하는 처음 4개의 공준이 5번째 공준을 이끌어낼 수 있지 않을까라는 의문에서 출발하였다. 평행선 공준이 나머지 4개의 공준에 의해 유도된다면, 이 공준은 생략해도 된다. 그러나 많은 노력에도 이런 기대를 이루는 방향으로 문제가 해결되지 않았다.

19세기 초 보야이[38]와 로바체프스키[39]가 서로 다른 공간에서 처음으로 그리고 거의 같은 시기에 비유클리드 기하를 발견하였다. 이들은 평행선 공준을 부정한 공준을 추가한 중립기하에서 모순이 발견되지 않고, 오히려 유클리드 기하와는 다른 참인 명제들로 이루어진 정합적인 무모순적인 기하학의 체계가 탄생됨을 보였다. 이것(쌍곡기하)으로부터 평행선 공준이 나머지 4개의 공준에 종속되지 않았음을 알게 되었다.

비유클리드 기하의 시각적 모델은 유클리드 평면과 전혀 다른 것이다. 우선 두 점간의

38) Janos Bolyai(1802-1860)은 헝가리 수학자이다.

39) Nicolao Ivanovitch Lobache(1792-1856)은 러시아 수학자이다.

거리와 직선의 개념부터 차이가 있다. 유클리드 평면에서 두 점간의 거리는 최단 경로의 길이를 말한다. 그리고 두 점을 최단 거리로 연결한 선분을 (공준2)에 의해 무한히 연장한 것이 직선이 된다.

비교적 간단한 모델로 그림 7.17와 같은 구면기하(타원기하의 일종)가 있다. 구면기하에 두 점을 잇는 선분을 연장한 직선이란 대원(great circle)이 된다. 예를 들어 서울에서 LA까지 최단거리로 비행하고 같은 방향으로 계속 간다면 지구의 둘레만큼 크게 한 바퀴 돌고 다시 서울로 되돌아 올 것이다[40]. 구면기하에서는 임의의 두 직선(대원)은 항상 만나다. 그러므로 평행선 공준을 부정한 것 중에서 '직선과 직선 밖의 한 점을 지나는 평행선은 없다'를 만족한다.

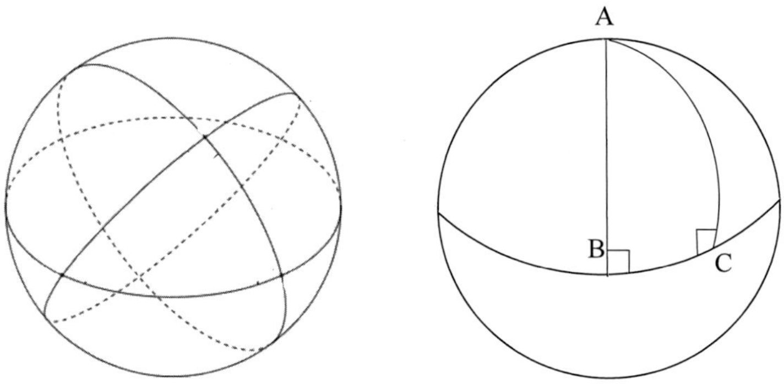

[그림 7.17] 구면 기하

구면 기하의 오른쪽 그림을 보면 적도에서 수직으로 올린 삼각형 내각의 합은 π보다 크다는 것을 알 수 있다. 이는 유클리드 기하에서 '삼각형 내각이 합의 180도이다'는 것과는 모순되는 결과를 얻고 있다.

유클리드 기하와 매우 유사한 비유클리드 기하의 간단한 모델에는 택시기하이다. 두 지점까지의 거리는 미국 뉴욕의 맨해튼처럼 바둑판 격자 모양의 도로를 달리는 택시 거리를 상상하면 된다. 두 점 A, B를 잇는 직선은 A에서 출발하여 위로 오른쪽 방향으로 진행되는 경로이다. 두 점을 잇는 직선은 유일하지 않다. 그리고 P점을 통과할 수 없다.

---

40) 구면기하에서는 공준1과 공준2를 만족하지 않는다. 남극점과 북극점을 잇는 직선이 유일하지 않고 무한하지도 않다.

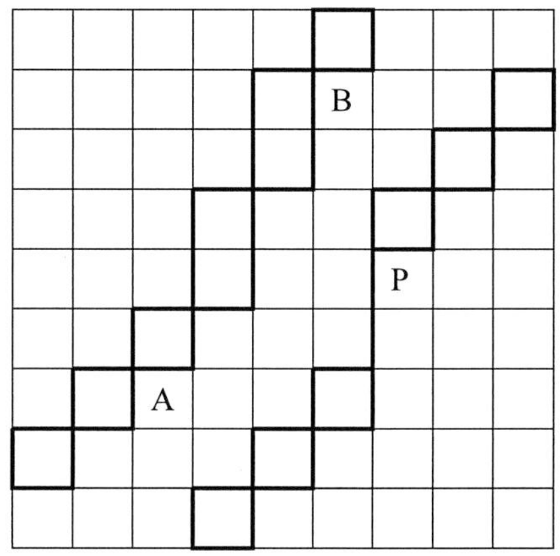

[그림 7.18] 택시기하

위 그림에서 두 점 AB를 통과하는 직선은 점 P를 지나지 않는다. 점 P를 통과하는 무수히 많은 직선이 있음을 알 수 있다. 이들 중 P점을 지나는(대각선으로 연결된) 직선들은 두 점 A와 B를 지나는 직선과는 서로 만나지 않는다. 그러므로 '직선과 직선 밖의 한 점을 지나는 평행선은 무수히 많다'를 만족한다.

(공준1) ~ (공준4)를 만족하는 비유클리드 기하의 예시가 쌍곡기하(Hyperbolic Geometry)의 푸앵카레 반평면(Poincaré half-plane model)모델이다. 이 모델에서 직선과 거리 개념[41]이 다소 복잡하다. 결론만 이야기하면 직선이란 상반평면 $H = \{ (x, y) \mid y > 0 \}$에서 중심이 x축에 있는 반원이나 x축과 수직인 반직선으로 정의된다(그림 7.19 참조). 아래 그림의 오른쪽과 같이 직선 밖의 점 P를 지나면서 그 직선과 만나지 않는 반원은 무수히 많음을 알 수 있다. 쌍곡기하의 모델에서는 '삼각형의 내각의 합은 π보다 작다', '닮음이면 합동이다'등과 같은 결과를 산출한다.

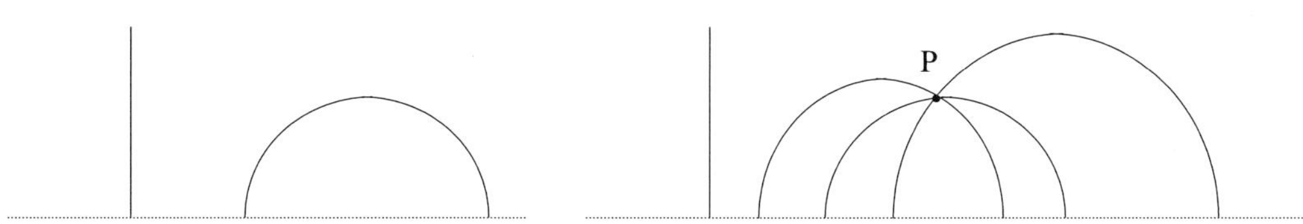

[그림 7.19] 푸앵카레 반평면 모델

41) 유클리드 평면 공간을 포함한 일반적인 공간(타원기하, 쌍곡기하)에서 거리 개념은 10장 측정에서 거리 함수로 다루어진다.

7장(유클리드 기하) 프로젝트

프로젝트 7.1 4절에서 언급한 평행선 공준으로 유도될 수 있는 도형의 성질을 조사하고 증명하시오.

프로젝트 7.2 유클리드 기하와 비유클리드 기하의 차이에 대해서 조사하시오.

프로젝트 7.3 택시기하에서 여러 가지 도형의 모양과 그 성질에 대해서 조사하시오.

8장 평면도형과 입체도형

도형이라는 단어는 초등학교 교과서에서 처음으로 등장하여도 정의를 하지 않는 용어이다. 고등학교까지는 $\mathbb{R}^2$ 평면이나 $\mathbb{R}^3$ 3차원 공간과 같은 유클리드(Euclid) 공간에서 기하학을 다룬다. 유클리드가 연구했던 평면과 공간, 즉 유클리드 공간을 일반화하여 XY 평면, XYZ 직교 좌표 등으로 부른다. 이집트 알렉산드리아에 활동했던 유클리드가 사막위에서 삼각형을 그렸던 평면은 당시에 직교 평면이라고 생각했으나 알고 보면 지구 표면과 같은 구면이었던 것이다(그림 8.1, 그림 8.2 참조).

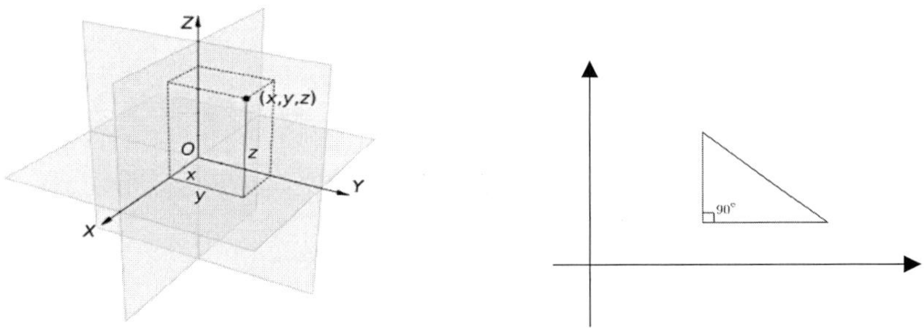

출처 : 위키피디아/유클리드_공간

[그림 8.1] 직교 좌표와 직각삼각형

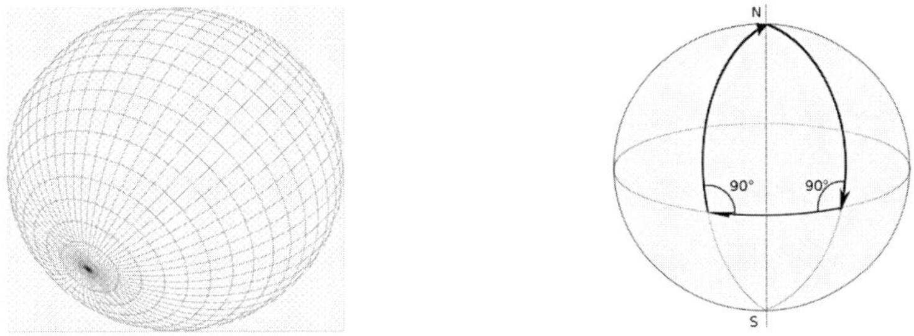

[그림 8.2] 구면과 직각이 두 개 있는 삼각형

구면에서의 삼각형과 그 성질을 다루는 것은 비유클리드 기하학의 내용이며 전문 수학자의 영역이기도 하다. 초중고에서 다루어지는 도형이란 평면 좌표에 점이나 선으로 그려지는 원, 삼각형, 사각형, 사람 모양과 같은 평면 도형이거나 입체 공간의 일부를 차지하거나 흔적을 남기는 정육면체, 원기둥, 건물과 같은 입체이다. 그러므로 도형을 이렇게 정의할 수 있다.

정의 8.1	도형이란 유클리드 공간의 부분집합이다.

초등학교에서 다루는 평면도형은 선분, 직선, 반직선, 각[42]등의 기초적인 도형이며 이를 토대로 여러 가지 다각형과 원을 배운다. 물론 암묵적으로 오목 다각형을 다루지 않고 볼록 다각형만을 다룬다. 그리고 입체도형으로는 직육면체를 배운 후, 각기둥, 각뿔, 원기둥, 원뿔, 구를 다루나 빗각기둥, 빗각뿔과 같은 도형을 다루지 않는다. 이 장에서는 이와 같은 평면도형, 입체도형 그리고 관련 내용을 다룬다.

8.1 다각형

볼록다각형과 오목다각형을 구분하기 위해 '볼록'과 '오목'을 정의한다.

> 볼록(convex) 다각형 : 모든 내각들이 180° 이하인 다각형이다.
> 오목(concave) 다각형 : 180° 이상인 내각이 존재하며 볼록하지 않은 다각형이다.

이를 보다 확장하여 볼록 집합(convex set)을 정의할 수 있다. 유클리드 공간에 속하는 집합 A에 대해, 그 안의 임의의 두 점을 골랐을 때 둘을 연결하는 선분이 항상 A에 포함될 때, A를 볼록 집합이라 한다. 예를 들어 속이 찬 공은 볼록 집합이지만, 안쪽에 구멍이 있거나 초승달처럼 오목하게 들어간 부분이 있을 경우 볼록 집합이 아니다.

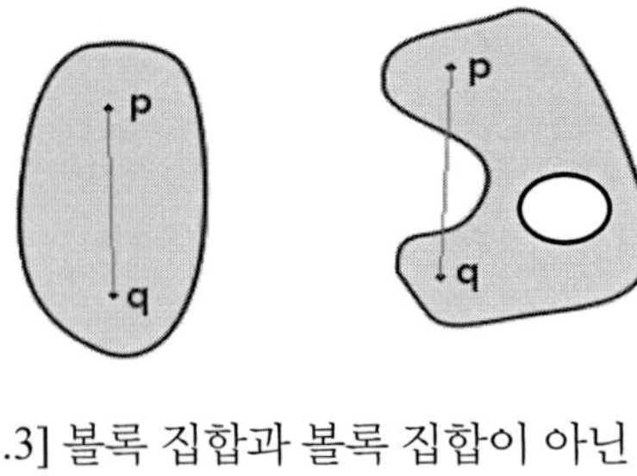

[그림 8.3] 볼록 집합과 볼록 집합이 아닌 집합

42) 각을 그 각의 크기인 각도와 혼용하는 경우가 많지만 초등학교에서는 각을 도형으로 도입한다.

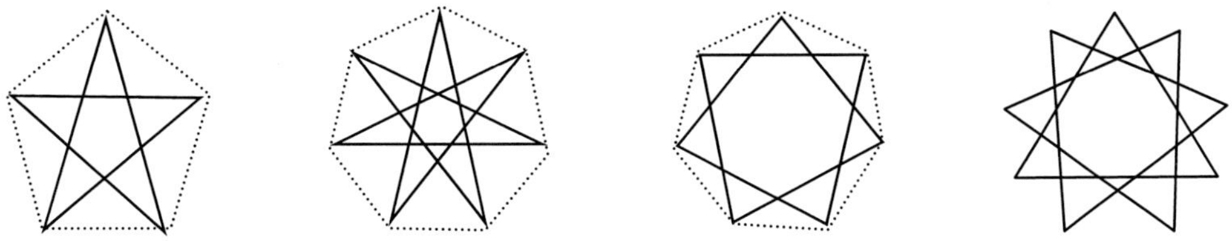

[그림 8.4] 오목 다각형

우리에게 친숙하지 않는 오목 다각형에 대해서 잠시 살펴보자. 오목 다각형 중에 원주 위에 일정한 간격으로 놓여진 p개의 점을 q번째 점과 연결한 선분들로 이루어진 다각형을 정 $\frac{p}{q}$각형이라 한다. 여기서 p, q는 양의 정수이며 $p < 2q$이다. 예를 들어, 위 그림 8.4 도형의 왼쪽부터 정 $\frac{5}{2}$각형(오목 정5각형이라고도 함)과 정 $\frac{7}{3}$각형, 정 $\frac{7}{2}$각형이다. 그리고 정삼각형 3개를 일정하지 않은 간격으로 놓아 만든 마지막 도형을 등변다각형[43]이라 한다.

과제 8.2	그림 8.4에 있는 각 도형의 내각의 크기를 각각 구하시오.

과제 8.3	180도 이상인 내각이 두 개가 있는 오목오각형을 그려보시오.

과제 8.4	볼록다각형과 오목다각형에서 공통으로 성립하는 성질을 찾아보시오.

8.2 전개도

1) 정육면체의 전개도

초등학교 교육과정에 나오는 직육면체의 전개도를 살펴보기 전에 정육면체의 전개도에 대해 먼저 알아본다. 이때 전개도를 합동변환(평행이동, 대칭이동, 회전이동)에 의해

43) 등변다각형과 오목정다각형의 정의가 완전히 합의된 것이 아니다. 저자에 따라 그 의미가 조금씩 다를 수 있다.

겹쳐지는 것은 같은 것으로 간주하여 모두 11개로 알려져 있다. 즉, 합동인 전개도는 같은 것으로 보았다. 전개도끼리는 어떤 관계가 있는가를 알아본다.

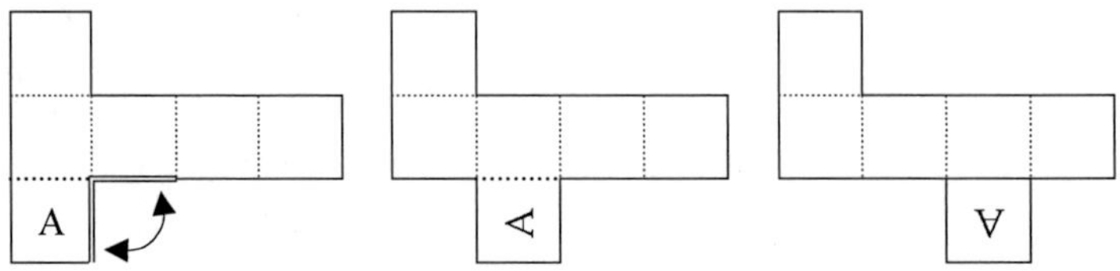

[그림 8.5] 전개도의 생성

그림 8.5의 왼쪽 전개도에서 면 A는 오른쪽 위에 있는 면과 맞붙게 되어 있다. 면 A의 위쪽(점선 부분)을 잘라서 오른쪽으로 붙이게 되면 위 그림의 중간에 있는 새로운 전개도가 만들어진다. 이런 식으로 모든 전개도를 만들 수 있으며, 임의의 두 전개도는 이와 같은 컷앤페이스트(cut and paste) 방식에 의해 서로 변환될 수 있다.

> **과제 8.5** 정육면체의 나머지 전개도를 모두 찾아보시오. 그리고 그것이 11개뿐이라는 것을 어떻게 알 수 있는가?

2) 직육면체의 전개도

이제 모양이나 크기가 서로 다른 3개의 면을 가진 직육면체의 전개도를 알아보자. 각각의 면을 그림 8.6과 같이 1, 2, 3이라 두자.

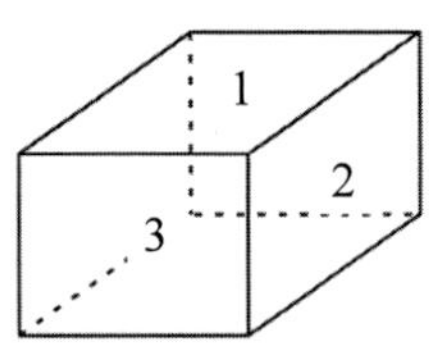

[그림 8.6] 직육면체

[유형 1] 그림 8.7과 같은 모양의 전개도

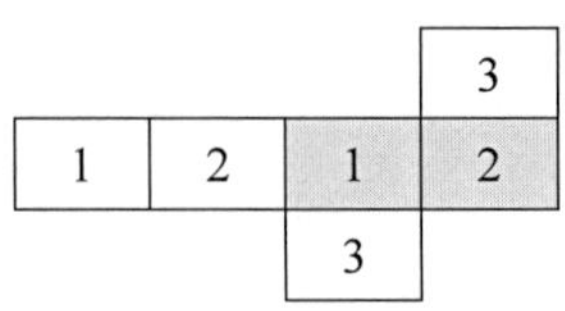

[그림 8.7] [유형 1]의 전개도

가운데 줄에 4개의 면이 배열되는 경우는 가운데 줄에 (1, 2, 1, 2), (2, 3, 2, 3), (3, 1, 3, 1)을 각각 번갈아 놓는 3가지이며, 위 그림과 같이 위와 아래에 3번 면을 놓을 수 있는 방법은 10가지이다. 그러므로 이와 같은 형태의 전개도는 모두 10 × 3 = 30가지이다.

[유형 2] 그림 8.8과 같은 모양의 전개도

가운데 줄에 3개의 면을 놓는 방법은 (1, 2, 1), (1, 3, 1), (2, 1, 2), (2, 3, 2), (3, 1, 3), (3, 2, 3)으로 6개가 있다. 각각의 경우에서 아래에 2개의 면을 고정시키고 위에 있는 면의 위치를 3곳으로 바꿀 수 있으므로 6 × 3 = 18가지이다.

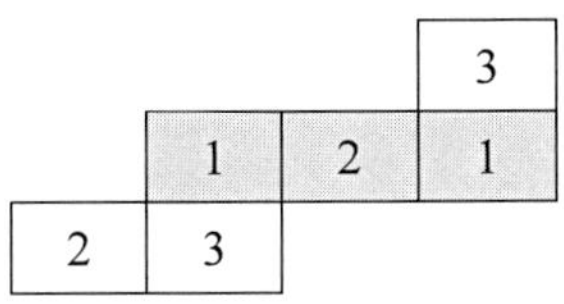

[그림 8.8] [유형 2]의 전개도

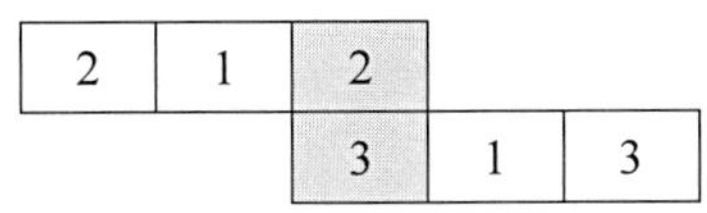

[그림 8.9] [유형 3]의 전개도

[유형 3] 그림 8.9와 같은 모양의 전개도

위와 아래에 3개의 면을 나열하고, 세로 줄로 2개의 면을 고정시켜 계단형을 만든 전개도이다. 가운데 줄에 (1, 2), (1, 3), (2, 3)을 놓을 수 있는 3가지이다.

[유형 4] 그림 8.10과 같은 모양의 전개도

2개씩의 면이 이어져 있는 전개도로 가운데 줄에 (1, 2), (1, 3), (2, 3)을 놓는 3가지가 있다.

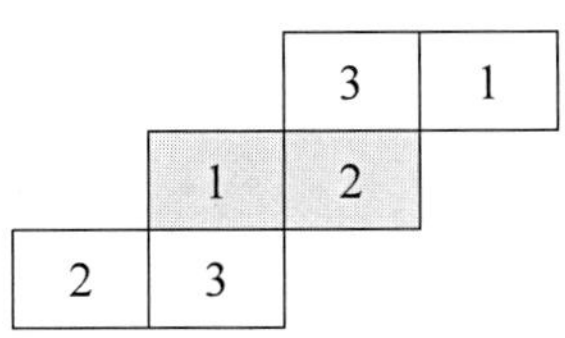

[그림 8.10] [유형 4]의 전개도

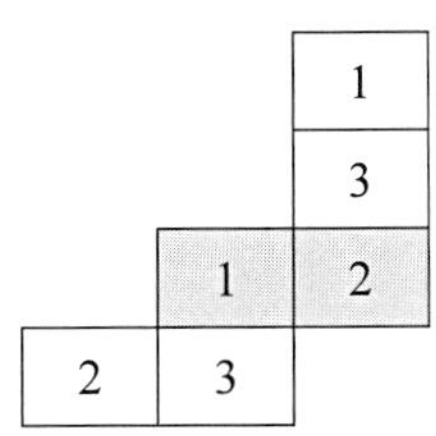

[그림 8.11] 잘못된 컷앤페이스트

이상의 모든 경우를 합하면 54가지이다.

과제 8.6 각 유형별로 전개도는 각각 30개, 18개, 3개, 3개뿐임을 보이시오.

> **과제 8.7** 그림 8.11의 도형은 그림 8.10 전개도를 cut and paste로 방식으로 만들어진 것이 아님을 설명해 보시오.

8.3 입체도형

1) 오일러의 다면체 정리

다면체는 그 구성 요소(꼭짓점의 수, 모서리의 수, 면의 수) 사이에 일정한 관계가 존재하는데 그 중에서 가장 유명한 것이 오일러(Euler, 1707～1783)의 다면체 정리이다.

$$\text{꼭짓점의 수}(v) - \text{모서리의 수}(e) + \text{면의 수}(f) = 2$$

이를 증명하기 전에 위 정리가 성립하는 입체에 대해서 알아본다. 다면체는 면이 다각형인 입체의 표면을 고려한 것인데, 그림 8.12의 볼록다면체에 공기를 불어 넣으면 축구공과 같이 구(球, sphere)가 된다. 역으로 축구공에 오각형과 육각형을 그려서 연결해주고 각 면을 평편하게 펴 주면 다면체가 될 것이다. 오일러의 다면체 정리가 성립하는 다면체는 전문적인 수학 용어로 말하면 구와 위상적으로 동형(형태가 같은)인 다면체이나 대략적으로 말하면 볼록다면체이다.

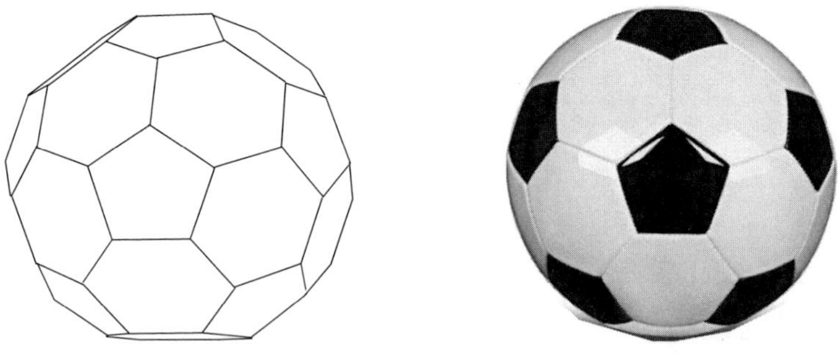

[그림 8.12] 구면에 위상적 동형인 다면체

모든 종류의 다면체를 모두 포함하도록 다면체의 정의를 내리는 것은 간단하지가 않다. 오목다면체, 반정다면체, 고른 다면체 등 여러 종류의 다면체가 있는가하면, 각 면이

다면체라 할지라도 오일러의 다면체 정리를 만족하기도 하고 그렇지 못한 것들이 있다. 그림 8.13의 왼쪽 그림은 위 면에 직각삼각형을 그려준 것이다. 오일러 정리를 만족한다. 중간에 있는 입체는 큰 상자 위에 작은 상자가 올려져있는 입체(v = 16, e = 24, f = 11)이다. 오일러 정리를 만족하지는 못하지만 오른쪽 그림과 같이 큰 상자의 위 면을 잘라서 모서리와 면의 만들어주면 오일러 정리를 만족한다(v = 16, e = 28, f = 14).

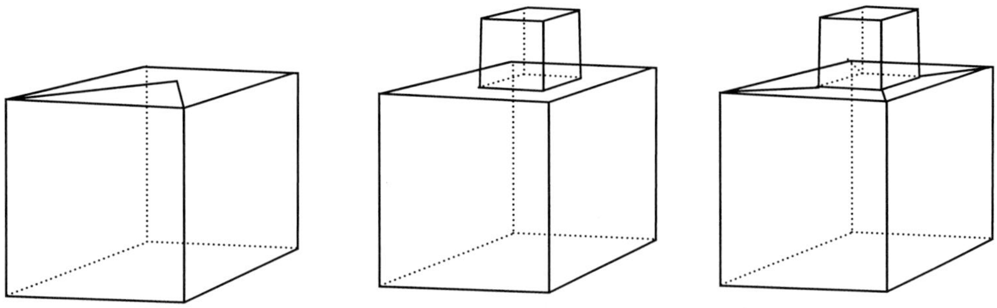

[그림 8.13] 여러 가지 다면체

한편 그림 8.14는 케플러 푸앵소 다면체라 불리는 오목정다면체 중의 하나이다. 이는 면이 12개인 정12면체와 모양이 유사하여 큰 십이면체(great dodecahedron)라 부르는 다면체인데, 이것의 꼭짓점은 12개, 모서리는 30개, 면은 12개로 오일러 다면체 정리를 만족시키지 못한다. 여기서 면은 5개의 정오각형 모서리가 이루는 도형이다.

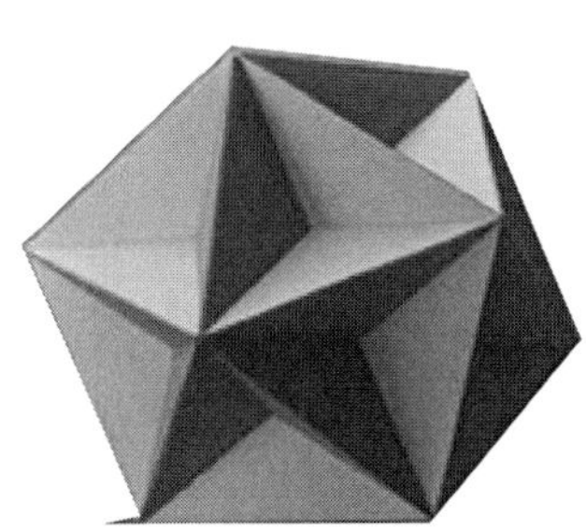

[그림 8.14] 큰 십이면체

> **정리 8.8** 구에 펼칠 수 있는 다면체에서는 오일러 다면체 정리(v - e + f = 2)가 성립한다.

44) 출처 : http://www.ics.uci.edu/~eppstein/junkyard/euler/

45) 출처 : W. P. Thurston(1980). The geometry and topology of 3-manifolds, lecture notes, Princeton University, 미출판.

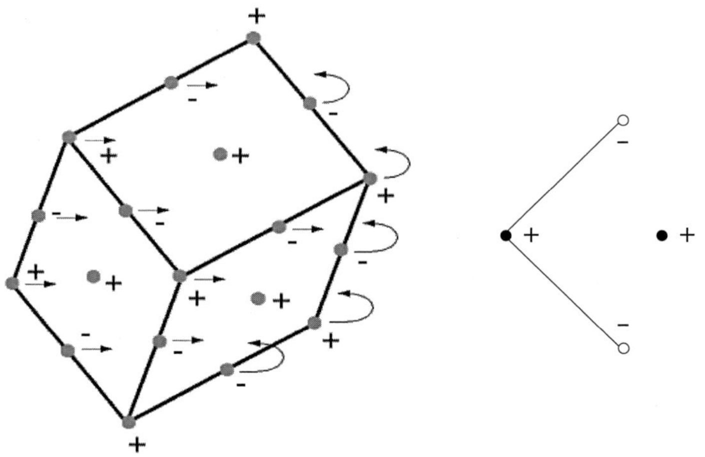

[그림 8.15] Thurston의 증명

증명 오일러의 다면체 정리에 대한 증명은 20개가 넘는다[44]. 많은 증명이 평면 그래프 이론과 위상 수학 내용을 내포하고 있으나 기초적인 지식 없이도 이해할 수 있는 서스턴(W. Thurston, 1946~2012)이 제시한 전하(電荷)를 사용한 증명[45]을 소개한다. 우선 다면체의 각 모서리가 수평이 되지 않도록 다면체를 비스듬히 세운다. 특히 꼭짓점 중 가장 높은 곳(U)과 낮은 곳(L)에는 각각 하나씩의 꼭짓점만 있도록 놓는다. 각 꼭짓점에는 + 전하를, 모서리에는 −전하를 모서리의 중간쯤에 두고, 각 면은 + 전하를 두되 면의 가운데에 둔다. U와 L 점을 제외한 모든 전하들이 서로 상쇄됨을 보인다. 이를 위해 모든 꼭짓점과 모서리의 전하를 인접한 면으로 다음과 같은 방법으로 모은다.
그림 8.15와 같이 입체를 위에서 보았을 때 각 전하를 시계 반대 방향으로 수평으로 이동하며 인접한 면으로 모이게 한다. 각 면에 모여지는 꼭짓점과 모서리의 전하는 그림 8.15의 오른쪽 그림과 같이 개구간의 선분들로 구성된 그래프가 된다. 그러므로 각 면으로 이동된 전하의 합은 0이 된다. 가장 높은 곳과 낮은 곳의 꼭짓점 전하 +2만 남는다. 그러므로 v + f의 개수가 e의 개수보다 2개 더 많다. 따라서 v − e + f = 2.

과제 8.9	오일러의 다면체 정리를 증명하는 다른 방법을 찾아보시오.

2) 정다면체

정다면체는 각 면이 모두 합동인 정다각형들로 구성되며, 또한 각 꼭짓점에 모인 모서리와 면의 수가 일정한 다면체를 말한다. 오른쪽 그림 8.16은 정사면체 2개를 하나의 면으로 연결한 것이다. 각 면은 정삼각형이나 각 꼭짓점에 모인 모서리의 수가 일정하지 않다. 그러므로 그림 8.16은 정다면체가 아니다. 정다면체는 5개의 종류뿐이라는 것은 이미 잘 알려져 있다. 왜 5종뿐인지를 알아본다.

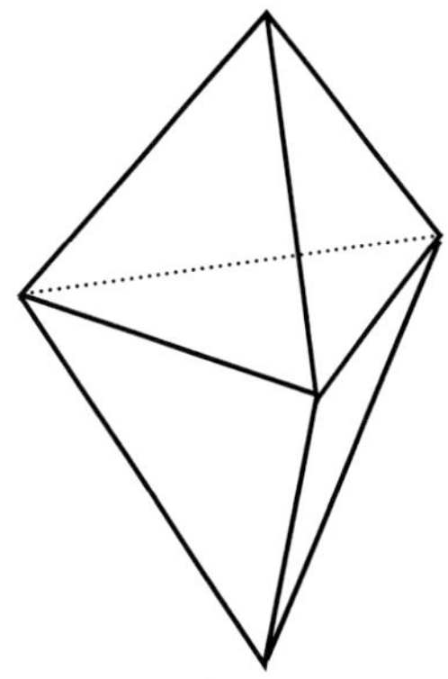

[그림 8.16] 다면체

명제 8.10 정다면체는 다음과 같은 (5개) 종류뿐이다.

<표 8.1> 정다면체

모양	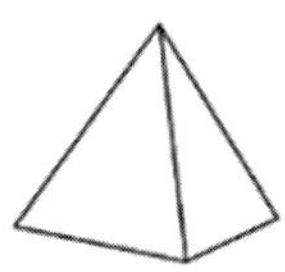	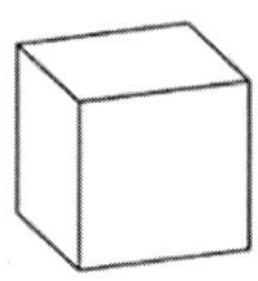	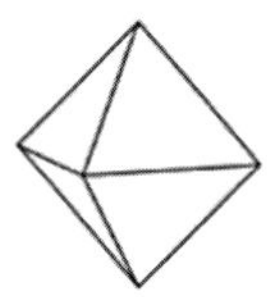	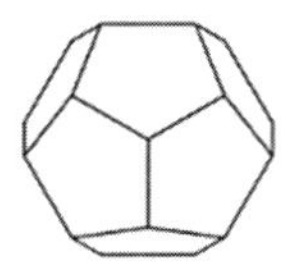	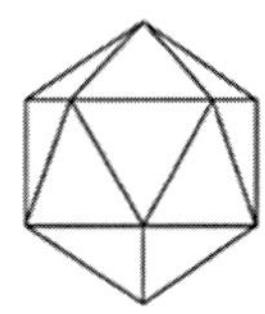
이름	정사면체	정육면체	정팔면체	정이십면체	정십이면체
면의 수	4	6	8	12	20
꼭짓점의 수	4	8	6	20	12
모서리의 수	6	12	12	30	30

증명 우선 각 면이 정삼각형인 경우를 생각하자. 정삼각형의 한 꼭짓점을 중심으로 만들 수 있는 입체는 그림 8.17과 같이 정삼각형 3개 또는 4개 그리고 5개뿐이다. 정삼각형 6개의 꼭짓점이 한 점에서 모이면 평면을 이루게 되므로 입체도형을 만들 수 없다. 그러므로 <표 8.1>의 그림과 같이 정삼각형이 3개가 모이면 정사면체, 4개가 모이면 정8면체, 5개가 모이면 정20면체가 된다. 유사하게 정사각형과 정오각형으로 만들 수 있는 정다면체는 각각 1개 종류뿐임을 알 수 있을 것이다.

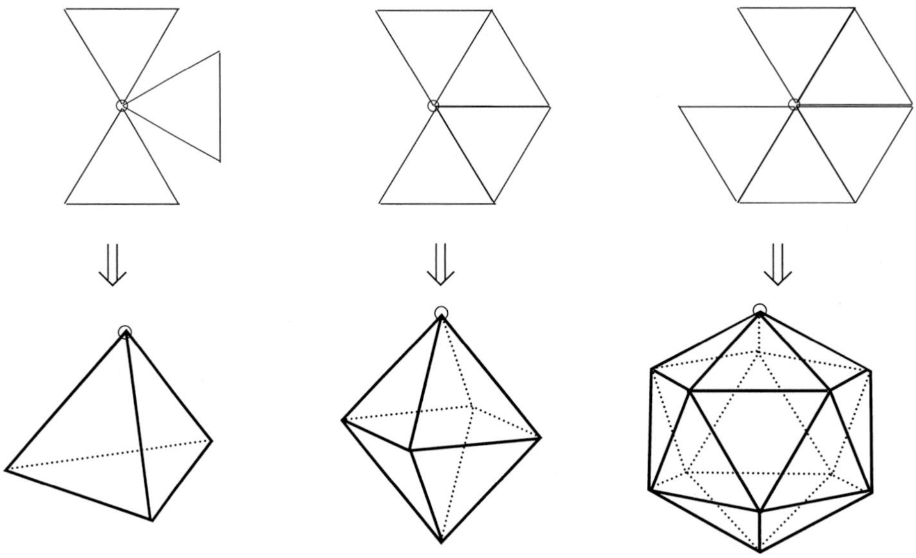

[그림 8.17] 정삼각형을 면으로 갖는 정다면체

이들 5개의 정다면체에서 정육면체와 정팔면체는 면의 수와 꼭짓점의 수가 서로 대응된다. 그리고 정12면체와 정20면체도 마찬가지이다. 이들은 각각 서로 쌍대다면체라 한다. 정사면체는 그 자신이 쌍대다면체이다. 하나의 정다면체에서 각 꼭짓점을 동시에 수직으로 누르면 꼭짓점이 면으로 변하고 면은 꼭짓점으로 뛰어나와 쌍대다면체가 될 것이다.

3) 아르키메데스의 다면체(Archimedean solids)

다면체를 이루는 다각형이 모두 합동이며, 각 꼭짓점에 모인 그 개수도 같은 것이 정다면체이나 이런 조건을 다소 완화하여 두 종류 이상의 정다각형이 모여서 만들어진 다면체로서 각 꼭짓점에 모인 면의 개수와 모양이 일정한 볼록 다면체로 각기둥과 엇각기둥을 제외한 다면체를 아르키메데스 다면체(그림 8.19 참조[46])라 한다. 이를 구하는 방법의 일부를 소개한다.

이들 다면체를 찾는데 사용되는 규칙은 3가지가 있다.

---

46) 13개 아르키메데스의 다면체를 부르는 이름도 저자마다 약간의 차이가 있다.

1. 한 꼭짓점에 모인 정다각형의 내각의 총 합이 2π미만이다.
2. 오일러의 다면체 정리 $f + v = e + 2$를 만족한다.
3. 각 꼭짓점에 모인 정다각형의 배열이 일정하다.

한 꼭짓점에 모인 정다각형이 4종류 이상이 만날 수 없다. 왜냐하면 가장 작은 내각의 합은 정삼각형(60°), 정사각형(90°), 정오각형(105°), 정육각형(120°)로 이루어지는데 이미 이들 내각은 이미 2π를 초과하였다. 최대 3개 종류의 정다각형이 만난다. 그리고 3 종류의 정다각형으로 만들어지는 다면체의 한 꼭짓점에 모인 정다각형의 내각은 정3각형 3개와 정4, 5각형의 내각의 합이 $60° \times 3 + 90° + 108° > 2\pi$이므로 불가능이다. 5개의 도형으로 만나는 경우는 없다.

그러므로 한 꼭짓점에 많아야 3개 종류, 4개의 정다각형이 모여 아르키메데스의 다면체를 이룬다. 이를 다음과 같이 분류하여 각각의 경우를 조사한다.

(Case 1) 한 꼭짓점에 3종류, 4개의 정다각형이 모인 다면체
(Case 2) 한 꼭짓점에 3종류, 3개의 정다각형이 모인 다면체
(Case 3) 한 꼭짓점에 2종류, 4개의 정삼각형과 1개의 정n($n \geq 4$)각형이 모인 다면체
(Case 4) 한 꼭짓점에 2종류, 3개의 정삼각형과 1개의 정n($n \geq 4$)각형이 모인 다면체
(Case 5) 한 꼭짓점에 2종류, 2개의 정삼각형과 2개의 정n($n \geq 4$)각형이 모인 다면체
(Case 6) 한 꼭짓점에 2종류, 1개의 정삼각형과 여러 개의 정n($n \geq 4$)각형이 모인 다면체
(Case 7) 한 꼭짓점에 2종류, 정사각형 이상의 정다각형이 모인 다면체

(Case 1) 한 꼭짓점에 3종류, 4개의 정다각형이 모인 다면체

먼저 각 꼭짓점에서 정삼각형이 하나만 연결된다면, 꼭짓점에 모인 내각의 합을 고려해보면, 정사각형이 2개가 연결될 수 있으나 정오각형 이상의 도형이 2개 포함될 수 없다. 그러므로 정삼각형 1개, 정사각형 2개, 정오각형 1개가 연결될 수 있다.

다음으로 각 꼭짓점에서 정삼각형 2개가 연결된다면, 꼭짓점에 모인 정다각형의 배열이 일정하지 않음을 그림 8.18을 통해 확인할 수 있다. 즉, 두 꼭짓점 ○와 ●에 모인 정다각형의 배열이 같을 수 없다. 그러므로 Case 1은 <표 8.2>와 같이 마름모 십이이십면체뿐이다.

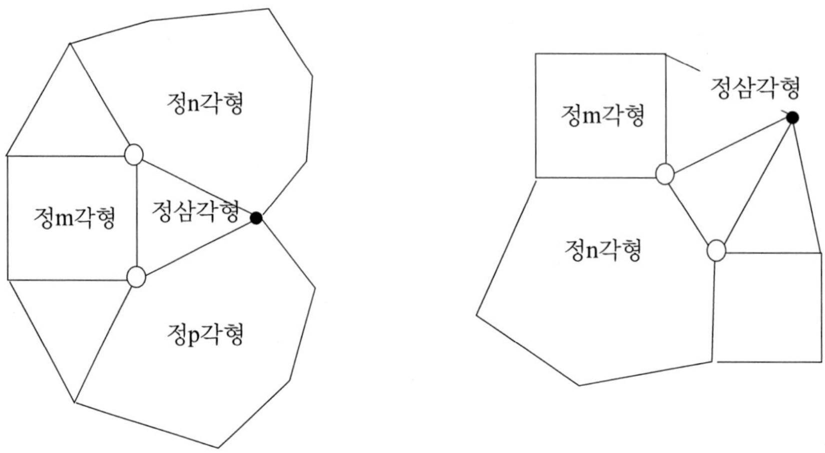

[그림 8.18] 3종류 4개의 정다각형

이제 3종의 다각형이 하나씩 모인 경우를 조사해본다.

<표 8.2> 한 꼭짓점에 3가지 종류의 정다각형

한 꼭짓점에 만나는 도형의 개수	도형의 종류와 개수	비고 ([그림 8.24] 참조함)
5개의 도형	없음	내각의 합이 2π를 초과함
4개의 도형	정삼각형-2개, 정m각형1개, 정n각형 이상 1개 정삼각형-1개, 정사각형-2개-정오각형1개	조합이 불가능 마름모 십이이십면체
3개의 도형	정사각형-1개, 정육각형-1개, 정팔각형-1개 정사각형-1개, 정육각형-1개, 정십각형-1개	깍은 육팔면체 깍은 십이이십면체

(Case 2) 한 꼭짓점에 3종류, 3개의 정다각형이 모인 다면체

3개의 서로 다른 정다각형으로 이루어진 경우는 각 도형의 주변에 다른 도형이 붙게 되어 각 도형은 짝수개의 변을 가지게 된다. 정4, 6, 8, 10, 12 등에서 내각의 합이 2π미만인 것을 찾으면 위 표와 같이 깍은 육팔면체와 깍은 십이이십면체뿐임을 알 수 있다. 이제 각 꼭짓점에 2종류의 정다각형이 만나는 경우를 조사하면 된다. 먼저 정삼각형이 포함되는 경우를 먼저 조사한다.

(Case 3) 한 꼭짓점에 정삼각형 4개와 정n각형($n \geq 4$) 1개가 모인 다면체

우선 한 꼭짓점에 모인 정삼각형이 5개 이상이 올 수 없다. 이미 내각의 합이 $5\times60°$이므로 사각형 이상의 도형과 결합될 수 없다. 그러므로 한 꼭짓점에 모인 정삼각형이 4개 이하이고, 4개의 정삼각형과 결합될 수 있는 정다각형은 <표 8.3>과 같이 정사각형과 정오각형 1개씩뿐이다. 정삼각형 4개와 정n각형($n \geq 4$) 1개와 결합하는 경우, 꼭짓점의 수를 v, 면의 수를 f, 모서리의 수를 e라 두면, 각 꼭짓점에 모인 면이 수는 정삼각형 4개와 정n각형 1개이다. 그러므로 각 꼭짓점에서는 5개의 모서리가 연결되고, 각 모서리는 2개의 꼭짓점에 연결되므로, 전체 모서리 수 $e = 5v/2$가 성립한다. 그리고 각 꼭짓점에 4개의 삼각형이 모여있고, 각 삼각형은 3개의 꼭짓점을 가지므로 삼각형의 수는 $\frac{4v}{3}$이고, n각형 $\frac{v}{n}$개이다. 따라서 $f = \frac{4v}{3} + \frac{v}{n}$.

오일러의 다면체 정리 $e = v + f - 2$에 대입하면 식

$$\frac{5v}{2} = v + \left(\frac{4v}{3} + \frac{v}{n}\right) - 2$$

을 얻게 된다. $n = 4$와 5를 각각 대입하면, <표 8.3>와 같이 v, f, e를 구할 수 있다. 이들은 각각 다듬은 정육면체와 다듬은 정십이면체가 된다.

<표 8.3> 한 꼭짓점에 정삼각형이 4개 이상인 다면체

다각형 (내각의 크기)	정3각형 (60°)	정4각형 (90°)	정5각형 (108°)	비고
개수(각의 합)	4(240°)	1(90°)		$v = 24$, $f = 32 + 6$, $e = 60$ 다듬은 정육면체
	4(240°)		1(105°)	$v = 60$, $f = 80 + 12$, $e = 150$ 다듬은 정십이면체

(Case 4) 한 꼭짓점에 정삼각형 3개와 정n각형($n \geq 4$) 1개가 모인 다면체

이제 한 꼭짓점에 연결된 정삼각형이 3개라 하면, 정n각형($n \geq 4$)은 1개밖에 올 수 없다.

각 면에 붙은 꼭짓점을 중복해서 헤아리면, 정삼각형에서는 3v만큼, 정n각형($n \geq 4$)에서는 v만큼 헤아리게 된다.

<표 8.4> 한 꼭짓점에 정삼각형이 3개인 다면체

n	구성 요소 (v = 2n, e = 2v, f = v + v/n)	비고
4	v = 8, e = 16, f = 8 + 2(정삼각형+정4각형)	정n각형(n ≥ 4)은 총 2개씩으로 구성됨 엇각기둥
5	v = 10, e = 20, f = 10 + 2(정삼각형+정5각형)	
6	v = 12, e = 24, f = 12 + 2(정삼각형+정6각형)	
n	v = 2n, e = 4n, f = 2n + 2	

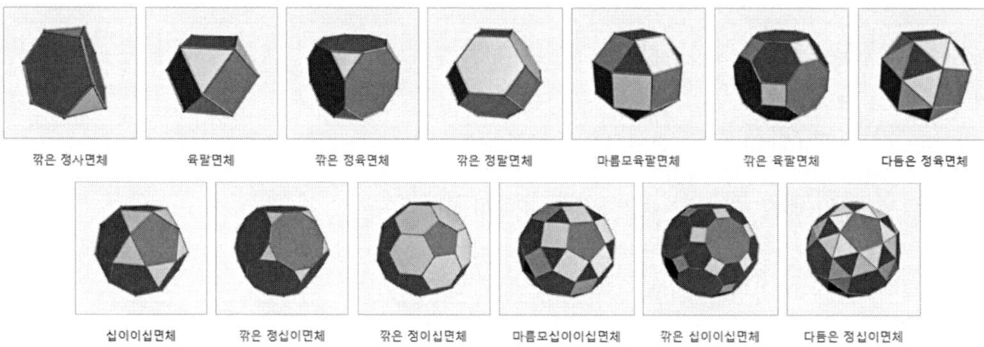

[그림 8.19] 아르키메데스의 다면체

하지만 삼각형은 3개의 꼭짓점을 중복해서 헤아리게 되고, 정n각형은 n번 중복 계산되므로 전체 면의 수

$$f = \frac{3v}{3} + \frac{v}{n}$$

이다. 그리고 모서리의 수 $e = \frac{4v}{2} = 2v$이다. 이를 오일러의 다면체 정리 공식(e = v + f - 2)에 대입하면, $2v = v + (v + \frac{v}{n}) - 2$를 얻게 되고, $v = 2n$을 얻는다.

위 표와 같은 구성을 가진 입체를 생각해보자. 정n각형(n ≥ 4)은 오직 2개뿐이며, 꼭짓점은 2n개이므로 두 개의 밑면인 정n각형에 정삼각형 2n개가 연결된 모양이다. 예를 들면, n = 6일 때 정육각형이 서로 어긋나게 붙어있는 엇육각기둥(hexagonal antiprism)이 생기게 된다. 위 표에서 n의 값에 따라 여러 가지 엇각기둥이 생성된다. 엇각기둥은 아르키메데스의 다면체에서 제외한다.

과제 8.11	엇육각기둥의 그림을 보고 엇삼각기둥을 그려보시오.

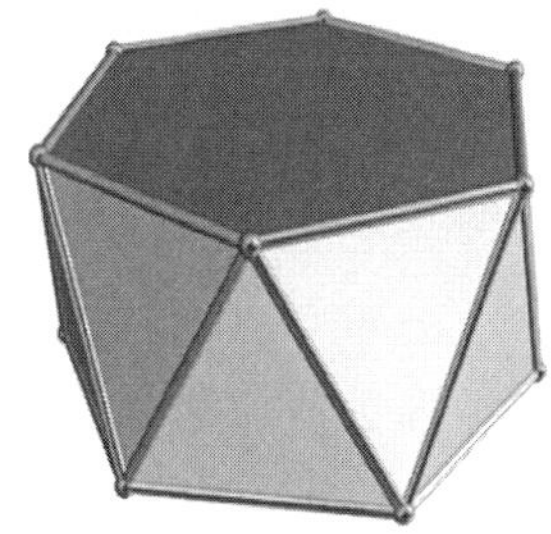

[그림 8.20] 엇육각기둥

(Case 5) 한 꼭짓점에 정삼각형과 2개와 정n각형(n ≥ 4) 2개가 모인 다면체

각 꼭짓점에 모인 4개의 모서리를 중복해서 헤아리면 4v, 각 모서리는 2개의 꼭짓점을 공유하므로 전체 e = 2v. 각 꼭짓점에 모인 면은 정삼각형 2개와 정n각형 2개씩이므로 각 면을 중복해서 헤아리면 2v + 2v이나 삼각형은 3개의 꼭짓점에서 3번이 중복으로 계산되고, 정n각형은 n번이 중복되다. 그러므로 $f = \frac{2v}{3} + \frac{2v}{n}$이다. 이를 오일러 다면체 공식에 대입하면,

$$2v + 2 = v + (\frac{2v}{3} + \frac{2v}{n})$$

이것으로부터 (n− 6)(v + 6) = −36을 얻게 되며, 따라서 n = 4 또는 5가 될 수밖에 없고, 그때 v는 각각 12, 30이며, <표 8.5>와 같이 이들은 각각 육팔면체와 십이이십면체이다(그림 8.19 참조).

<표 8.5> 한 꼭짓점에 정삼각형이 2개인 다면체

n	구성 요소 (e = 2v, f = 2v/3 + 2v/n)	비고
4	v = 12, e = 24, f = 8 + 6(정삼각형+정4각형)	육팔면체
5	v = 30, e = 60, f = 20 + 12(정삼각형+정5각형)	십이이십면체

(Case 6) 한 꼭짓점에 정삼각형 1개와 정n각형(n ≥ 4) 여러 개가 모인 다면체

각 꼭짓점에 연결된 정삼각형이 하나뿐인 경우에 대해서 생각해보자. 먼저 다면체를 이루는 면이 2종류뿐인 경우를 고려해보자. 각 꼭짓점에 정삼각형 1개와 정n각형(n ≥ 4)이 m(m ≥ 2)개 연결되어 있다. 각 꼭짓점에 연결된 모서리 수를 중복해서 헤아리면 v(1 + m)이고, 각 모서리는 2개의 꼭짓점에 연결되므로 $e = \frac{v(1+m)}{2}$이다. 각 꼭짓점에 연결된 면을 중복해서 헤아리면 v + vm인데 삼각형은 3번 중복으로 헤아려지고, n각형은

n번 중복으로 헤아려진다. 그러므로 $f=\frac{v}{3}+\frac{vm}{n}$이다. 오일러 공식 (e+2=v+f)에 대입하면 다음 식을 얻게 된다.

$$\frac{v(1+m)}{2}+2=v+(\frac{v}{3}+\frac{vm}{n}).\ \text{여기서}\ m\geq 2,\ n\geq 4.$$

한 꼭짓점에 정삼각형이 하나, 그리고 정n각형($n\geq 4$)이 m($m\geq 2$)개 연결되어 있어 $m\leq 3$이다. 그러므로 m = 2와 3인 경우에 대해서 위 식을 풀어보면 다음과 같다.

먼저 m = 2인 경우, 위 식은 nv + 12n = 12v으로 변환된다. 이 식은 (n- 1 2)(v + 12) = -144. 그러므로 n = 4, 6, 8, 10, 11이 되고, 이 식으로부터 각각의 n에 대해서 v의 값을 구할 수 있다(<표 8.6> 참고).

<표 8.6> 한 꼭짓점에 정삼각형이 1개이고 m = 2개의 정n각형이 있는 다면체

n	구성요소(e = $\frac{v(1+m)}{2}$, f = $\frac{v}{3}+\frac{vm}{n}$)	비고
4	v = 6, f = 2 + 3, e = 9	(삼각기둥)
6	v = 12, f = 4 + 4, e = 18	깍은 정사면체
8	v = 24, f = 8 + 6, e = 36	깍은 정육면체
10	v = 60, f = 20 + 12, e = 90	깍은 정십이면체
11	v = 132, f = 44 + 24, e = 198	×

과제 8.12 <표 8.6> 칸에 들어간 내용을 확인하시오. 그리고 n = 11인 경우는 다면체가 만들어지지 않음을 설명하시오.

m = 3인 경우, 위 식은 2nv + 6n = 9v으로 변환된다. 이 식은 (v + 3)(2n - 9) = -27. 그러므로 n = 4이고 v = 24인 경우뿐이다. <표 8.7>과 같이 마름모육팔면체가 된다.

<표 8.7> 한 꼭짓점에 정삼각형이 1개이고 m = 3개의 정n각형이 있는 다면체

m	구성 요소 (e = 2v, f = 2v/3 + 2v/n)	비고
3	v = 24, e = 48, f = 8 + 18(정삼각형 + 정4각형)	마름모육팔면체

지금까지 11개의 아르키메데스의 다면체를 찾아보았다. 나머지 2가지의 다면체가 나타나는 경우에 대해서도 아래와 같이 몇 가지 경우로 나누어서 위와 같은 방법으로 모든

구할 수 있을 것이다. (Case 7)은 과제로 남긴다.

과제 8.13 각 꼭짓점에 정사각형 이상의 다각형을 포함하면서 2종류의 정다각형을 가지는 아르키메데스 다면체를 구하시오.

8장(평면도형과 입체도형) 프로젝트

프로젝트 8.1 눈금 없는 곧은 자와 컴퍼스를 유클리드 도구라 한다. 주어진 단위 길이 1로부터 유클리드 도구로 나타낼 수 있는 수를 작도하시오.

프로젝트 8.2 유클리드 도구로 정5각형을 작도하시오. 그리고 이를 사용하여 작도할 수 있는 정다각형에 대해서 조사하시오.

프로젝트 8.3 유클리드 도구로 90도를 3등분하는 것은 쉽다. 그러나 20도를 포함하여 일반적인 각을 3등분하는 것이 불가능하다는 것이 수학적으로 증명되었다. 유클리드 도구가 아닌 다른 도구를 사용하면 각의 3등분이 가능하다. 각을 3등분할 수 있는 여러 도구에 대해서 조사하시오.

9장 합동변환

집합 X에서 X로의 전단사함수(1-1 대응)를 X에서 X로의 변환 또는 X에서의 변환이라 한다. 변환 T에 의해 $x \in X$가 $y \in Y$에 대응하면

$$T(x) = y \text{ 또는 } T : x \rightarrow y$$

등으로 나타내고, y는 T에 의한 x의 상(image)이라고 한다. 이 장에서는 임의의 집합 X 대신에 유클리드 평면($\mathbb{R}^2$)의 변환들 중에서 특별한 성질을 갖는 변환에 대해서 알아본다. 첫 번째 예시가 합동변환이다. 합동변환은 도형의 '합동'을 수학적으로 정의하는 중요한 개념이다. 초등학교에서는 모양과 크기가 같아서 포개지는 두 도형을 합동으로 정의하고 있다. 모양과 크기가 같아서 포개지는지에 대한 판단은 시각적 인식에 기초한다. 아주 작은 차이가 있는 두 도형의 합동여부를 눈으로 판단하기에 어려움이 있다. 합동에 대한 엄밀한 수학적 정의를 이해할 필요가 있다.

9.1 기본적인 합동변환

정의 9.1 등거리변환(isometry)은 두 점사이의 거리를 보존하는 평면에서의 변환을 말한다. 즉, 두 점 P, Q의 거리를 d(P, Q)라 두면, d(P, Q) = d(T(P), T(Q))를 만족하는 변환을 말한다. 정의역(평면)에서의 임의의 두 점 P, Q가 T에 의해 다른 두 점 T(P), T(Q)로 이동되어도 두 점간의 거리는 변함이 없는 변환을 말한다.

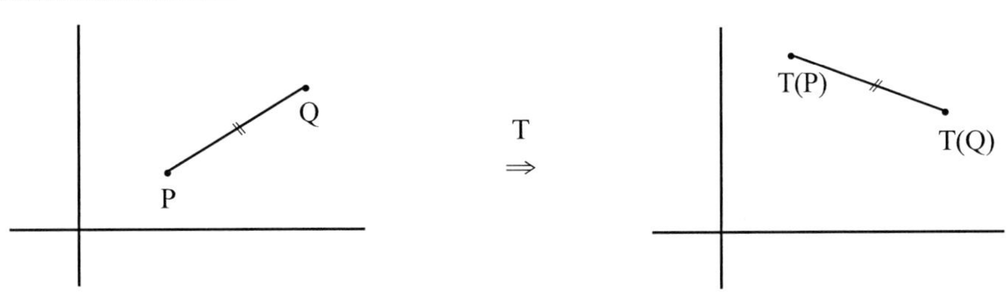

[그림 9.1] 등거리 변환

> **정의 9.2** 도형 A, B가 평면 $\mathbb{R}^2$의 부분집합이라 하자. T(A) = B를 만족하는 등거리변환 T가 존재하면 A는 B와 합동이라고 한다. 합동 관계는 대칭관계이므로 서로 합동이라 할 수 있다.

등거리변환으로는 기본적인 3가지 이동, 즉 평행이동, 회전이동, 대칭이동이 있으며 이들을 합성한 이동도 있다.

1) 평행이동

> **정의 9.3** 평면 $\mathbb{R}^2$위의 모든 점을 일정한 방향으로 일정한 거리만큼 옮기는 이동을 평행이동이라 한다.

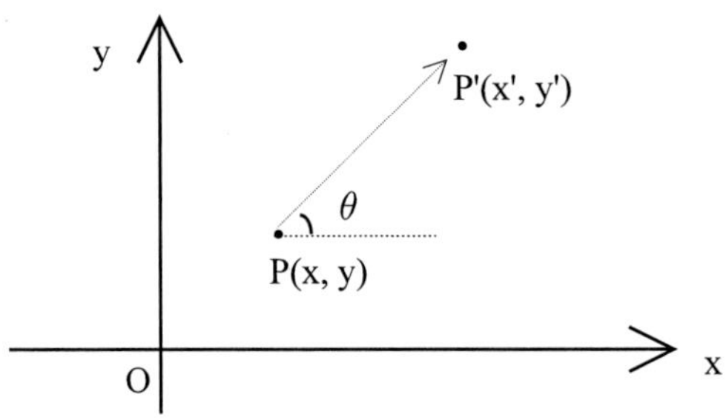

[그림 9.2] 평행이동

한 점 P(x, y)가 평행이동 T에 의하여 P'(x', y')로 옮겨졌다고 하자. d(P, P')=d라 하고, P, P'가 x축의 양의 방향과 이루는 θ라 할 때 T의 상(image)은 아래와 같이 나타낼 수 있다.

$$T:\ \begin{cases} x' = x + d\cos\theta \\ y' = y + d\sin\theta \end{cases}$$

2) 회전이동

> **정의 9.4** 평면 $\mathbb{R}^2$ 위의 모든 점을 한 정점 A의 둘레로 일정한 각 θ만큼 돌리는 이동을 회전이동이라 하고, 정점 A를 회전의 중심, θ를 회전각의 크기라 한다.

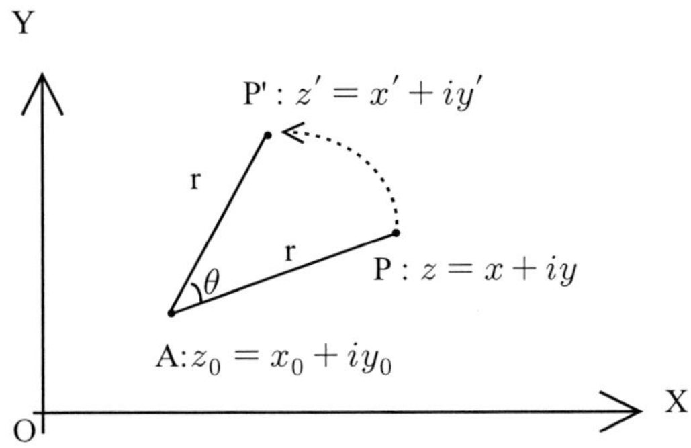

[그림 9.3] 회전이동

점 A를 중심으로 θ만큼 회전시키는 이동 T의 상은 중심의 좌표와 각의 크기로 표현된다.

$$T: \begin{cases} x' = (x - x_0)\cos\theta - (y - y_0)\sin\theta + x_0 \\ y' = (x - x_0)\sin\theta + (y - y_0)\cos\theta + y_0 \end{cases}$$

3) 대칭이동

정의 9.5 평면 $\mathbb{R}^2$ 위의 모든 점 P를 평면 위의 한 직선 l에 의하여 선분 PP'가 수직 이등분되는 점 P'로 옮기는 이동을 대칭이동이라 하고, 이 직선 l을 대칭축이라 한다.

$$T: \begin{cases} x' = \dfrac{-1}{a^2 + b^2} \{(a^2 - b^2)x + 2aby\} \\ y' = \dfrac{1}{a^2 + b^2} \{-2abx + (a^2 - b^2)y\} \end{cases}$$

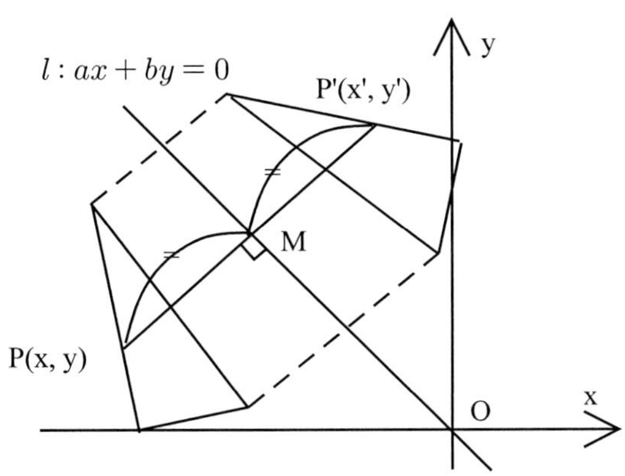

[그림 9.4] 대칭이동

9.2 합동변환

6장에서 제한된 범위에서의 회전이동, 대칭이동의 합성에 대해서 공부한 바 있다. 즉, 90도씩 회전이동과 X축과 Y축에 대한 대칭이동의 합성은 여전히 그와 같은 변환 중 하나가 됨을 보였다. 여기서는 1절에서 언급한 3가지의 기본적인 합동변환, 즉 임의의 크기와 방향으로 평행이동, 임의의 각도와 중심에 대한 회전이동, 임의의 직선에 대한 대칭이동의 합성에 대해서 알아본다.

1) 평행이동의 합성

두 평행이동의 합성은 평행이동임을 쉽게 알 수 있다. 여기서는 자주 평행이동을 벡터(크기와 방향을 가진 속성)로 나타낸다.

2) 대칭이동의 합성

먼저 서로 만나는 두 직선 l, l'에 의한 대칭이동의 합성에 대해서 알아보자. 예를 들면, 아래 그림 9.5와 그림 9.6과 같이 두 직선이 점 P에서 만나고 이루는 각을 θ라 하면, 직선 l에 대해서 대칭이동을 시킨 후 다른 직선 l'에 대해 대칭이동을 시키는 경우이다.

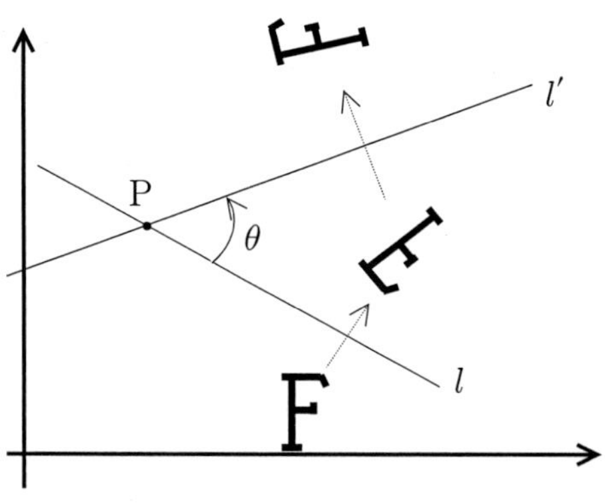

[그림 9.5] θ만큼의 회전이동

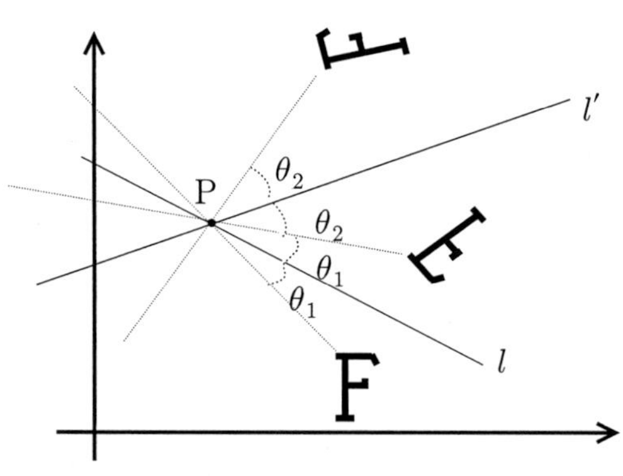

[그림 9.6] 대칭이동의 합성

대칭축에 대해서 거울상이 되는 F 모양의 두 도형은 대칭축에 대해서 접으면 서로 겹친다. 그러므로 두 직선이 이루는 각 θ를 두 개의 각 θ_1과 θ_2으로 분할시키면, 시작점의 F와 마지막으로 이동된 도형 F 사이는 2θ가 되며, 회전이동의 결과가 된다(그림 9.7 참고). 그러므로 다음 명제가 성립한다.

> **명제 9.7** 서로 만나는 두 직선의 대칭이동의 합성은 두 직선이 이루는 각의 2배로 회전이동한 변환이 된다.

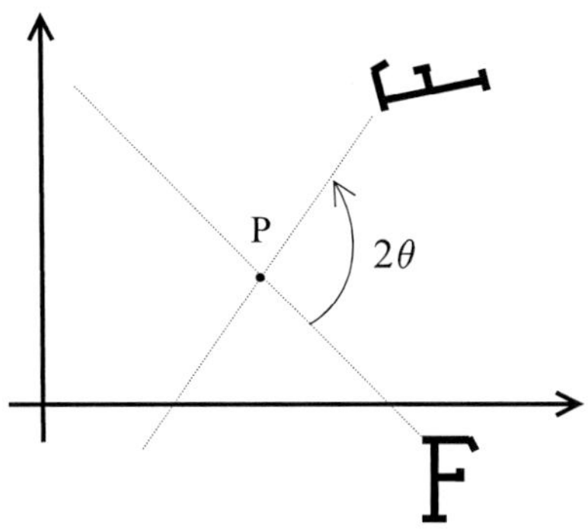

[그림 9.7] 2θ만큼의 회전이동

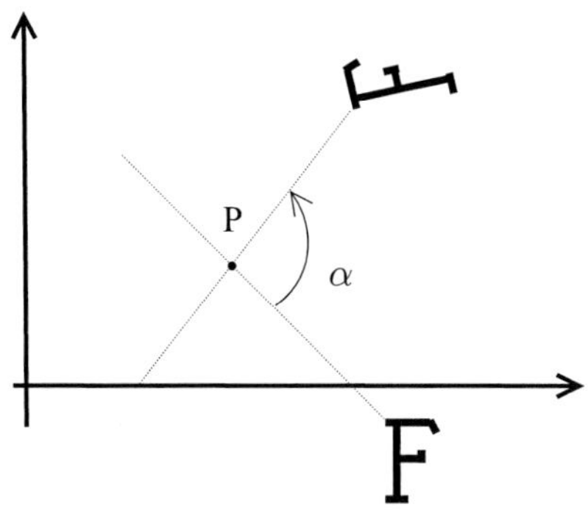

[그림 9.8] α만큼의 회전이동

위 명제의 역이 성립한다. 그림 9.8과 같이 점 P에서 임의의 각 α로의 회전이동은 점 P를 교점으로 하며 이루는 각이 $\frac{\alpha}{2}$인 두 직선의 대칭이동의 합성과 같다. 아래 그림과 같이 점 P를 통과하는 두 선의 위치에 상관없이 두 선이 이루는 각이 $\frac{\alpha}{2}$이면 두 직선의 대칭이동의 합성은 α만큼의 회전이동을 나타낸다(그림 9.9 참조).

> **명제 9.8** 점 P를 중심으로 각 α만큼의 회전이동은 점 P를 통과하며 사잇각이 $\frac{\alpha}{2}$인 두 직선의 대칭이동의 합성변환으로 나타낼 수 있다.

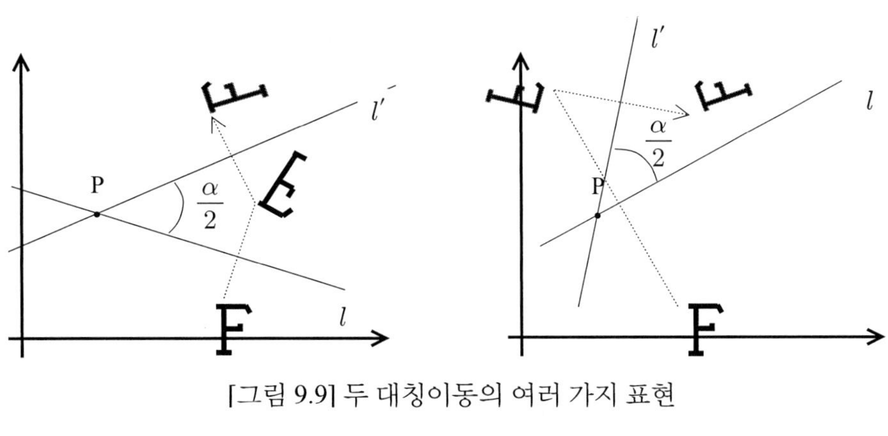

[그림 9.9] 두 대칭이동의 여러 가지 표현

이제 평행한 두 직선 l, l'에 의한 대칭이동의 합성에 대해서 알아본다. 도형 F를 직선 l에 대해 대칭이동을 한 후 l'에 대해 대칭이동을 한 것은 그림 9.10의 오른쪽과 같이 두 직선에 수직인 방향으로 직선 거리의 2배만큼 평행이동한 것임을 알 수 있다.

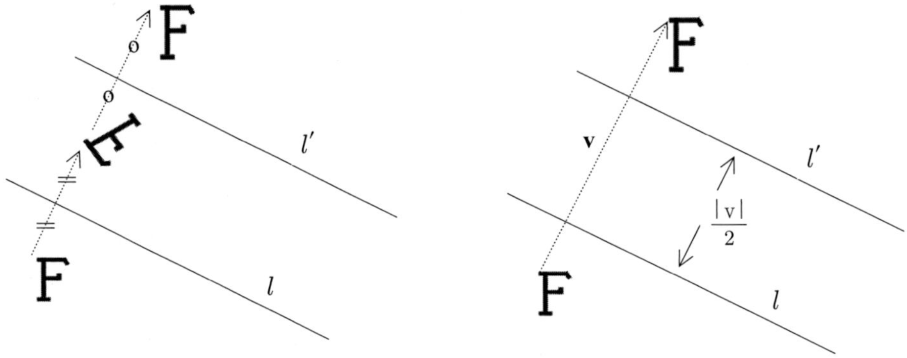

[그림 9.10] 평행한 두 대칭이동의 합성

역으로 평면의 점들을 벡터 V 방향으로 | V |만큼 옮겨주는 평행이동은 그 방향에 수직이며 거리가 | V | / 2인 평행한 두 직선에 대한 각각의 대칭이동의 합성과 동일한 것임을 확인할 수 있다.

> **명제 9.9** 평행한 두 직선의 대칭이동의 합성은 직선간 거리의 2배만큼 직선에 수직으로 평행이동이다. 역으로 벡터 V의 크기와 방향으로 평행이동한 변환은 거리가 | V | / 2이며 벡터에 수직인 두 직선에 의한 대칭이동의 합성과 같다.

3) 회전이동의 합성

먼저 두 점 P와 Q를 중심으로 각각 α와 β만큼 회전이동을 합성한 변환을 알아본다. 점 P와 Q가 같은 점이라 하면, 한 점에서 각 α와 β만큼 회전이동한 것이므로 두 회전이동의 합성은 각의 합 $\alpha + \beta$의 회전이동이 된다.

이제 점 P와 Q는 다른 점이라 하자. 위 명제 9.8에서 점 P와 Q를 중심으로 각 α와 β만큼 회전이동은 각각의 점을 지나고, 그 두 쌍의 직선이 이루는 각이 각각 $\frac{\alpha}{2}$와 $\frac{\beta}{2}$인 대칭이동의 합성으로 나타낼 수 있다. 그런데 그림 9.12와 같이 점 P를 지나는 첫 번째 쌍의 두 직선 중 두 번째 직선 l_2가 Q점을 지나는 두 직선 중 첫 번째 직선과 같도록 잡을 수 있다.

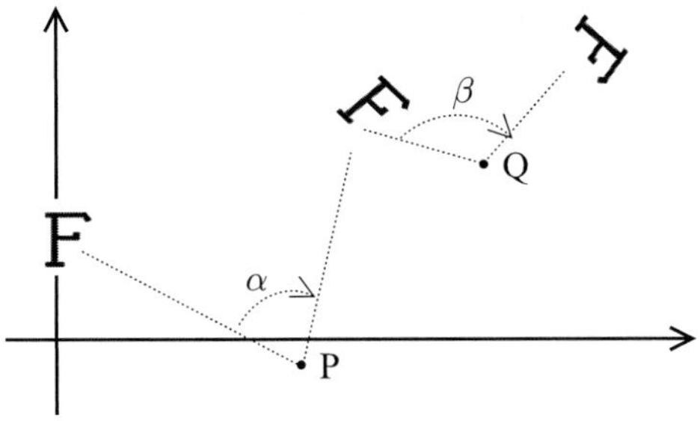

[그림 9.11] 두 회전이동의 합성

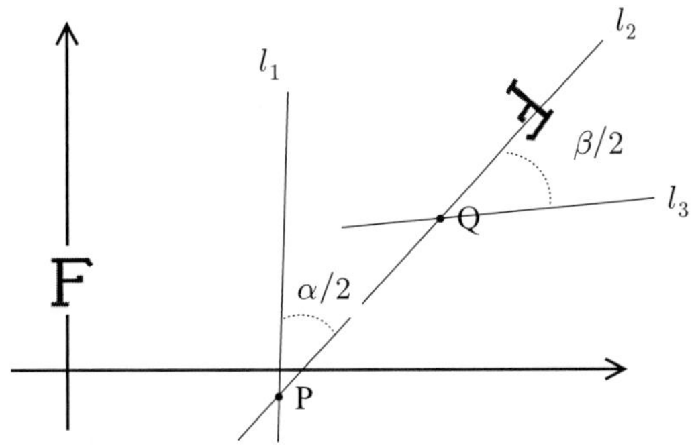

[그림 9.12] 두 쌍의 대칭이동의 합성

이때 각 점을 중심으로 하는 회전이동의 합성은 직선 l_1에 대한 대칭이동, l_2에 대한 대칭이동, 다시 l_2에 대한 대칭이동 그리고 l_3에 대한 대칭이동의 합성이다. 4개 직선의 대칭이동 중 2번째와 3번째가 같은 직선이므로 이들 대칭이동의 합성은 직선 l_1과 l_3의 대칭이동의 합성이다. 앞에서(명제 9.7과 명제 9.9)에서 두 대칭이동의 합성은 평행이동이거나 회전이동임을 보았으므로 다음 명제가 성립한다.

명제 9.10	두 회전이동의 합성은 평행이동이거나 회전이동이다.

4) 평행이동과 회전이동의 합성

그림 9.13와 같이 벡터 V만큼 평행이동을 한 후 점 Q를 중심으로 θ만큼 회전이동을 하다고 하자. 평행이동은 벡터 V에 수직인 두 직선 l_1, l_2의 합성이 되며, 회전이동은 이루는 각이 $\theta/2$인 두 직선 l_2, l_3의 대칭이동의 합성으로 나타낼 수 있다(명제 9.7, 그림 9.14 참조). 이들 이동의 합성은 직선 l_1, l_2, l_2, l_3에 대한 대칭이동 합성이나 두 번째와 세 번째가 같은 직선이므로 이들에 대한 대칭이동은 서로 상쇄되어 결국 두 직선 l_1과 l_3에 대한 대칭이동의 합성과 같다. θ가 0 아니면 l_1과 l_3는 평행할 수 없으므로 만나게 된다. 만나는 두 직선의 대칭이동은 만나는 점 R을 중심으로 두 직선 l_1과 l_3이 이루는 각의 2배만큼의 회전이동과 같으므로 다음과 같은 결론에 이른다.

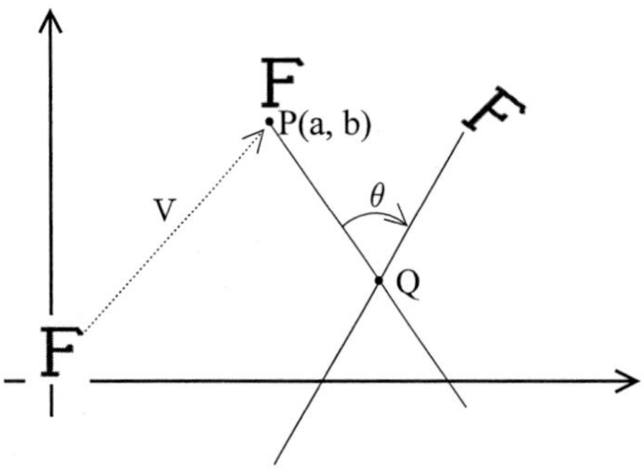

[그림 9.13] 평행이동과 회전이동의 합성

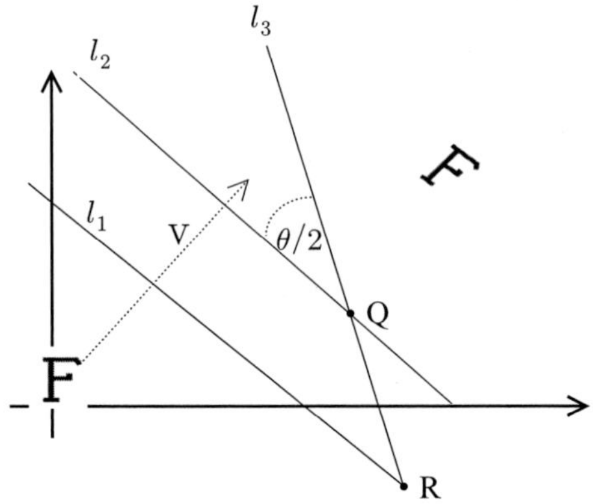

[그림 9.14] 대칭이동으로 표현

명제 9.11	평행이동 후 회전이동으로 합성한 변환은 회전이동이 된다.

과제 9.12 평행이동과 회전이동의 합성에서 교환법칙이 성립하지 않으나 회전이동 후 평행이동으로 합성한 변환도 회전이동임을 보이시오.

결론적으로 평행이동과 회전이동의 합성은 회전이동이 된다는 것이다. 이제 새로운 특별한 종류의 평행이동과 대칭이동의 합성을 정의한다.

정의 9.13 주어진 직선을 따라 평행하게 이동한 후 그 직선에 대칭이동한 것을 미끄럼반사(glide reflection)이라 한다. 원점에 놓인 F 도형이 직선을 따라 평행이동을 한 후에 그 직선에 대해서 대칭이동(반사라고도 함)의 합성을 말한다. 물론 대칭이동을 한 후 직선을 따라 평행이동을 하여도 결과는 같다.

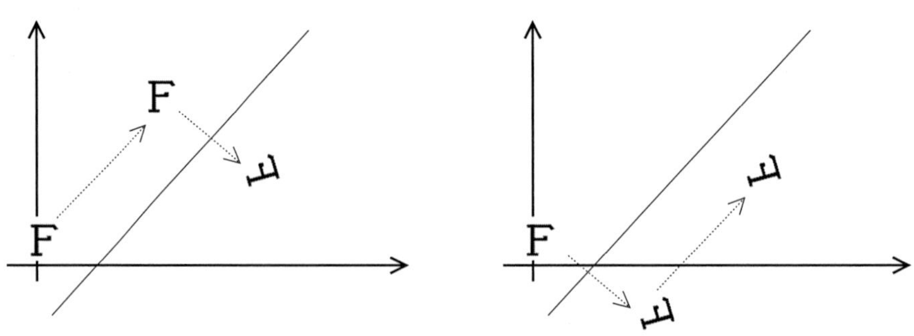

[그림 9.15] 미끄럼반사

5) 평행이동과 대칭이동의 합성

평행이동의 크기와 방향을 벡터 V로 나타내고, 대칭이동을 직선 l로 나타내자. 첫 번째 경우로 벡터 V와 직선 l이 평행하다면 이들의 합성 변환은 앞에서 정의한 미끄럼반사가 된다.

두 번째 경우로 그림 9.16과 같이 대칭이동의 직선이 벡터 V의 평행이동 방향에 수직이라 하자. 명제 9.9에서 밝혔듯이 평행이동 V를 V에 수직이며, 거리가 | V/2 |인 두 직선에 대한 대칭이동의 합성으로 나타낼 수 있다(그림 9.17 참조).

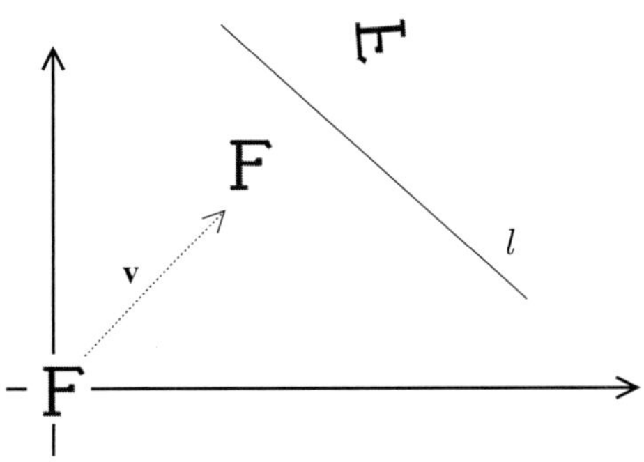

[그림 9.16] 평행이동과 대칭이동 합성

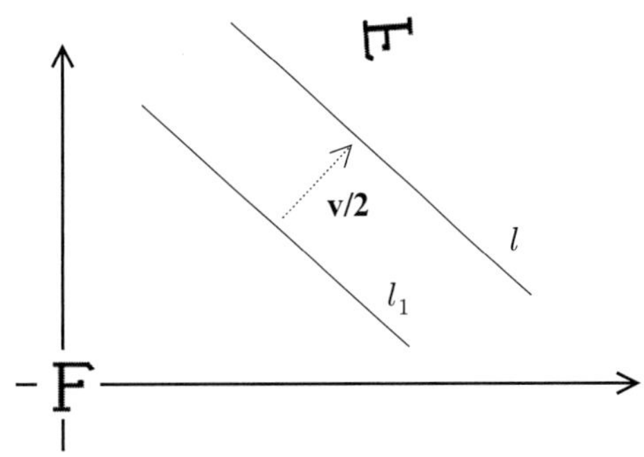

[그림 9.17] 대칭이동으로 표현

이 두 직선을 l_1과 l로 두자. 그러므로 평행이동과 대칭이동의 합성은 3개의 직선 l_1, l 그리고 l에 대한 대칭이동의 합성이다. 두 번째와 세 번째가 같은 직선 l이므로 이들의 대칭이동은 서로 상쇄가 되어 합성변환은 본래 직선 l과 평행한 직선 l_1에 대한 대칭이동이 된다. 직선과 벡터가 서로 수직이면 아래 과제에 의해 직선에 대해 대칭이동을 먼저 시행한 후 벡터 방향으로 평행이동한 합성 변환도 대칭이동임을 보일 수 있다.

> **과제 9.14** 직선 l에 대칭이동 후 이 직선에 수직으로 평행이동한 합성 변환도 l에 평행한 어떤 직선에 대한 대칭이동임을 보이시오.

세 번째 경우로 벡터 V와 직선 l이 서로 평행하지도 수직도 아니라고 생각하자(그림 9.18 참조). 벡터 V를 주어진 직선 l에 평행한 벡터와 수직인 두 개의 벡터의 합으로 나타낼 수 있다(그림 9.19, 그림 9.20 참조). 즉, v_1은 직선 l과 평행하며, v_2는 l에 수직이다.

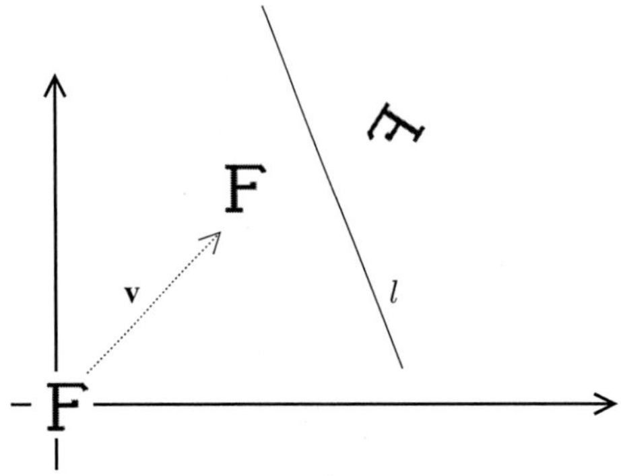

[그림 9.18] 평행이동과 대칭이동

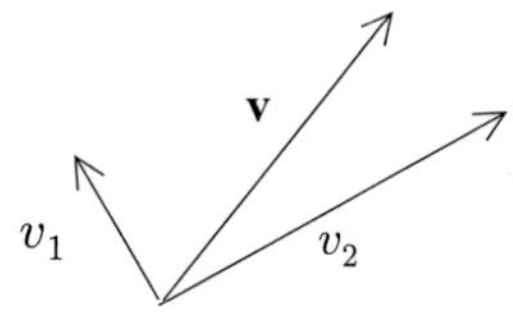

[그림 9.19] 벡터의 합

평행이동 V와 직선 l에 대한 대칭이동의 합성은 v_1만큼의 평행이동, v_2만큼의 평행이동 그리고 직선 l에 대한 대칭이동의 합성이다. 그런데 v_2만큼의 평행이동과 직선 l에 대칭이동의 합성은 바로 두 번째 경우에서 직선 l에 평행한 어떤 직선에 대한 대칭이동임을 보았다. 그러므로 v_1, v_2, l에 의한 이동의 합성은 미끄럼반사가 된다. 이 경우 대칭이동 후 평행이동을 하여도 미끄럼반사가 됨을 확인 할 수 있다(과제 9.15 참조). 위 3가지 경우에 대해서 다음 명제가 성립함을 알 수 있다.

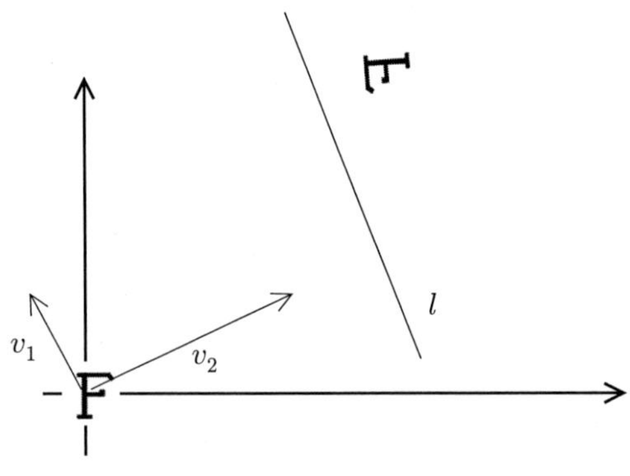

[그림 9.20] 벡터와 대칭이동

과제 9.15 세 번째 경우의 조건하에서 대칭이동 후 평행이동을 결합하는 경우도 미끄럼반사가 됨을 보이시오.

> **명제 9.16** 평행이동과 대칭이동의 합성은 미끄럼반사 또는 대칭이동이 된다.

6) 회전이동과 대칭이동의 합성

점 P를 중심으로 각 θ만큼 회전이동을 하고, 직선 l에 대한 대칭이동을 한다고 하자. 첫 번째 경우로 그림 9.21과 같이 직선 l이 점 P를 지난다고 하자. 명제 9.8에서 회전이동은 두 개의 대칭이동의 합성, 즉 직선 l_1과 l에 의한 대칭이동의 합성으로 나타낼 수 있다. 그러므로 점 P를 중심으로 하고 θ만큼의 회전이동과 직선 l에 대한 대칭이동의 합성은 직선 l_1, l 그리고 직선 l에 의한 대칭이동의 합성과 같다(그림 9.22 참조). 두 번째와 세 번째는 같은 직선 l이므로 이들의 대칭이동은 상쇄되어 결국 직선 l_1에 의한 대칭이동만 남는다.

두 번째 경우로 그림 9.23과 같이 직선 l이 점 P를 지나지 않는다고 하자. 점 P를 중심으로 각 θ만큼의 회전이동을 직선 l_1과 l_2로 반사되는 두 개의 대칭이동의 합성으로 나타내자(그림 9.24 참조). 단 l_2는 직선 l과 평행이 되게 한다. 그러므로 이들의 합성변환은 직선 l_1, l_2, l에 의한 대칭이동의 합성과 같다. 그런데 명제 9.9에 의해 이들의 합성변환은 직선 l_1에 대한 대칭이동과 어떤 평행이동의 합성변환이 된다. 이는 과제 9.15에 의해 미끄럼반사가 된다.

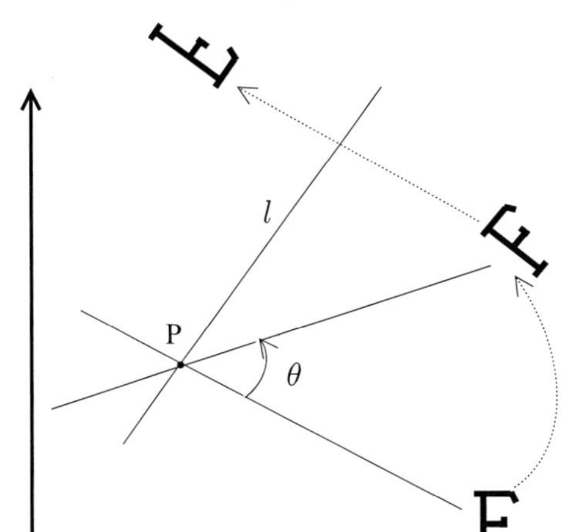

[그림 9.21] 회전이동과 대칭이동의 합성

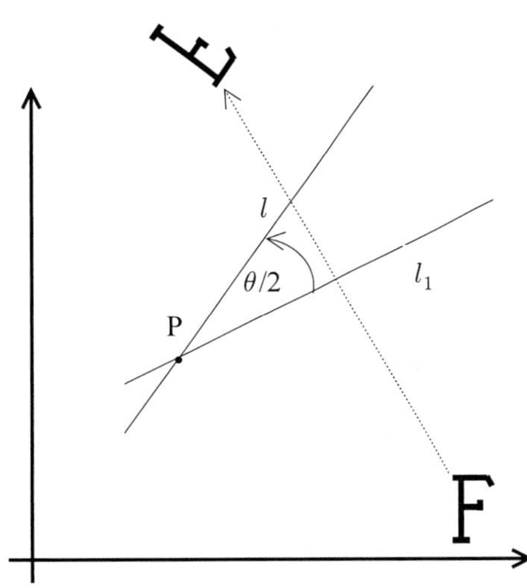

[그림 9.22] 대칭이동으로 표현

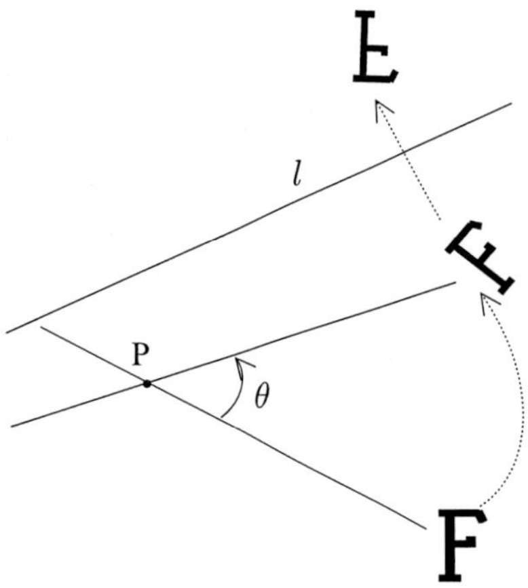

[그림 9.23] 회전이동과 대칭이동의 합성

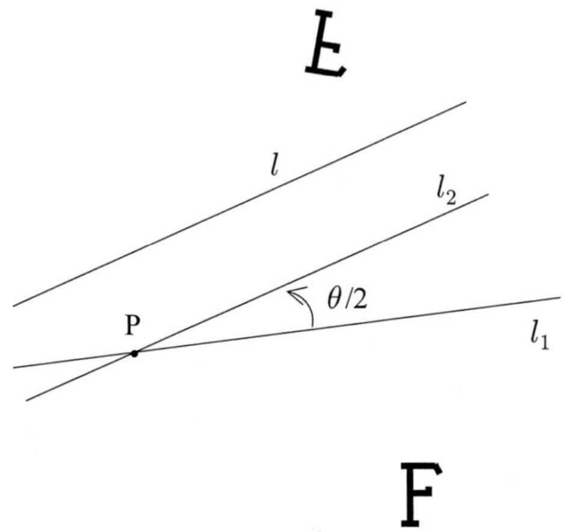

[그림 9.24] 대칭이동으로 표현

위 두 가지 경우에서 회전이동 후 대칭이동의 결합은 대칭이동이거나 미끄럼반사가 됨을 알았다. 역으로 대칭이동 후 회전이동을 하는 경우는 과제로 남긴다.

과제 9.17 두 번째 경우에서 대칭이동 후 회전이동의 합성이 미끄럼반사가 됨을 보이시오.

명제 9.18 회전이동과 대칭이동의 합성은 대칭이동 또는 미끄럼반사가 된다.

7) 4가지 합동변환(평행이동, 회전이동, 대칭이동, 미끄럼반사)의 합성

지금까지의 설명에서 3가지 기본 변환, 즉 평행이동, 회전이동, 대칭이동의 합성은 그 자체와 미끄럼반사뿐임을 보았다. 여기서는 이들 4가지 모두의 합성은 닫혀있음을 설명한다.

<표 9.1> 합동변환의 합성

합성	평행이동(T)	회전이동(R)	대칭이동(M)	미끄럼반사(GR)
평행이동(T)	T	R	M or GR	M or GR
회전이동(R)	R	T or R	M or GR	M or GR
대칭이동(M)	M or GR	M or GR	T or R	T or R
미끄럼반사(GR)	M or GR	M or GR	T or R	T or R

<표 9.1>의 위 왼쪽 4 × 4 부분은 앞에서 공부한 3가지의 기본 이동의 합성을 정리한 것이다. 맨 아래 행에 있는 미끄럼반사와 4가지 합동변환의 합성에 대해서만 설명하면 위 표에서 기술하는 4가지의 합동변환의 합성을 모두 설명하는 셈이 된다. 미끄럼반사는 서로 교환 가능한 특별한 평행이동과 대칭이동의 합성이다. 그러므로 합성함수를 간단히 * 로 표시하면 미끄럼반사는 평행 * 대칭 또는 대칭 * 평행으로 나타낼 수 있다.

<표 9.2> 미끄럼반사와의 합성

합성*	평행이동(T)	회전이동(R)	대칭이동(M)	미끄럼반사(GR)
미끄럼반사 (GR)	대칭*(평행*평행)	대칭*(평행*회전)	평행*(대칭*대칭)	평행*(대칭*대칭)*평행
	대칭*평행	대칭*(회전)	평행*(T or R)	평행*(T or R)*평행
	M or GR	M or GR	T or R	T or R

예를 들면, 미끄럼반사와 자체와의 합성은 미끄럼반사 * 미끄럼반사 = (평행 * 대칭) * (대칭 * 평행)으로 나타낼 수 있고, 함수의 합성은 결합법칙이 성립하므로 이는 평행 * (대칭 * 대칭) * 평행으로 표시된다. 대칭이동 자체의 합성은 <표 9.1>의 위 왼쪽 4 × 4에서 평행이동(T)이거나 회전이동(R)임을 알 수 있다. 그러므로 이 합성변환은 평행 * (T or R) * 평행이 되고, 같은 방법으로 (평행 * (T or R)) * 평행 = (T or R) * 평행 = T or R 임을 확인할 수 있다. 이와 유사한 방법으로 <표 9.2>의 마지막 열에 대한 결과도 확인할 수 있다. 이 표를 통해 모든 합동변환은 4가지뿐이며 이들은 함수합성에 대해 닫혀있음을 알 수 있다.

과제 9.19 4가지 합동변환과 미끄럼반사의 합성 결과를 말해주는 <표 9.2>의 마지막 열에 대한 결과를 확인하시오.

명제 9.20 4가지의 합동변환(대칭이동, 회전이동, 대칭이동, 미끄럼반사)은 변환의 합성에 대해서 닫혀있다.

과제 9.21 주어진 직선 l과 직선 밖의 두 점 A, B가 주어졌을 때, 삼각형 ABC의 세 변의 길이가 최소가 되게 하는 점 C를 직선 l 위에 잡아보시오.

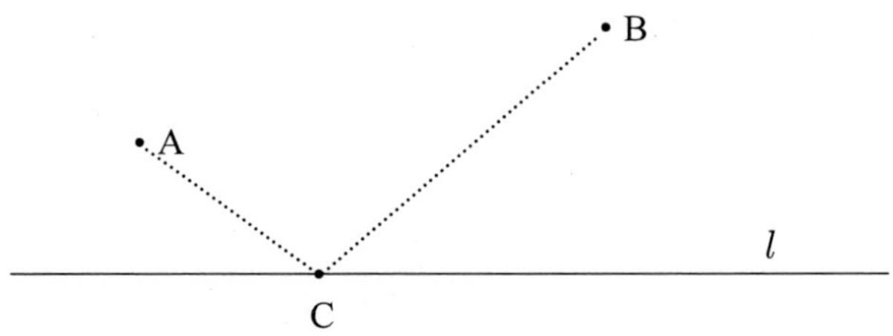

9장(합동변환) 프로젝트

프로젝트 9.1 아핀변환, 사영변환, 위상변환이 무엇인지 설명하고 그 성질도 조사하시오.

10장 측정

측정이란 일정한 규칙에 따라 대상의 특성을 수치화하는 과정을 말한다. 어떤 식당의 특정 메뉴의 맛을 0점에서 5점까지 점수를 주거나 어떤 사람의 키나 IQ 등이 측정의 결과이다. 이 장에서는 초등학교에서 다루어지는 측정 주제 중에서 길이와 넓이, 부피를 주로 다루겠다. 이들 주제는 유클리드 공간에서 다룰 수 있기 때문에 전문 수학자의 탐구 대상이 된다. 예를 들면, 그림 10.1과 같이 넓이란 $\mathbb{R}^2$ 평면의 부분집합(예, 반지름이 1인 원)에서 실수 $\mathbb{R}$(예, 원주율 π)로의 함수로 간주한다.

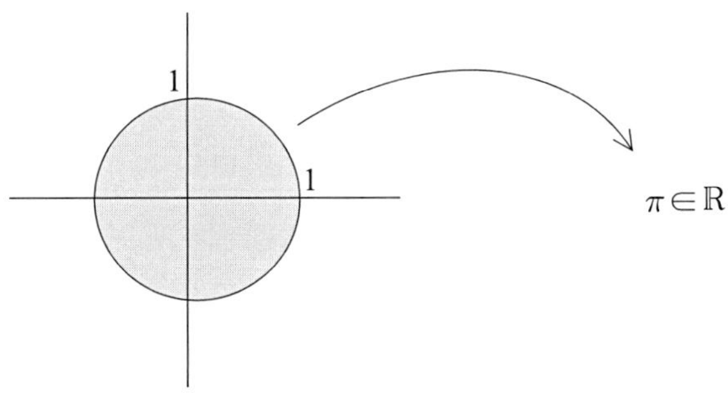

[그림 10.1] 넓이를 함수로 보는 관점

유사하게 길이는 실수의 부분집합(예, 개구간 (a, b))을 실수(예, b - a)로의 함수로 볼 수 있다. 이와 유사한 것이 확률 공간 (X, S, μ)이다. 여기서 X는 표본 공간이고, X의 부분집합이 사건이며, S는 어떤 사건들의 모임이다. S의 각 원소(사건) A에 대하여, A를 그 확률로 대응시켜주는 함수를 μ(확률 측도라 함)로 둔 것이다. 예를 들면, 6면 주사위에서 짝수 사건 A={2, 4, 6}은 확률측도 μ에 의해 $\frac{1}{2}$에 대응된다.

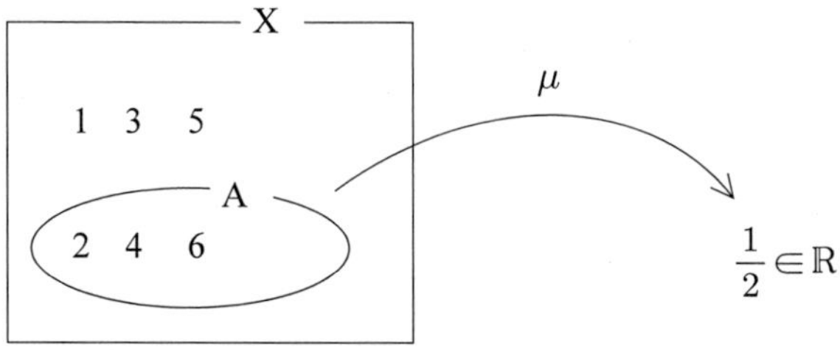

[그림 10.2] 확률 공간과 측도

유클리드 공간에서 측도의 성질을 탐구하는 측도론(measure theory)은 수학의 전문 분야이다. 여기서는 측도의 도입 정도만을 다루겠다.

10.1 측도공간

직선 위에 있는 두 점 a, b간의 거리는 개구간 (a, b) 집합의 측도로 볼 수 있고, 이를 학교 수학에서는 b－a로 둔다. 여기서는 이보다 넓은 관점에서 실수의 부분집합에서 정의될 수 있는 측도에 대해서 알아본다.

정의 10.1 시그마-대수(σ－algebra)

X를 하나의 집합으로 두고, X의 부분집합으로 이루어진 하나의 집합족을 $S(\neq \varnothing)$라 두자. 다음 조건을 만족하면 S를 X의 σ-algebra라 한다.

(i) $A \in S$이면 그 여집합 $A^c \in S$

(ii) 가산(유한, 가부번)의 $A_1, A_2, A_3, \ldots \in S$이면 $\bigcup_{i=1}^{\infty} A_i \in S$

시그마-대수의 두 번째 조건은 유한이거나 가부번(알레프-영)개의 S원소들의 합집합이 S에 속한다는 의미이다. 즉, $\bigcup_{i=1}^{n} A_i \in S$를 포함한다. 그리고 표본공간 (X, S)도 시그마-대수임을 쉽게 알 수 있다. 위 두 조건으로부터 다음을 알 수 있다.

명제 10.2 S를 X의 σ-대수라 하면 다음이 성립한다.

(i) $X \in S$이고, $\varnothing \in S$이다.

(ii) 가산의 $A_1, A_2, A_3, \ldots \in S$이면 $\bigcap_{i=1}^{\infty} A_i \in S$

풀이 $S \neq \varnothing$이므로 S의 원소 A가 존재하고, 그 여집합 $A^c \in S$이다. $A \cup A^c = X$이고, $X^c = \varnothing$이므로 (i)이 성립한다. (ii)는 DeMorgan 법칙을 적용하면 얻어진다.

정의 10.3 측도 공간

X를 집합으로 두고, S가 X의 부분집합으로 구성된 σ-대수라 하자. 그땐 (X, S)를 측도 공간이라 하며, S의 원소를 가측(measurable) 집합이라 한다.

확률 공간 (X, S, μ)는 하나의 측도 공간이며, 이때 μ는 다음 조건을 만족하는 측도임을 알 수 있다.

정의 10.4 (X, S)를 측도 공간이라 하자. $\mu : S \to [0, \infty)$으로의 함수라 하자. μ가 S에서 측도란 다음 조건을 만족하는 함수이다.

(i) $\mu(\varnothing)=0$

(ii) 가산의 서로소인 $A_i \in S$에 대하여 $\mu(\bigcup_{i=1}^{\infty} A_i)=\sum_{i=1}^{\infty}\mu(A_i)$

예제 10.5 실수 구간 $[0, 1] = X$라 두고, S를 [0, 1]에 포함되는 모든 개구간 (a, b)를 포함하는 가장 작은 σ-대수라 두자. 다음을 보이시오.

(i) 임의의 실수 $r \in [0, 1]$에 대해, $\{ r \} \in S$

(ii) [0, 1]에 포함되는 폐구간 [a, b]에 대해, $[a, b] \in S$

(iii) [0, 1]에 포함되는 유리수 집합 Q에 대해, $Q \in S$이고 그 여집합 $Q^c \in S$.

풀이 r이 0과 1이 아니라 하자. 매우 큰 n에 대해서 $(r-\frac{1}{n}, r+\frac{1}{n}) \subset [0, 1]$일 것이다. 그땐 [명제 10.2]에 의해 $\bigcap_{m=n}^{\infty}(r-\frac{1}{m}, r+\frac{1}{m}) \in S$. 그런데 $\bigcap_{m=n}^{\infty}(r-\frac{1}{m}, r+\frac{1}{m}) = \{ r \}$이므로 $\{ r \} \in S$. r이 0이거나 1일 때도 유사하게 증명할 수 있고, (i)이 증명되

었다. (ii) 0 < c < d < 1 두자. $\bigcap_{m=n}^{\infty}(c-\frac{1}{m},\ d+\frac{1}{m})$=[c, d]이므로 폐구간이 S의 원소이다. (iii) [0, 1]에 포함되는 유리수 집합 Q는 가부번 집합이다. 그러므로 각 유리수 q들의 합집합 $\bigcup_{q\in Q}^{\infty}\{q\}$ = Q가 S에 속한다. 그리고 그 여집합 Q^c∈S는 [0, 1]에 속하는 무리수집합이다.

위와 같은 S를 보렐(Borel) σ-대수라 부른다. 개구간 (a, b)나 폐구간 [a, b]를 그 길이 b - a의 값으로 대응시키는 함수를 μ로 둔다면, μ는 개구간에 의해 만들어지는 보렐 σ-대수의 집합으로 확장할 수 있다.

① (a, b)의 여집합은 $(a, b)^c = [0, a] \cup [b, 1]$이므로 $\mu((a, b)^c) = 1 - (b - a)$이 된다.
② 한 점 r∈[0, 1]에 대한 $\mu(r) = 0$이고, $\mu(\varnothing) = 0$이다.
③ 서로소인 구간 (a, b)와 (c, d)에 대해서(b < c),
$\mu((a, b) \cup (c, d)) = (b - a) + (d - c) = \mu((a, b)) + \mu((c, d))$
④ $\mu((a, b]) = \mu((a, b) \cup \{b\}) = b - a = \mu((a, b)) + \mu(\{b\})$
⑤ [0, 1]의 유리수 집합 Q에 대해서 $\mu(Q) = 0$, $\mu(Q^c) = 1$.

보렐(Borel) σ-대수 집합을 시각적으로 표현하는데 어려움이 있다. μ가 정의 10.4의 조건을 만족하는 측도임을 대략적으로 설명하였다. [0, 1]의 모든 부분집합이 보렐 σ-대수에 속하는 것도 아니며, 더욱이 가측 집합(measurable set)이 되는 것도 아니다. 그 예는 비탈리(Vitali)[47]가 보였다.

예제 10.6 비탈리 집합

[0, 1]의 유리수 집합을 Q라 두자. [0, 1]의 두 원소 a, b에 대해서 a - b∈Q이면 a∼b라 두자. 그땐 ∼은 동치관계이다(과제 10.7). 동치관계에 의해 생기는 각 동치류에서 하나의 대표원을 선택[48]하여 만든 집합을 E라 두자. 그땐 동치류의 성질에 의해(과제 3.42 참고) 서로 다른 r, r′∈Q에 대해 E + r과 E + r′은 서로소이다. 그리고 [0, 1] = $\bigcup_{r\in Q} E+r$이고, 임의

47) Giuseppe Vitali (1875∼1932)는 이탈리아 수학자이다.

의 r∈Q에 대해서 μ(E) = μ(E+r)임을 알 수 있다. 한편

$$1 = \mu([0,1]) = \mu(\bigcup_{r \in Q} E+r) = \sum_{r \in Q} \mu(E+r) = \sum_{r \in Q} \mu(E).$$

등식의 왼쪽은 1이나 오른쪽은 μ(E)를 Q의 개수만큼 더한 값이므로 0 아니면 ∞이므로 모순이 된다. 그러므로 E는 측도가 안 되는 [0, 1]의 부분집합이며, 보렐 σ-대수 집합에 속하지도 않는다.

개구간 (a, b)로부터 구성한 집합이나 이를 확장하여 유클리드 공간의 부분 집합에 길이, 넓이 또는 부피를 할당하는 일반적인 방법을 리베크(Lebesgue[49]) 측도라 한다. 적분을 통해 곡선의 길이나 넓이를 구하는 것도 하나의 리베크 척도이다. 위에서 본 비탈리 집합은 측도가 불가한 집합이며 어떤 리베크 척도로 잴 수 없는 집합이다.

과제 10.7 위 예제에서 ~가 동치관계임을 보이시오. 그리고 $\frac{\sqrt{2}}{2}$와 ~ 관계가 있는 [0, 1]의 원소 3개를 나열하고 이들 원소의 특징을 말해 보시오.

10.2 거리 함수와 택시 거리

유클리드 공간에서 두 점 P(x_1, y_1), Q(x_2, y_2)간의 거리를 $\sqrt{(x_1-x_2)^2+(y_1-y_2)^2}$ 으로 정의하고 있다.

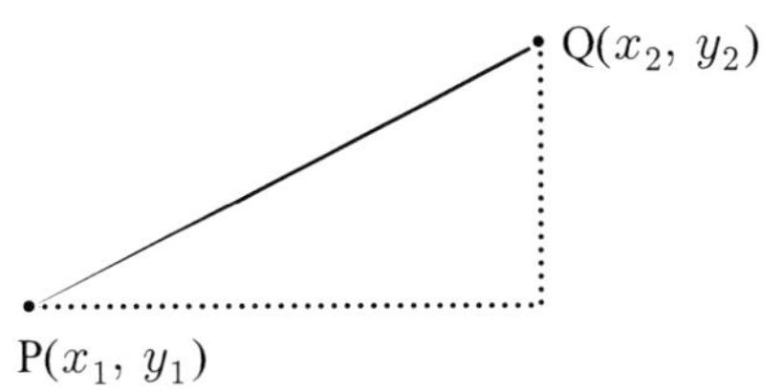

[그림 10.3] 유클리드 거리

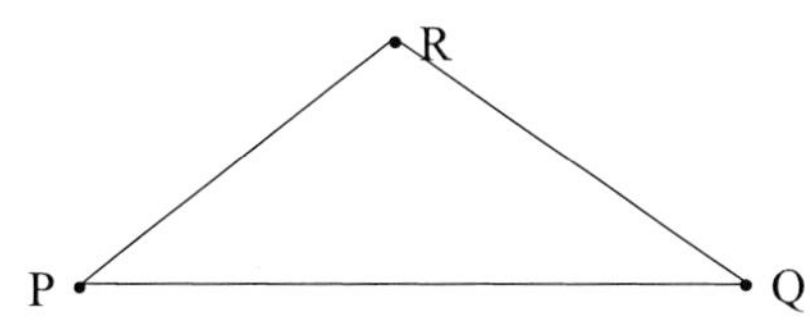

[그림 10.4] 삼각부등식

48) 이때 1장에서 언급한 선택공리가 요구된다.

49) Henri Léon Lebesgue(1875～1941)는 프랑스 수학자이다.

이 같은 거리 공식을 임의의 집합 X에서 거리 함수로 확장한다. 집합 X에서의 거리 또는 거리 함수란 X의 각 순서쌍 (P, Q)를 0 이상의 실수로 보내는 함수로서 다음 조건을 만족할 때를 말한다. 여기서 P와 Q는 X의 원소이다.

$$d : X \times X \rightarrow [0, \infty]$$

① d(P, Q) = 0 ⇔ P = Q : 식별가능성

② d(P, Q) = d(Q, P) : 대칭성

③ d(P, Q) ≤ d(P, R) + d(R, Q) : 삼각 부등식

먼저 함수 d로부터 거리는 음수가 될 수 없다. 첫 번째 조건은 같은 점 P와 P의 거리는 0이고, 두 점이 다르면 거리는 0보다 커야 한다(식별가능성). 두 번째 조건에서 P와 Q 사이의 거리는 Q와 P 사이의 거리와 같아야 한다(대칭성). 세 번째 조건은 P와 Q사이의 거리는 (P와 R 사이의 거리) + (R과 Q 사이의 거리) 보다 작거나 같아야 한다(삼각부등식). 세 번째 조건이 삼각형에서 두 변의 길이의 합은 나머지 한 변이 길이보다 크다는 조건에서부터 나온 것이다.

예제 10.8 유클리드 평면에서 두 점 $P(x_1, y_1)$, $Q(x_2, y_2)$간의 거리를 아래 그림과 같이 $d(P, Q) = |x_1 - x_2| + |y_1 - y_2|$으로 두면, 위 3가지 조건을 만족하는 거리 함수가 됨을 보이시오. 이 거리 함수를 택시거리 함수라 한다.

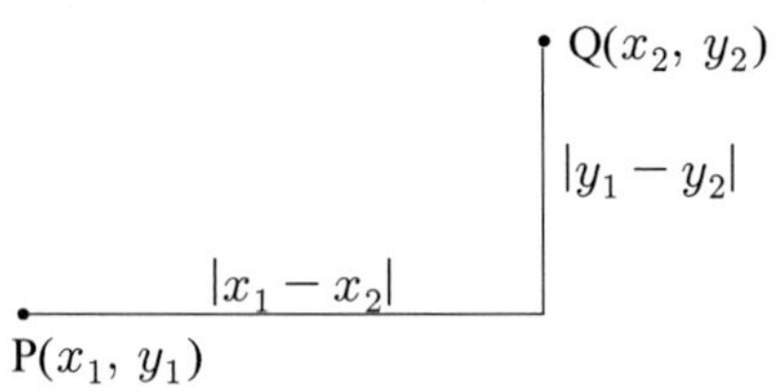

[그림 10.5] 택시 거리

풀이 두 점 간의 거리를 X-좌표의 거리와 Y-좌표 거리의 합으로 둔 것이므로 음수가 될 수가 없다. 그리고 d(P, Q) = 0이면, 각각의 절댓값이 0이므로 $x_1 = x_2$, $y_1 = y_2$이다.

그러므로 P = Q이다. 또한 P = Q이면 d(P, Q) = 0임을 알 수 있다. 또한 d(P, Q) = $|x_1 - x_2| + |y_1 - y_2| = |x_2 - x_1| + |y_2 - y_1|$ = d(Q, P)이므로 대칭성을 만족한다. 점 R(x_3, y_3)이라 두면, 그림 10.6와 같이 점 R의 위치가 어디에 있건 X축에 투사한 세 점 x_1, x_2, x_3에 대해서 $|x_1 - x_2| \leq |x_1 - x_3| + |x_3 - x_2|$임을 알 수 있다.

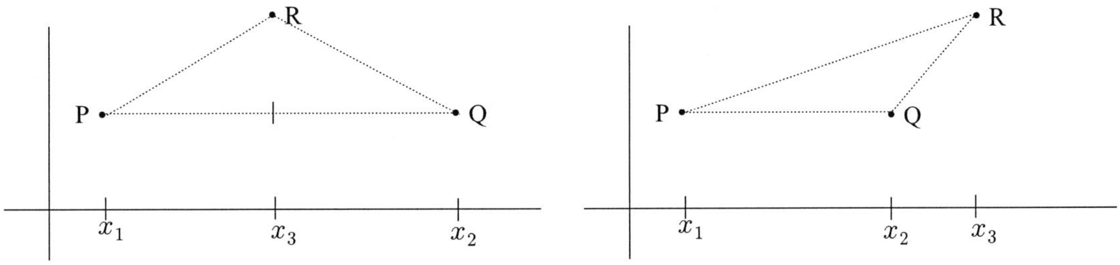

[그림 10.6] 택시 거리의 삼각부등식

유사하게 Y축에 내린 세 점 y_1, y_2, y_3에 대해서 $|y_1 - y_2| \leq |y_1 - y_3| + |y_3 - y_2|$임을 알 수 있다. 그러므로 3번째 조건인 삼각부등식이 성립함을 알 수 있다.

> **과제 10.9** 택시거리에서 원(한 점에서 같은 거리에 있는 점의 집합)의 모양은 어떤 형태인가를 그려 보시오. 그리고 택시거리를 가진 공간에서는 유클리드 기하의 제5공준(평행선 공준)을 만족하지 않음을 말해보시오.

10.3 다각형의 넓이와 피크의 정리

학교에서 넓이 학습은 가로와 세로가 각각 1cm인 정사각형 모양의 크기를 $1cm^2$이라는 것에서부터 출발한다. 자연수 a, b에 대하여 가로와 세로가 각각 a 센티미터, b센티미터인 직사각형에 안에 들어가는 단위 넓이 $1cm^2$의 개수를 헤아려서 보니 ab개가 되므로 이를 $abcm^2$라고 하였다.

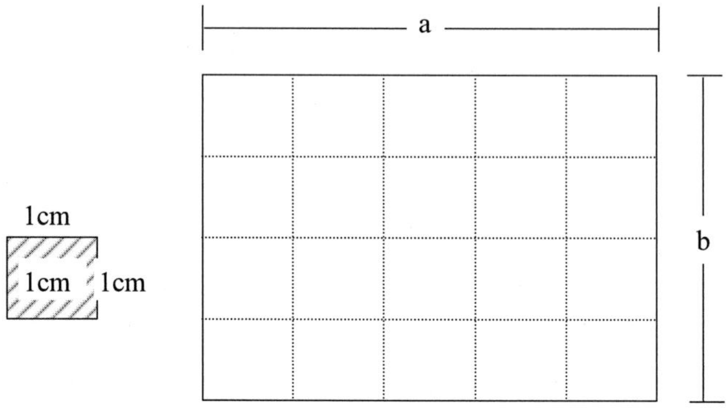

이것으로부터 여러 가지 다각형, 특히 삼각형, 평행사변형, 사다리꼴, 마름모 등의 도형의 넓이 구하고 이의 일반화를 추구한다. 피크(G. A. Pick, 1859~1942)의 정리는 격자점 위에 그려진 단순 다각형[50]에서 도형 내부에 있는 격자점의 개수와 도형의 변에 놓인 격자점의 개수로써 그 다각형의 넓이를 설명하는 정리이다.

정리 10.10 피크의 정리(Pick's theorem)

단순 다각형의 넓이를 A, 도형 내부에 있는 점의 수를 a, 도형의 변에 놓인 점의 수를 b라고 하자. 그땐 다음이 성립한다.

$$A = a + \frac{b}{2} - 1$$

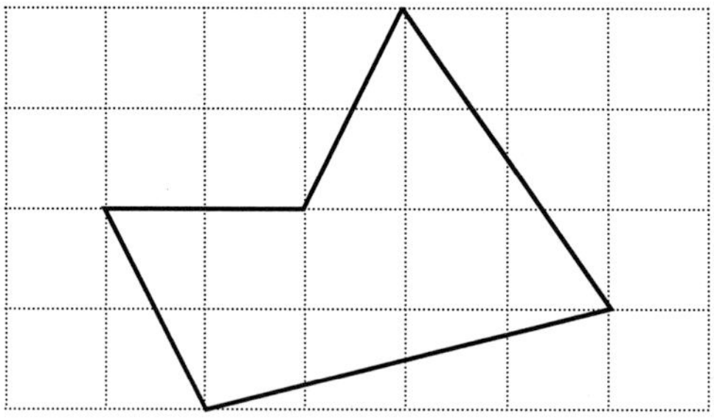

[그림 10.6] 피크의 정리

위와 도형에서 도형 내부의 점의 수 a = 7. 도형의 변에 놓인 점의 수 b = 6.

그러므로 넓이 A = 7 + (6/2) - 1 = 9.

---

50) 단순다각형이란 다각형을 이루는 선이나 변이 서로 교차하지 않는 다각형이다.

여러 보조정리를 거쳐 피크의 정리를 증명해 보자.

> **보조정리 10.11** 단순 다각형은 그 내부에 꼭짓점을 연결하는 대각선이 존재한다. 이 대각선으로 두 개의 다각형으로 분할할 수 있다.

위 보조정리는 그래프 이론을 조금 공부해야 이해할 수 있는 내용이라서 증명을 생략한다. 아래 그림에서 '가'는 도형의 내부에 있는 대각선이지만 '나'는 그렇지 못한 대각선이다. 내부에 대각선이 존재하면 본래 주어진 다각형을 두 개의 작은 다각형으로 분할할 수 있다(그림 10.7 참조).

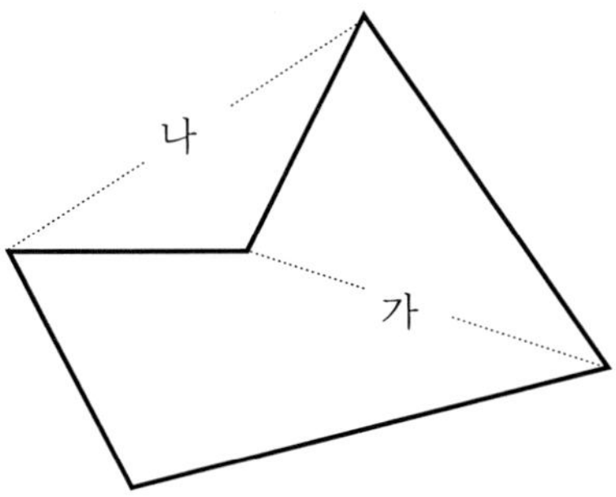

[그림 10.7] 도형의 분할1

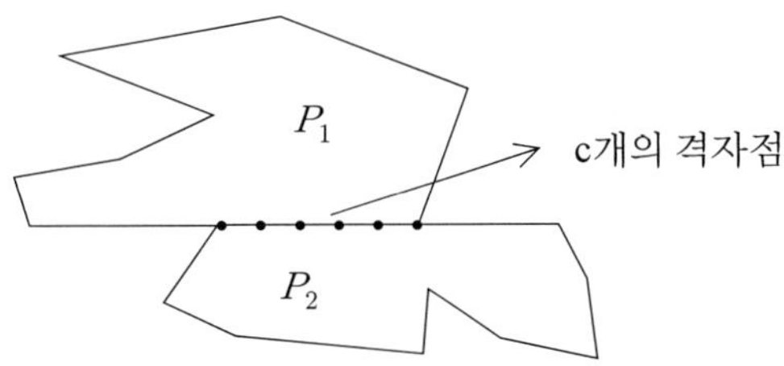

[그림 10.8] 도형의 분할2

> **보조정리 10.12** 단순 다각형 P가 두 개의 도형 P_1과 P_2로 분할되고, 각각의 P_i가 피크의 정리를 만족하면 P도 피크의 정리를 만족한다.

풀이 도형 P가 두 개의 도형으로 분할(split)되고, 분할되는 공통점이 c개라고 하자. 그땐 각각의 P_i가 피크의 정리를 만족하므로 각 부분 도형의 넓이는 아래와 같다. $\mathrm{I}(P_i)$를 내부 점의 수, $B(P_i)$를 변에 놓인 점(경계 점)이라 하자.

$$\mathrm{A}(P_1) = \mathrm{I}(P_1) + \frac{B(P_1)}{2} - 1$$

$$\mathrm{A}(P_2) = \mathrm{I}(P_2) + \frac{B(P_2)}{2} - 1$$

두 도형이 c개의 격자점에서 공유한다고 하자(그림 10.8 참조).

그땐 도형 P의 내부점의 수 $\mathrm{I}(P) = \mathrm{I}(P_1) + \mathrm{I}(P_2) + (c-2)$ 임을 알 수 있다.

그리고 경계점의 수 $\mathrm{B}(P) = \{B(P_1) - c\} + \{B(P_2) - c\} + 2$임을 알 수 있다.

본래 도형의 넓이 $A(P) = A(P_1) + A(P_2)$

$$= I(P_1) + I(P_2) + \frac{B(P_1)}{2} + \frac{B(P_2)}{2} - 2$$

$$= I(P_1) + I(P_2) + (c-2) + \frac{B(P_1)}{2} + \frac{B(P_2)}{2} - c$$

$$= I(P) + \frac{B(P_1) + B(P_2) - 2c + 2}{2} - 1$$

$$= I(P) + \frac{B(P)}{2} - 1$$

그러므로 도형 P가 피크의 정리를 만족한다.

과제 10.13 어떤 단순 다각형 P가 두 개의 다각형 P_1, P_2로 분할되었다 하자. 그땐 P와 P_1이 피크의 정리를 만족하면 P_2도 피크의 정리를 만족한다.

보조정리 10.14 밑변이 X축에 평행한 직사각형은 피크의 정리를 만족한다. 그리고 직사각형을 대각선으로 분할한 직각삼각형도 피크의 정리를 만족한다.

풀이

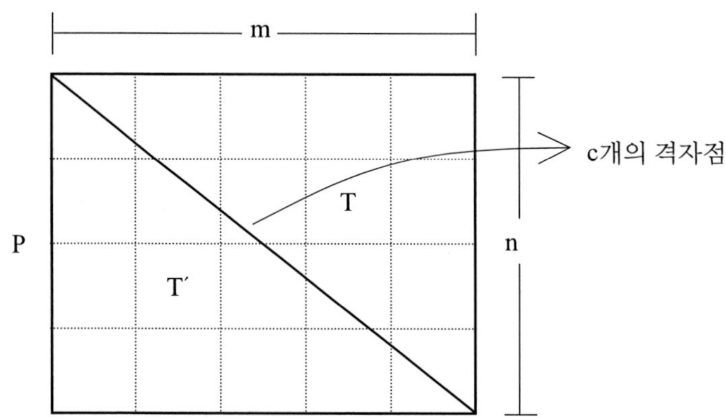

가로와 세로가 각각 m칸과 n칸으로 이루어진 직사각형의

내부점의 수 : $I(P) = (m-1)(n-1) = nm - (m+n) + 1$,

경계점의 수 : $B(P) = 2(m+1) + 2(n-1) = 2(m+n)$

직사각형 P의 넓이는 $mn = \{nm - (m+n) + 1\} + \frac{2(m+n)}{2} - 1$

$$= I(P) + \frac{B(P)}{2} - 1$$

따라서 직사각형은 피크의 정리를 만족한다.

한편 직각삼각형 T와 T′은 합동이고, 두 삼각형이 만나는 변에 c개의 격자점이 있다고 하자. 두 삼각형의 내부점과 경계점의 수가 같다. P의 내부점과 경계점의 수, 그리고 T의 내부점과 경계점의 수 간에 관계를 구할 수 있다.

직사각형 내부의 점은 두 삼각형 내부의 점과 두 삼각형이 만나는 점의 일부이다. 그러므로 $I(P) = 2I(T) + (c - 2)$. 그리고 직사각형의 경계점은 두 삼각형의 경계점에서 만나는 점의 일부를 제외한 것이다. 그러므로 $B(P) = 2B(T) - 2c + 2$.

따라서 삼각형의 넓이 $A(T) = A(P)/2 = \frac{I(P)}{2} + \frac{B(P)}{4} - \frac{1}{2}$

$$= \frac{2I(T)+c-2}{2} + \frac{2B(T)-2c+2}{4} - \frac{1}{2}$$

$$= I(T) + \frac{B(T)}{2} - 1$$

따라서 직각삼각형은 피크의 정리를 만족한다.

따름정리 10.15 모든 삼각형은 피크의 정리를 만족한다.

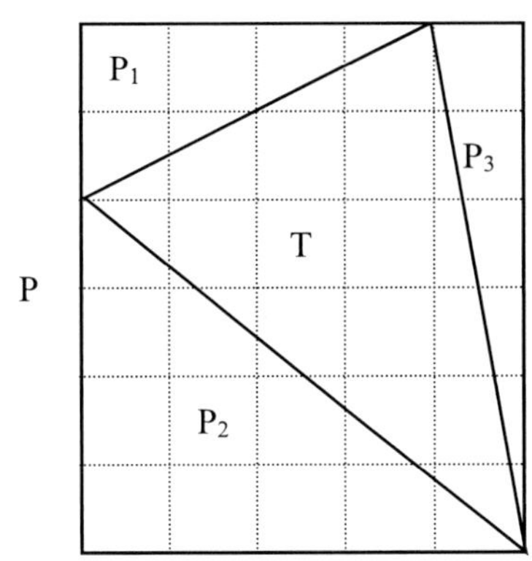

예각삼각형

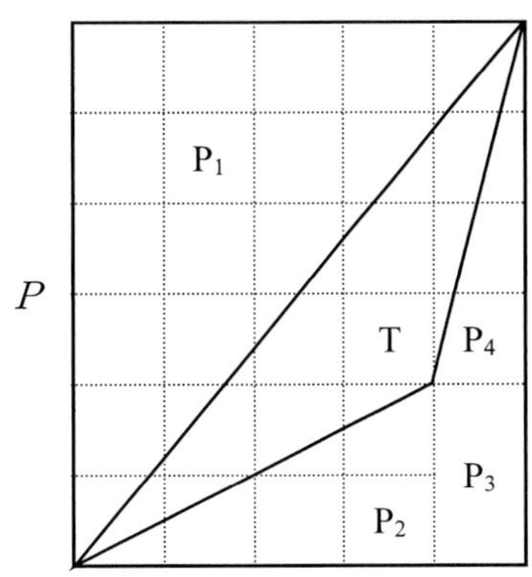

둔각삼각형

풀이 예각삼각형이건 둔각삼각형이건 삼각형의 넓이는 직사각형과 직각삼각형의 넓이의 합과 차로 구성된다. 그러므로 보조정리 10.14와 과제 10.13에 의해 일반 삼각형 T도 피크의 정리를 만족한다.

피크의 정리 증명 단순 다각형의 변의 수에 대한 수학적 귀납법으로 증명한다. 변의 수가 3개인 삼각형에 대해서 피크의 정리가 만족함을 보였다. 그리고 변의 수가 m보다 작은 모든 단순 다각형에 대해서 피크의 정리가 성립한다고 가정하다. m 각형의 다각형 P는 보조 정리 10.11에 의해 두 개의 다각형 P_1, P_2로 분할된다. 이때 두 다각형 P_1, P_2는 피크의 정리를 만족하는 것으로 가정되었으므로 보조정리 10.12에 의해서 다각형 P는 피크의 정리를 만족한다.

10.4 카발리에리 원리

카발리에리[51]가 발견한 원리로 적분이 발견되기 전에 사용한 방법이다. 이는 후에 구분구적분의 기초가 되었으며, 적분의 원리와 유사함을 알 수 있다.

(원리 1) 높이가 같은 두 평면도형을 하나의 정해진 선분과 평행인 선분으로 잘랐을 때 생기는 두 선분의 길이가 항상 일정한 비 m : n이면, 두 평면도형의 넓이의 비 역시 m : n이다. 예를 들면, 높이가 h로서 서로 같고, 밑면에 평행하게 잘랐을 때 그 길이의 비가 4 : 3이므로 넓이의 비도 4 : 3이다.

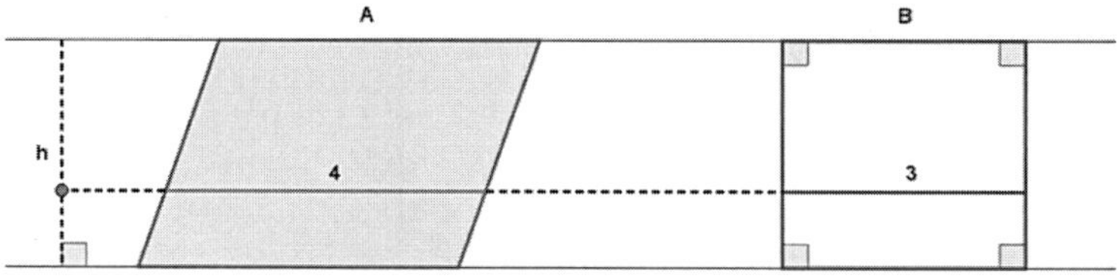

길이비 ⇒ **넓이비**

4 : 3 　　 4 : 3

(원리 2) 높이가 같은 두 입체도형을 하나의 정해진 평면과 평행인 평면으로 잘랐을 때 생기는 두 단면의 넓이가 항상 일정한 비 m : n이 되면 두 입체도형의 부피의 비 역시 m : n이다. 예를 들어 아래 그림의 원뿔과 각뿔을 밑면에 평행하게 잘랐을 때 단면적이 항상 1 : 1이면 부피도 같다.

---

51) Cavalieri.F.B.(1598~1647)는 이탈리아의 수학자이다.

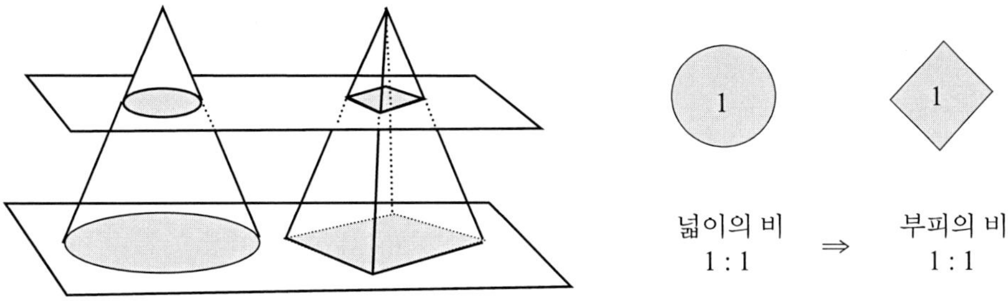

예제 10.15 반경이 r이고 높이가 r인 원기둥에서 삼각뿔을 덜어낸 입체에서 카발리에리의 원리를 이용하여 반경이 r인 구의 부피를 구해보시오.

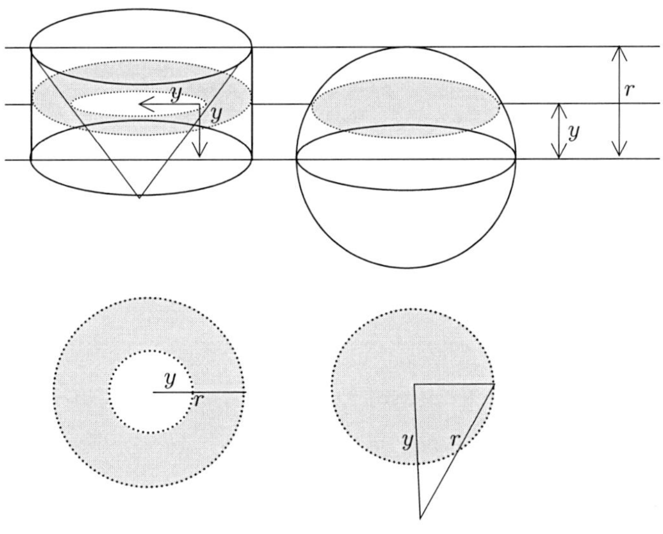

풀이 위 그림처럼 원기둥에서 원뿔 모양의 콘을 오려낸 입체와 구의 단면을 비교한다. 두 평면 도형의 넓이는 모두 $\pi(r^2 - y^2)$이다. 그러므로 (원리 2)에 의해 원기둥에서 콘을 자르고 남은 부분은 반구의 부피와 같다. 그러므로 반구의 부피가 $\pi(r^3 - \frac{1}{3}r^3) = \frac{2}{3}\pi r^3$이므로 구의 부피는 $\frac{4}{3}\pi r^3$이다.

과제 10.16 타원의 방정식 $\frac{x^2}{a^2}+\frac{y^2}{b^2}=1$과 원의 방정식 $x^2+y^2=b^2$을 나란히 그린 후 X축에 평행한 직선과 만나는 선분의 길이(선분 AB, 선분 CD)를 구해보고, 타원의 넓이를 구하시오.

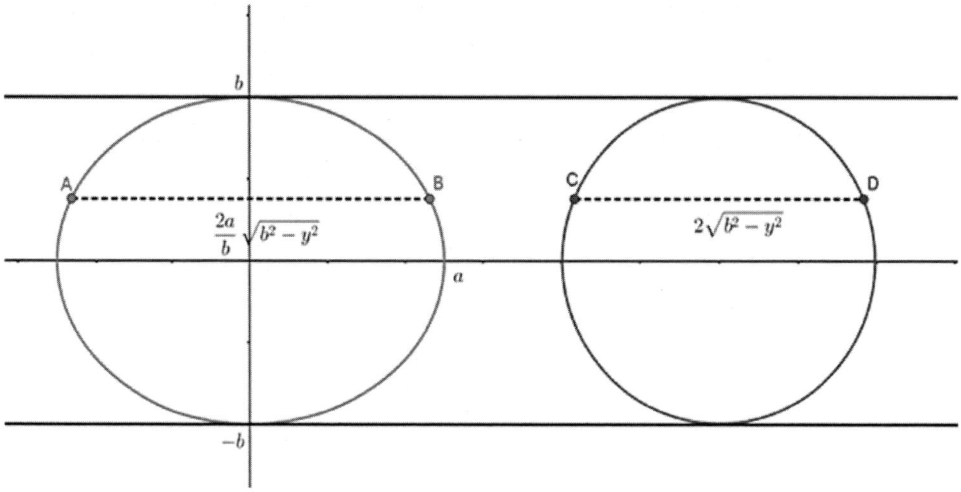

10장(측정) 프로젝트

프로젝트 10.1 비탈리(Vitali) 집합의 구성을 설명하고, 이 집합이 [0, 1]의 부분집합이나 측도 불가능한 집합임을 설명하시오.

프로젝트 10.2 바나흐-타르스키(Banach-Tarski) 역설에 대해서 알아보고, 이 역설에서 선택공리가 어떻게 사용되는지도 조사하시오.

11장 확률과 통계

11.1 확률 개념의 접근

초등학교에서 확률이라는 용어 대신 '가능성'으로 확률의 개념을 배운다. 먼저 확률 개념에 접근하는 3가지 방법에 대한 이야기부터 시작한다.

표본공간에 대한 개념을 되새겨볼 필요가 있다. 어떤 실험이나 시행에서 일어나는 모든 결과(outcome)의 집합을 표본 공간(Ω로 표기)이라하고, 표본 공간의 각 원소를 표본점 또는 근원사건이라 한다. 그리고 표본공간의 부분집합을 사건(사상)이라한다. 표본공간을 정의한다는 것은 우리가 고려하는 범위에서 가능한 현상과 그렇지 못한 현상을 정의하는 작업이다.

예를 들어 6까지의 숫자로 이루어진 주사위를 던지면, 1부터 6까지의 수에서 하나의 수가 나온다. 이때 표본점은 $\{1\}$, $\{2\}$, $\{3\}$, $\{4\}$, $\{5\}$, $\{6\}$이고, 표본공간 $\Omega = \{1, 2, 3, 4, 5, 6\}$이다. 그리고 주사위를 던지는 시행에서 짝수가 나오는 사건은 $A = \{2, 4, 6\}$이고, 홀수가 나오는 사건 $B = \{1, 3, 5\}$와 같이 사건은 표본공간 Ω의 부분집합이 된다. 10장에서 언급한 바와 같이 사건을 확률에 대응시키는 함수를 확률측도라 한다.

1) 수학적(고전적) 방법

확률 정의의 고전적 방법은 라플라스[52]의 정의에 따른다. $\mathbb{N}$개의 원소로 구성된 표본공간 Ω가 있다고 하자. 이 때 각각의 원소(근원사건)가 일어날 가능성이 모두 같다고 가정할 수 있을 때, n개의 원소로 구성된 사건 A가 일어날 확률을 다음과 같이 정의한다.

$$P = n/\mathbb{N}$$

예를 들어, 주사위에서 짝수가 나타날 확률은 $\frac{3}{6} = \frac{1}{2}$이 된다. 고전적 확률의 정의는

52) Pierre-Simon, marquis de Laplace(1749～1827)는 프랑스 수학자이다.

직관적이고 이해하기 쉽다는 장점이 있어 학교수학에서 확률을 다룰 때 많이 사용한다. 그러나 결점도 있다. 즉, 확률(가능성)을 정의하기 전에 근원사건이 일어날 가능성이 같다고 가정하는 모순을 범했을 뿐만 아니라 표본공간이 유한한 경우에만 적용이 가능하다는 단점을 가지고 있다.

2) 경험적(통계적) 확률

기존의 초등학교 교과서에서 접근했던 방법으로 무한과 극한 개념이 사용된다는 단점이 있다. 사건 E의 확률을 무수히 많은 시행에서 E가 나타날 상대적 비율로 정의한다. 구체적으로 말하자면, n회 시행에서 어떤 사건 E를 관측한 횟수를 r이라 하자.

그 극한값 $\lim_{n\to\infty} \frac{r}{n}$을 사건 E의 경험적 확률이라고 한다.

만약 앞면과 뒷면이 나올 확률이 다른 구부러진 동전이 있다면 고전적 방법으로는 앞면이 나올 확률을 구할 수 없으나 경험적 방법으로는 확률을 구할 수 있다. 경험적 확률을 통계적 확률이라고도 하는데 기상의 일기예보에서 비가 올 확률과 같은 경우에 사용된다. 실험에 의해 정확한 확률을 구해 낼 수는 없지만, 실험의 횟수를 증가시켜 실제 확률에 가까운 값을 얻을 수 있다. 한편 이 방법의 단점은 극한값을 구하기 위해 무한 번의 동전 던지기와 같은 시행을 해야 하는 어려움이 있다.

3) 공리적 방법

위에서 살펴본 두 가지 접근은 직관적으로 이해하기는 쉬우나 엄밀성이 부족했다. 이 같은 문제점을 해결하고자 콜모고로프[53)]는 공리적 방법을 이용해서 확률을 정의했다. 공리적 방법[54)]은 개념을 규정하는 최소한의 충분조건을 찾아 그 조건으로 해당 개념을 정의하는 방법이다.

표본공간 Ω의 모든 사건들의 집합 F 위에서 정의된 함수 P가 다음 조건을 만족할 때,

---

53) Andrey Nikolayevich Kolmogorov(1903~1987)는 러시아 수학자이다.

54) 4장 4절 자연수의 순서수 개념을 공리적 방법으로 규정한 페아노의 공리를 참조하시오.

P를 확률측도라 한다. 즉, (Ω, F, P)가 확률공간이다.

(i) 모든 $A \in F$에 대하여 $0 \leq P(A) \leq 1$

(ii) $P(\Omega)=1$

(iii) 표본공간의 모든 사건이 서로 배반이면, $P(A_1 \cup A_2 \cup \cdots \cup A_n) = P(A_1) + P(A_2) + \cdots + P(A_n)$

위 (i)에서 확률측도 P는 함수 $P : F \rightarrow [0, 1]$로 볼 수 있다. 그리고 (iii)은 가부번의 무한집합으로 확장이 가능하다. 위 3가지의 조건만으로 우리가 알고 있는 여러 가지 확률 성질을 유도할 수 있다.

① 사건 $A \subset B$이면 $P(A) \leq P(B)$.

사건은 표본공간의 부분집합이므로 두 사건 A, B의 차집합 $B \setminus A$도 사건임을 알 수 있다. 그리고 B는 서로소인 두 집합 A와 $(B \setminus A)$의 합집합이므로 조건 (iii)에 의해 $P(B) = P(A \cup B \setminus A) = P(A) + P(B \setminus A)$. 그런데 $P(B \setminus A) \geq 0$이므로 $P(A) \leq P(B)$이다.

② 공집합 $\varnothing$에 대해서 $P(\varnothing) = 0$.

어떤 사건 A에 대해서 $\varnothing \cup A = A$, $\varnothing \cap A = \varnothing$이다. 그러므로 $P(\varnothing) + P(A) = P(\varnothing \cup A) = P(A)$이고, $P(\varnothing) = 0$.

③ $P(A^C) = 1 - P(A)$.

$A \cap A^C = \varnothing$, $A \cup A^C = \Omega$. 그러므로 조건 (ii)와 (iii)에 의해 $1 = P(\Omega) = P(A \cup A^C) = P(A) + P(A^C)$. 따라서 $P(A^C) = 1 - P(A)$.

④ $P(A \cup B) = P(A) + P(B) - P(A \cap B)$.

$$
\begin{aligned}
P(A \cup B) = P(A \cup (B \cap A^C)) &= P(A) + P(B \cap A^C) \\
&= P(A) + P(B \cap A^C) + P(A \cap B) - P(A \cap B) \\
&= P(A) + P((A^C \cap B) \cup (A \cap B)) - P(A \cap B) \\
&= P(A) + P(B) - P(A \cap B)
\end{aligned}
$$

확률에서 기본이 되는 3가지 조건을 만족하는 함수로 확률을 정의하지만 확률에서 성립하는 여러 가지 성질을 유추해낼 수 있다. 그리고 수학적 확률의 조건 '각각의 근원사건이 일어날 가능성이 모두 같다'고 가정하면, 각 주사위에서 각 눈이 나올 확률을 구할 수 있다.

(ii)와 (iii)에 의해
$$
\begin{aligned}
1 &= P(\Omega) \\
&= P(\{1\} \cup \{2\} \cup \{3\} \cup \{4\} \cup \{5\} \cup \{6\}) \\
&= P(\{1\}) + P(\{2\}) + P(\{3\}) + P(\{4\}) + P(\{5\}) + P(\{6\}) \\
&= 6P(\{1\})
\end{aligned}
$$

따라서 1이 나올 확률이 $\frac{1}{6}$이다. 한편 특정 사건에 대한 확률을 어떻게 구할 것인가? 구부러진 동전에서 앞면이 나올 정확한 확률을 구하는 것은 현실적으로 불가능하며 경험적 확률로 근삿값을 구하는 길밖에 없다.

11.2 확률의 기초와 역설

앞에서 공리적 방법에 의해 확률측도 P의 기본 성질 ①~④가 성립함을 알 수 있었다.

1) 독립사건과 배반사건

두 개의 사건 A, B가 있을 때 사건 A가 일어나든 일어나지 않던 사건 B가 일어날 확률에 영향을 미치지 않을 때 A와 B는 독립사건이라 한다. 두 사건이 독립사건이 아니면 A와 B는 종속사건이 된다. 배반사건은 동시에 일어날 수 없는 사건을 말한다. 독립사건과 배반사건은 혼동하기 쉽다. 독립사건은 두 사건의 교집합을 구할 때 유익하다.

독립사건은 크게 3가지 경우로 나누어진다. 첫 번째는 같은 표본 공간에서 시행이 다른 경우이다. 처음에 한 개의 주사위를 던져서 3이하의 수가 나올 사건 A와 두 번째로 주사위를 던져서 홀수가 나올 사건은 B는 독립적이다(그림 11.1 참조). 두 사건의 교집합은 각 사건이 일어날 확률의 곱이다. 즉, $P(A \cap B) = P(A) \times P(B)$ 그리고 배반사건이 아니다. 시간 간격을 두고 일어나는 통계 실험에서는 독립 사건이 되지만 인과관계가 높은 스포츠와 같은 사건에서는 그렇지 못한 경우가 많다.

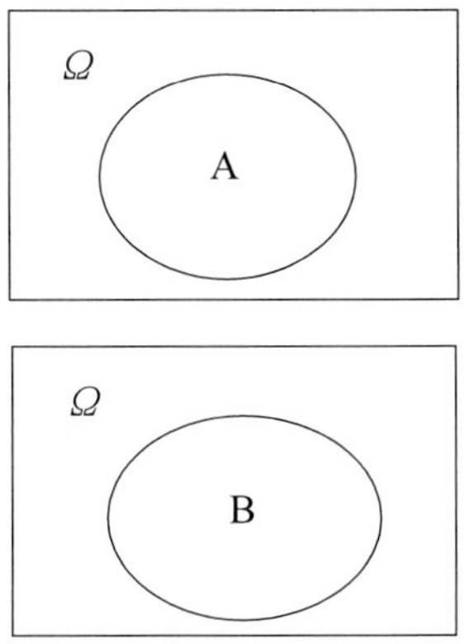

[그림 11.1] 같은 표본 공간 다른 시행

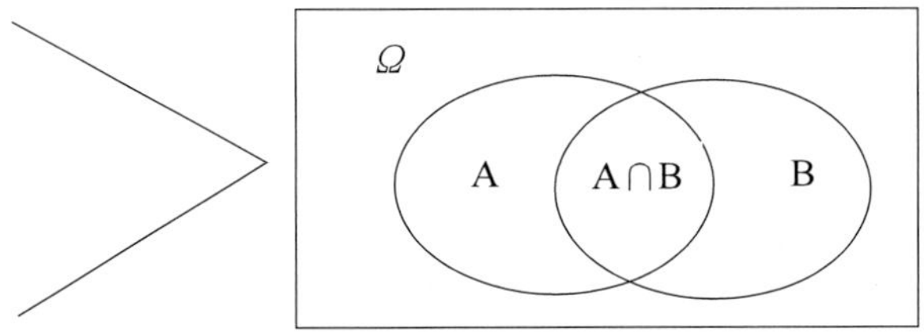

[그림 11.2] 표본 공간의 통합

두 번째 경우는 다른 시행과 다른 표본 공간에서 일어나는 사건의 경우이다. 주사위 하나와 동전 하나를 차례로 던졌을 때 짝수 눈이 나오는 사건을 A라 두고, 앞면이 나오는 사건을 B라 두면, 두 사건의 교사상(交事象)을 생각해보자. 사건 A가 일어나는 표본 공간은 $\Omega_1 = \{1, 2, 3, 4, 5, 6\}$이고, B가 일어나는 표본 공간은 $\Omega_2 = \{앞, 뒤\}$이다. 두 사건의 교사상에 대한 표본공간은 두 표본 공간의 곱집합 $\Omega_1 \times \Omega_2 = \{(1, H), (1, T), (2, H), (2, T), ..., (6, H), (6, T)\}$이다. 즉, 새로운 표본 공간에서 교사상 $A \cap B$의 확률 $P(A \cap B) = P(A) \times P(B)$임을 알 수 있다. 여기서 P(A)와 P(B)는 각각 Ω_1과 Ω_2에서의 확률을 말한다. 또한 합사상 $A \cup B$도 표본공간 $\Omega_1 \times \Omega_2$에서의 한 사건으로 고려할 수 있다.

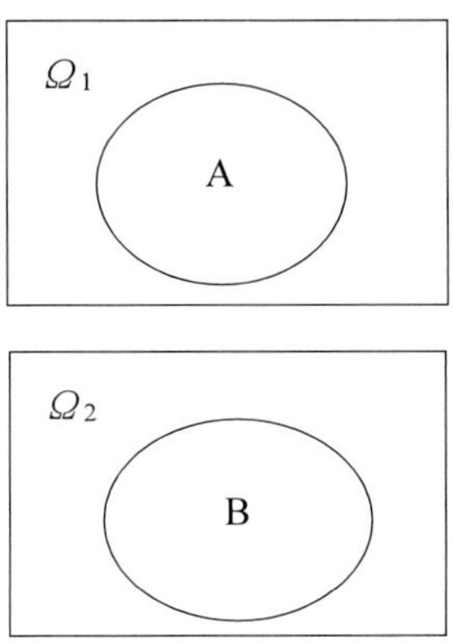

[그림 11.3] 다른 표본 공간

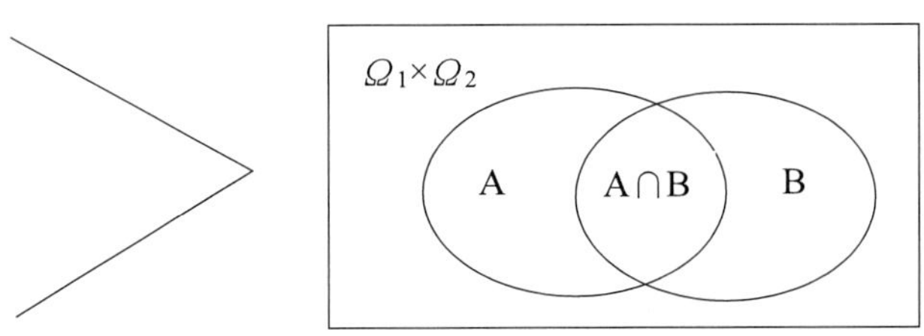

[그림 11.4] 표본 공간의 통합

두 사건 A, B는 서로 다른 표본 공간에 있으므로 배반사건처럼 보이나(그림 11.3 참조) 공통인 부분을 고려할 수 없으므로 배반사건의 여부를 판단할 수 없다. 그러므로 그림 11.4와 같이 통합된 표본공간에서 교사상과 배반성을 고려해야한다. 이 표본공간에서 사건 A, B는 독립적이나 배반사건은 아니다. 이 사건도 시간적 차이가 있는 비동시적인 사건이다.

세 번째는 같은 공간 같은 시행에서 일어나는 경우이다. 한 개의 주사위를 던져서 4이하의 수가 나올 사건 A와 짝수의 눈이 나올 사건 B를 고려해보자. A와 B는 종속적인 사건처럼 보이지만 사건 A의 성립 여부에 따라 B가 일어날 확률을 구하여 보아야 알 수 있다.

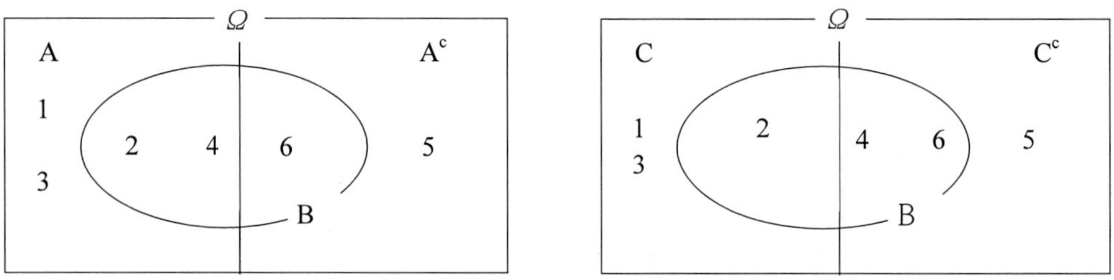

[그림 11.5] 독립 사건과 종속 사건

그림 11.5의 왼쪽 그림을 보면, 사건 B가 일어날 확률은 $\frac{1}{2}$이다. 이 확률은 사건 A가 일어났을 때 B가 일어날 확률이며, A가 일어나지 않았을 때 B가 일어날 확률도 $\frac{1}{2}$이 되어 사건 B의 확률에 사건 A가 영향을 미치지 않음을 알 수 있다. 역으로 A가 일어날 확률은 $\frac{4}{6}$이고 B가 일어나거나 일어나지 않았을 때도 A가 일어날 확률은 $\frac{2}{3}$임을 알 수 있다. 그러나 그림의 오른쪽과 같이 주사위의 눈이 3이하가 나오는 사건을 C라고, 짝수가 나올 확률을 B라 두면 C가 일어날 확률은 사건 B의 여부에 따라 달라짐을 알 수 있다. 한 사건을 전제한 후 다른 사건이 일어날 확률을 고려한 것을 조건부 확률이라 한다.

2) 베르트랑[55]의 역설

위에 내접하는 정삼각형을 그린 후 원에 임의의 두 점을 잡아 현을 그릴 때 그 현의 길이가 정삼각형의 한 변의 길이보다 클 확률을 구하는 문제이다. 베르트랑은 3가지의 풀이를 제시하고 있으며 각각의 경우 그 확률이 다르게 나타난다. 우리는 두 가지의 풀이만 살펴보고 나머지 하나는 과제로 남긴다.

첫 번째 경우는 원 위의 두 점을 잇는 하나의 현 L이 그림 11.6의 중앙과 같이 그려져 있을 때이다.

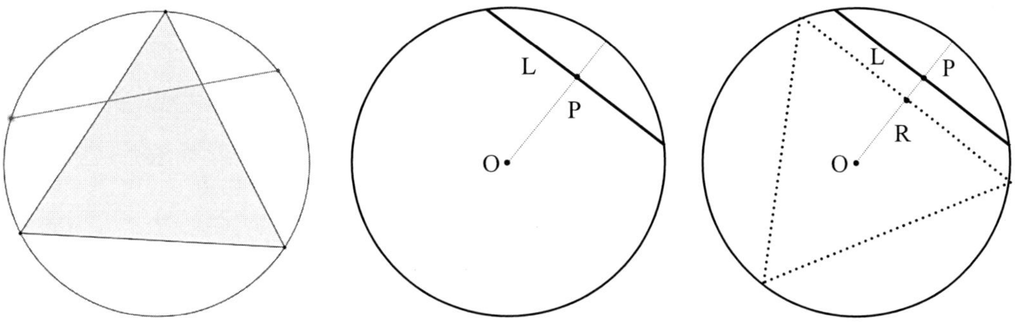

[그림 11.6] 베르트랑의 역설 1

원점 O에서 현 L에 내린 수선과 만나는 점 P의 위치에 따라 현 L의 길이가 원에 내접하는 정삼각형 한 변의 길이보다 길거나 짧다. 위에서 오른쪽 그림과 같이 현 L에 평행한 밑변을 갖는 정삼각형을 그려보면, 수선과 L이 만나는 점 P가 이 정삼각형 내부에 있으면 현의 길이가 정삼각형의 한 변의 길이보다 더 길다. 그런데 선분 OR은 반지름의 절반이므로 구하는 확률은 $\frac{1}{2}$이다. 다음은 두 번째 경우이다.

---

55) Joseph Bertrand(1822～1900)은 프랑스 수학자이다.

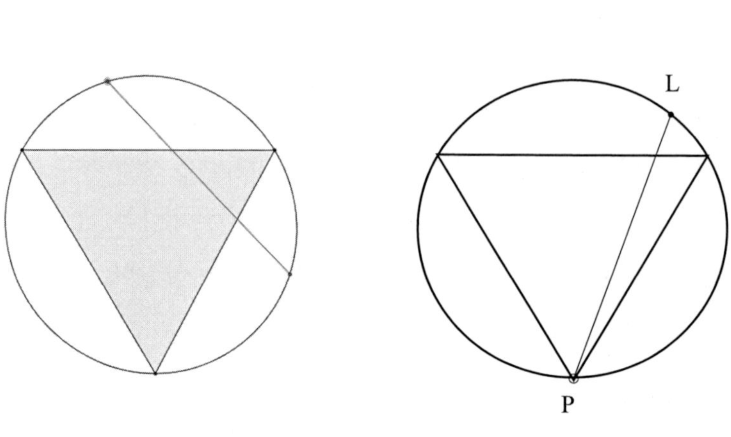

[그림 11.7] 베르트랑의 역설 2

그림 11.7의 왼쪽과 같이 원에서 두 점을 잡았을 때 현의 길이에 변화를 주지 않고 한 쪽 끝을 점 P에 두면 나머지 한 점 L은 꼭짓점 P의 내각 사이를 지나야한다. 즉, 점 L이 그려주는 현은 삼각형의 위쪽 부분(활꼴의 현)에 놓여있어야 한다. 그와 같은 현이 3개 있으므로 구하고자 하는 확률은 $\frac{1}{3}$임을 쉽게 알 수 있다. 위와 같이 접근하는 방법에 따라 구하는 확률이 달라지는데 어떤 방법이 타당한가?

과제 11.1	두 가지 방법을 소개하였다. 나머지 한 가지에 대해서 조사를 해보시오.

11.3 조건부 확률

어떤 사건 A가 일어났음을 전제하고 사건 B가 일어날 확률을 조건부 확률이라 하며, P(B/A)로 나타낸다. 조건부 확률에서는 원래의 표본 공간이 축소되므로 확률의 평가를 다르게 하지 않으면 안 된다.

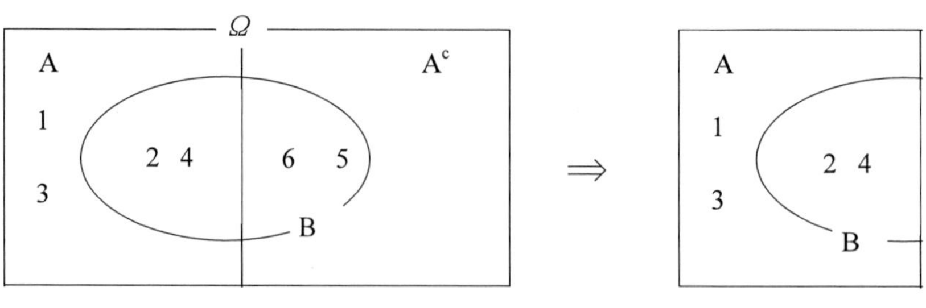

[그림 11.8] 조건부 확률

P(B/A)의 확률 계산은 그림 11.8과 같이 표본 공간 Ω에서 A로 축소되어 A에서 A와 B의 교사상을 고려하면 된다. 즉, $P(B/A) = \dfrac{P(A \cap B)}{P(A)}$이다.

> **과제 11.2** 사건 A, B가 독립사건이라 하자. 즉 P(B/A) = P(B)라 하자. 다음이 성립함을 보이시오.
>
> (i) $P(B/A^c) = P(B)$
>
> (ii) $P(A^c/B) = P(A^c) = P(A^c/B^c)$
>
> (iii) $P(A/B) = P(A) = P(A/B^c)$
>
> (iv) $P(B^c/A) = P(B^c) = P(B^c/A^c)$

과제 11.1에서 P(B/A) = P(B)이 성립하면 나머지 7가지의 등호가 성립한다. 이들 조건은 동치 조건이다. A와 B가 독립 사건임을 보이기 위해서는 위 8가지 경우 중 하나만 보이면 충분하다. 그리고 $P(B/A) = \dfrac{P(A \cap B)}{P(A)}$으로부터 다음의 베이즈 정리를 쉽게 증명할 수 있다.

> **정리 11.3** 베이즈(Bayes) 정리
>
> $A_1, A_2, \ldots, A_n$이 집합 S의 분할[56]이라 하자. 임의의 사건 A에 대해
>
> $$P(A) = \sum_{i=1}^{n} P(A_i)P(A/A_i)$$ 그리고 각각의 k에 대해서
>
> $$P(A_k/A) = \frac{P(A_k)P(A/A_k)}{\sum_{i=1}^{n} P(A_i)P(A/A_i)}$$

> **예제 11.4** 몬티 홀[57] 딜레마
>
> 당신은 3개의 문 중 하나만을 고를 수 있다. 방문을 열면 자동차가 있거나 염소가 있는데, 2개의 방에는 염소가 있고, 하나의 방에만 자동차가 있다. 당신이 문 하나를 고르고 나면, 전

---

56) 분할의 정의를 1장 [정의 1.10]을 참조하시오.

57) Monty Hall. 미국의 TV 게임 쇼(Let's Make a Deal, 1963~)에 나온 문제로 상품이 걸린 게임인데 우

체 상황을 알고 있는 사회자는 나머지 두 개의 문중에서 염소가 있는 방문 하나를 열어 보여준다. 그리고 당신에게 다시 선택할 수 있는 기회를 준다. 선택을 바꾸는 것이 유리할까? 아니면 선택을 바꾸어도 확률은 같은 것인가?

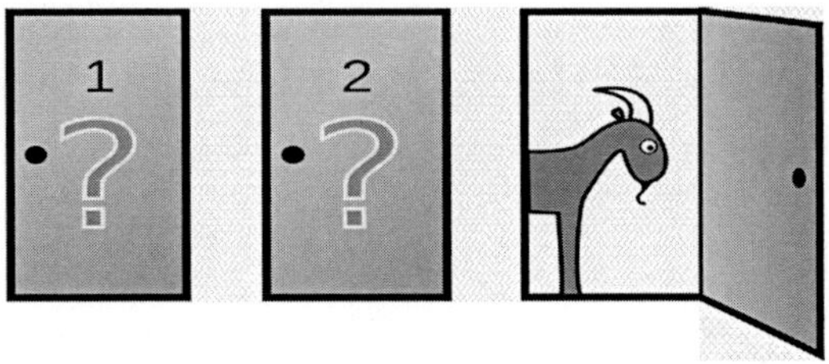

[그림 출처] https://en.wikipedia.org/wiki/Monty_Hall_problem

몬티-홀 딜레마라고 불리는 확률 문제인데 직관으로 오류를 파악하기 힘든 조건부확률의 문제이다. 위 문제를 우리가 앞에서 배운 3가지의 접근 방법 중 경험적 방법으로 접근해 볼 수 있다. 선택을 바꾸는 사람과 그렇지 않는 사람의 당첨 확률의 근사치를 구하기 위해 갑은 결정을 바꾸지 않는 사람으로 두고, 을은 매번 결정을 바꾸는 사람으로 두어 각각 30회 시행을 해 보고, 자동차를 경품을 받을 확률을 계산해본다.

	갑	을	비고
자동차 당첨 횟수			30회 시행
예상되는 기댓값			

이를 베이즈 정리를 적용해서 풀어보자. 갑과 을이 처음에 1번문을 선택했다고 하자. 사회자는 2번과 3번문에서 염소의 방을 보여주고, 을은 선택을 바꾸어 2와 3에 남은 하나를 선택한다. 여기서 사회자는 2번방을 보여주고, 을이 3번문을 택한다고 가정하자. A와 A_i를 다음과 같이 두면, 을의 확률은 $P(A_3/A)$이고, 갑의 확률은 $P(A_1/A)$이다.

사건 A : 사회자가 2번방을 열었다. 사건 A_i : 자동차가 i번방에 있다.

$P(A/A_1)$ = 자동차가 1번방에 있고, 사회자가 2번문을 열 확률은 1/2

리나라 TV에서도 소개된 바 있다. 몬티 홀은 이 게임 쇼의 진행자의 이름에서 따온 것이다.

$P(A/A_2)$ = 자동차가 2번방에 있고, 사회자가 2번문을 열 확률은 0

$P(A/A_3)$ = 자동차가 3번방에 있고, 사회자가 2번문을 열 확률은 1

$$P(A_3/A) = \frac{P(A_3)P(A/A_3)}{\sum_{i=1}^{n} P(A_i)P(A/A_i)} = \frac{\frac{1}{3}\times 1}{\frac{1}{3}\times\frac{1}{2}+\frac{1}{3}\times 0+\frac{1}{3}\times 1} = \frac{2}{3}$$

$$P(A_1/A) = \frac{P(A_1)P(A/A_1)}{\sum_{i=1}^{n} P(A_i)P(A/A_i)} = \frac{\frac{1}{3}\times\frac{1}{2}}{\frac{1}{3}\times\frac{1}{2}+\frac{1}{3}\times 0+\frac{1}{3}\times 1} = \frac{1}{3}$$

따라서 갑은 $\frac{1}{3}$의 당첨 확률을 가지는데 비해 을은 $\frac{2}{3}$의 확률을 가진다.

11.4 대푯값

통계에는 기술통계와 추리통계가 있으나 초등학교에서 다루는 통계는 기본적인 기술통계이다. 기술 통계는 측정이나 실험, 조사 등을 통해 수집한 자료(data)의 정리, 요약, 해석 , 표현 등을 통해 자료의 특성을 규명하는 통계적 방법이다. 수집된 원 자료의 정보는 구체적이지만 복잡하고 이를 기억하고 그 특성을 파악하는데 한계가 따른다. 그러므로 자료를 표로 정리하며, 이를 여러 가지 그래프(막대그래프, 그림그래프, 꺾은선그래프, 비율그래프)로 나타내어 자료의 전체 경향을 직관적으로 알 수 있도록 해 준다. 자료의 특성을 알 수 있는 값(수치, 통계치)에는 여러 가지가 있다. 그 중에서 자료 전체의 특징을 하나의 수치로 나타내는 대표적인 값을 대푯값이라 한다. 평균, 중앙값, 최빈값 등이 있다. 그 외에도 자료의 형태를 파악하는데 도움이 되는 표준편차, 사분위수, 백분위수, 왜도, 첨도 등이 있다. 여기서는 대푯값의 특징과 편차에 관련된 내용을 살펴보고, 빈도분포에 대해서 알아본다.

1) 최빈치

최빈치(mode)는 분포에서 빈도가 가장 높은 것이다. 수치로 주어진 {1, 2, 2, 3, 3, 3, 3, 4, 5}에서는 최빈치가 3이다. 최빈치는 수치뿐만 아니라 이름이나 범주형의 자료에서도 사용될 수 있다. 일반적인 윷놀이에서 가장 많이 나타나는 것이 '개'이며, 우리나라 사람에서 빈도가 가장 높은 성씨는 '김씨'이며, 살고 있는 주소지가 가장 많은 도시나 마을은 '서울'이다.

2) 중앙치

중앙치(median)는 백분위점수 50이 되는 점수, 즉 전체의 분포를 반으로 가르는 점수이다. {1, 2, 3, 4, 5}의 경우는 3이 중앙치, {1, 2, 3, 4, 5, 6}의 경우는 3.5가 중앙치이다. A={1, 2, 2, 3, 3, 3, 3, 4, 4, 5}와 같이 묶음 자료나 중복되는 값에서는 보간법을 사용한다.

원 자료	1	**2**	**3**	4	5
빈도	1	2	4	2	1
누가	1	**3**	**7**	9	10

A는 9개의 자료로 구성되어 있어 중앙값은 5.5번째이다. 중앙값은 2와 3 사이이며 2의 누적빈도는 3이고 3의 누가빈도는 7이다. 3과 7간의 거리에서 5.5가 가지는 위치에 대응하는 2와 3 사이의 m 값을 비율적으로 구하면 된다.

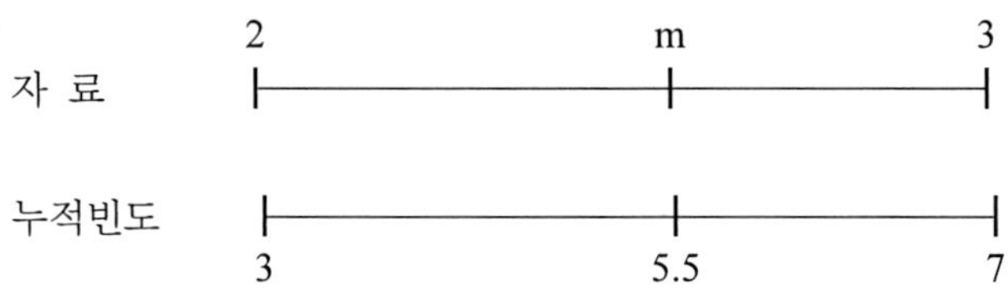

그러므로 중앙값 $m = 2 + \frac{5.5-3}{7-3} = 2 + \frac{2.5}{4} = 2.625$. 프로야구 선수의 연봉은 스타 선수의 높은 연봉으로 인하여 평균이 높으나 다수의 선수들의 연봉은 그렇지 못한다. 그러므로 이들 연봉의 대푯값을 중앙치로 보는 것이 타당할 것이다.

3) 평균

평균(mean)은 특별한 말이 없으면 산술 평균을 의미한다. 초등학교 교육과정에서도 등장할 정도로 가장 광범위하고 많이 사용되는 대푯값이다. 표준편차와 같은 여러 통계치도 산술평균을 기반으로 산출된다. 평균은 전체 사례의 점수 합 $\sum^{n} X_i$에 전체 사례수

n을 나눈 값이다. 즉, 평균 M = $\frac{\sum^{n} X_i}{n}$ 이다.

각 점수에 상수 c를 곱하거나 더한 점수의 평균도 역시 c를 곱하거나 더한 값이 된다.

$$\frac{\sum^{n} cX_i}{n} = \mathrm{cM} \qquad \frac{\sum^{n} (X_i + c)}{n} = \mathrm{M + c}$$

각 점수 X_i에 평균 M을 빼면, 그 차이 X_i - M을 편차라 한다. 각 편차를 모두 더하면 0이 된다. 즉, $\sum^{n}(X_i - M) = 0$. 그리고 편차의 자승과 관련하여 중요한 특성이 있다. 편차를 자승하여 더한 값은 다른 값과의 차이 자승보다 작다. 다시 말해서 임의의 실수 b에 대하여 아래 부등식이 성립한다.

$$\sum^{n}(X_i - M)^2 \le \sum^{n}(X_i - b)^2$$

> **과제 11.5** $\sum^{n}(X_i - b)^2$이 최소가 되게 하는 b값은 평균 M임을 증명하시오.

이런 성질은 중앙값이나 최빈치보다는 평균을 자료의 대푯값으로 삼는 이유 중의 하나이다. 추리통계에서 여러 가지 통계치를 추정할 때 평균을 사용하면 오차를 줄일 수 있다.

4) 점수 합의 평균과 평균의 병합

우리 반 학생들의 수학 점수 X_i의 평균이 M_1이고 과학 점수 Y_j의 평균이 S_1라고 하자. 각 학생이 얻은 두 과목 점수의 합 $X_i + Y_i$의 평균은 $M_1 + S_1$임을 알 수 있다. 그러나 평균의 병합이란 인원수가 다른 A, B, C 세 학급의 수학 점수의 평균을 구하는 경우에 해당된다. 각 반의 수학 점수의 평균이 각각 M_1, M_2, M_3이라 세 반의 평균은 세 개의 평균 M_1, M_2, M_3의 산술평균이 아니다.

<표 11.1> 평균의 합

학생	수학	과학	합
1	X_1	Y_1	X_1+Y_1
2	X_2	Y_2	X_2+Y_2
3	X_3	Y_3	X_3+Y_3
…	X_i	Y_i	X_i+Y_i
n	X_n	Y_n	X_n+Y_n
평균	M_1	S_1	M_1+S_1

<표 11.2> 평균의 병합

학급 A	수학	학급 B	수학	학급 C	수학
1	X_1	1	Y_1	1	Z_1
2	X_2	2	Y_2	2	Z_2
3	X_3	3	Y_3	3	Z_3
…	X_i	…	Y_i	…	Z_i
n	X_n	s	Y_s	t	Z_t
평균	M_1		M_2		M_3

학급 A, B, C의 병합 평균은 총인원 n + s + t에 대한 각 점수의 합 $\sum^{n} X_i + \sum^{s} Y_i + \sum^{t} Z_i$에 대한 산술 평균이다. 따라서 병합 평균은 $(\sum^{n} X_i + \sum^{s} Y_i + \sum^{t} Z_i) / (n + s + t) = (nM_1 + sM_2 + tM_3) / (n + s + t)$이 된다. 물론 세 학급의 인원수가 동일하면(즉, n = s = t)이면 병합 평균은 M_1, M_2, M_3의 평균, $(M_1 + M_2 + M_3)/3$이 되지만 학급의 인원수가 다르다면, 인원수가 많은 학급의 평균이 병합 평균에 더 많은 기여를 하게 된다.

5) 심슨[58](Simpson)의 역설

통계에서 심슨의 역설로 알려진 문제는 자료의 병합 때문에 일어난다. 위 <표 11.3>에서 어느 고등학교에서 공과대학과 인문대학에 진학한 남녀 비율을 조사해보니 두 대학 모두 여학생의 진학 비율이 남학생에 비해 높았다. 그런데 전체 통계를 내어보니 남학생의 진학 비율이 더 높게 나왔다. 남학생의 전체 합격자 비율은 공대에 지원을 많이 하여 70%의 영향을 많이 받을 것이며, 여학생은 인문대에 지원을 많이 해서 50%가 여학생 전체 합격자 비율에 영향을 많이 미칠 것이다.

<표 11.3> 심슨의 역설

	남	여
공대 합격자 비율	350/500 = 70%	36/40 = 90%
인문대 합격자 비율	40/100 = 40%	140/280 = 50%
전체	390/600 = 65%	176/320 = 55%

58) Edward Hugh Simpson(1922～2019)은 영국의 통계 전문가, 암호해독자이다.

속도, 타율과 같은 비의 속성을 가진 것의 합은 분모는 분모대로 분자는 분자대로 더하여 계산을 한다. 어느 야구 선수의 전체 타율이란 타율의 합을 의미하는 것이 아니라 통합된 자료에서 타율을 계산하라는 것이므로 덧셈과는 다른 연산이 된다.

11.5 도수분포

1) 도수 분포

어떤 자료를 요약하면 전체 특성을 이해하기 쉽다. 이를 위해 자료를 먼저 수집해야할 것이다. 수집된 자료는 마치 채점을 끝낸 어떤 학급의 기말고사 시험지와 같은 것이다. 시험지의 성적을 이름순으로 표기를 해 놓은 것이 집계표이다. 복잡하고 많은 양의 집계표 자료를 각 계급으로 나누어서 각 계급에 속하는 대상의 수, 도수(빈도라고도 함)를 집계하는 것이 편리하다. 집계된 자료를 표로 정리해 놓은 것을 도수(빈도)분포, 또는 도수(빈도)분포표라 부른다.

<표 11.4> 집계표

이름	점수	이름	점수
강철수		김용팔	
구봉수		이순희	
권오삼		이용만	
권만수		전지현	
김영희		최동호	
김수미		......	

<표 11.5> 도수분포표

급간	빈도(n = 40)
90-100	5
80-89	9
70-79	10
60-69	8
50-59	5
40-49	3

계급(급간, 묶음의 수)의 수는 그 목적에 따라 다소간 차이가 있지만 대개 5개~15개가 좋다. 초등학교의 통계 수업에서 자료를 조사하여 표로 나타낼 때 학생들의 수준을 고려하는 것이 좋다. 자료를 계급으로 묶으면 정보가 유실된다는 점을 기억해야할 것이다. 많은 이야기를 모두 담을 수 없는 이치와 같다. 사람들은 다소 덜 정확하지만 더 종합적이고 인식하기 좋은 정보를 선호한다.

2) 줄기-잎 그림

줄기-잎 그림은 통계적 자료를 표 형태와 그래프 형태를 혼합한 방법으로 자료의 값을 큰 자리의 수와 작은 자리의 수로 분할한 뒤 전자를 '줄기', 후자를 '잎'으로 칭하여 표로 나타낸 것이다. 맨 아래 4 | 677 은 46, 47, 47을 나타낸 것이다.

줄기-잎 그림	
9	00158
8	013455689
7	0123445558
6	23566799
5	44599
4	677

[그림 11.9] 줄기-잎 그림

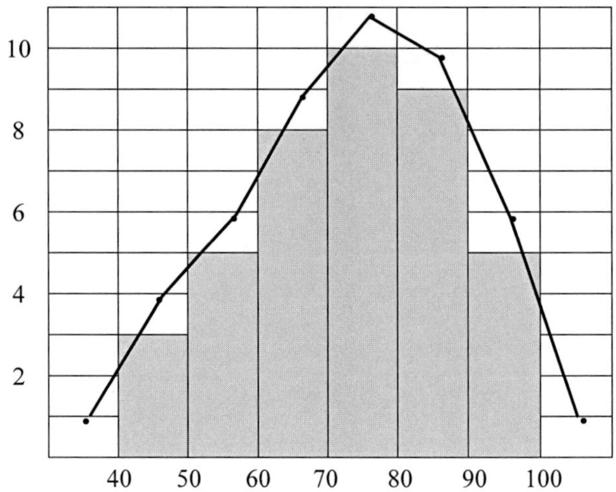

[그림 11.10] 막대그래프와 도수분포다각형

3) 도수 분포 그래프

대개 표로 제시된 빈도 분포에서는 집단의 중요한 특성을 한눈에 알아보기 힘들기에 이를 그래프로 나타낸다. 대표적인 방법은 막대그래프, 빈도(도수)분포다각형 그리고 누가 빈도곡선(오지브 곡선)이 있다. 위 그림은 좌우대칭이 아니라 오른쪽으로 치우쳐져 있어 평균이 최빈치보다 적다. 이와 같은 분포를 부적편포라고 한다. 정상분포는 평균, 중앙값, 최빈치가 일치한다. 우리나라 남녀 성인의 키를 조사해보면 쌍최빈치 형태로 나타나며, 주사위를 던져서 나타나는 눈의 빈도는 직사각형 모양이며, 우리나라 사람의 소득분포는 정적편포가 될 것이다.

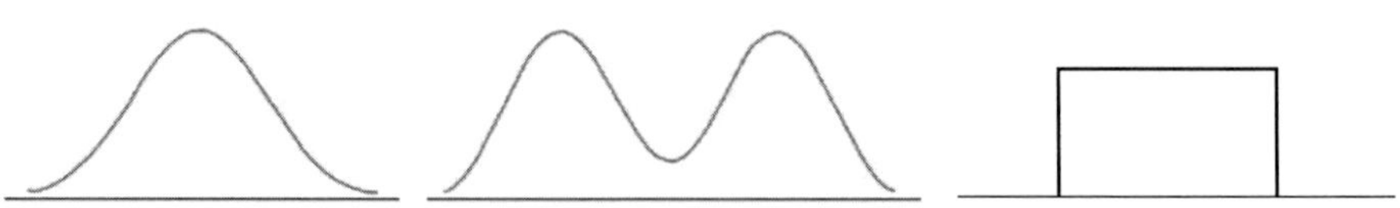

[그림 11.11] 대칭 분포

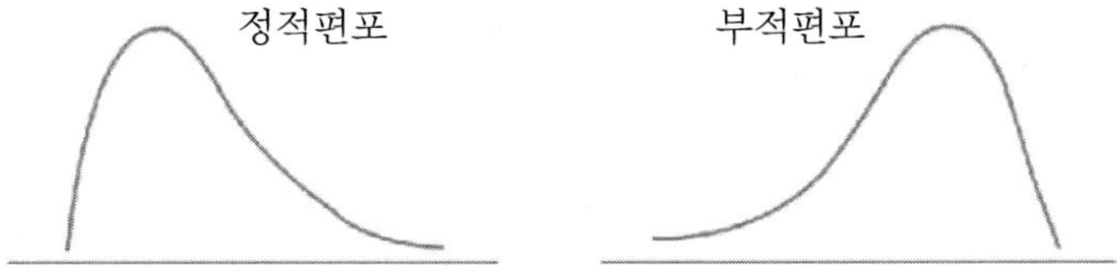

[그림 11.12] 편포

4) 백분위(Percentile rank)

백분위는 자료의 특정 값이 크기가 작은 것부터 나열하여 전체에서 어느 위치에 있는지 나타내고자 할 때 쓴다. 가장 작은 것을 0, 가장 큰 것을 100으로 둔다. 예를 들어, 지능지수(IQ) 100의 백분위는 50이며, IQ 116의 백분위는 84.13이다. 즉, IQ가 100이하인 사람이 50%이며, IQ 116이하인 사람은 약 84%이므로 IQ 116이상인 사람은 전체의 16%정도임을 의미이다.

11.6 분산도

분산도는 자료의 흩어진 정도를 나타낸 것인데, 분산도를 나타내는 다른 말이 많다. 산포도, 산포 측도, 분산 측도, 변산도, 변산, 변산성, 분산성, 변동성 측도 등이 유사한 의미로 사용된다. 대표적인 분산도는 표준편차이며, 그 외에도 범위, 사분위편차, 평균편차, 분산 등이 있다.

범위는 분포에서 가장 큰 수와 작은 수의 차이를 말한다. 범위는 단 두 자료에 의해 결정되므로 결점이 많다. 특히 비정상적인 극단치가 존재하면 범위는 더 커질 수밖에 없다. 예를 들어 주사위의 눈이 1부터 6까지 고루 나타난다. 이것의 범위는 5이다.

<표 11.6> 여러 가지 분산도

주사위 눈	1, 2, 3, 4, 5, 6,	
범위	6 - 1 = 5	
사분위편차	$Q_3 - Q_1 = 2.5$	$Q_1 = 2.25$, $Q_3 = 4.75$
평균편차	2(0.5+1.5+2.5) / 6 = 1.5	M = 3.5
분산	$2(0.5^2 + 1.5^2 + 2.5^2) / 6 = 2.92$	
표준편차	$\sqrt{2.92} = 1.71$	

제1사분위(Q_1)는 점수의 아래로부터 25% 위치에 있는 자료이며, Q_2는 중앙치이며, Q_3은 위로부터 25%위치를 말한다. 이때 $Q_3 - Q_1$은 2.5이다(<표 11.6> 참고). 평균편차는 각 점수와 평균간의 차이를 더한 값에서 전체 도수를 나눈 것이다. 즉 $\sum|X_i - M|/n$이므로 평균절대편차라고도 한다. 이는 각 자료와 평균 M간의 거리의 평균치이다. 이를 평균과 절대값으로 표현된 자료이므로 이를 수학적으로 다루기가 힘들어 표준편차를 사용한다. 주사위의 경우 평균편차는 1.5이다. 각 편차를 제곱한 것을 더한 후 총 도수를 나눈 값, 즉 평균적인 편차 자승을 분산(변량이고도 함)이라 하고 이를 제곱근한 것을 표준편차라 하고 σ로 나타낸다. 표에서 분산은 2.92이나 표준편차는 1.71로 평균편차에 가까운 값임을 알 수 있다. 표준편차도 각 자료와 산술 평균간의 평균적인 거리를 나타낸다고 볼 수 있다. 실제로 1, 2, 3, 4, 5, 6의 각 자료와 평균 3.5간의 거리가 각각 2.5 1.5 0.5 0.5 1.5 2.5이므로 이들 6개의 거리 평균은 평균편차이나 표준편차와 크게 다르지 않다.

과제 11.6 두 집단의 정보가 아래 표와 같을 때 분산의 병합을 구하시오.

집단	A	B
사례수	n_1	n_2
평균	X_1	X_2
분산	s_1^2	s_2^2

11.7 표준화

평균과 표준편차가 다른 두 과목에서 얻는 성적을 어떻게 비교할 수 있을까? 어떤 사람의 수학과 과학 성적이 각각 75점과 85점이라고 하자. 아래 왼쪽 표에서 과학 점수가 더 높지만 각 과목의 평균을 참조해 보면 수학에서 시험을 더 잘 쳤다는 것을 알 수 있다. 오른쪽 표에서는 두 과목 모두 평균보다 높게 나왔고, 국어점수가 평균보다 10점이 더 높고, 사회는 7점이 더 높게 나왔지만 표준편차를 고려하면 사회가 더 높다.

과목	수학	과학
점수	75	85
평균	70	85

과목	국어	사회
점수	80	77
평균	70	70
표준편차 σ	20	10
z 점수	0.5	0.7

이를 일반화하면 특정한 두 수치만으로는 두 점수의 상대적 비교가 불가함을 알 수 있다. 각 수치가 속한 집단에서 보다 정교하게 상대적 위치를 나타낼 수 있는 것이 **표준점수**이다. 대표적인 표준점수는 z 점수이다.

$$\text{각 자료 } X_i \text{의 z 점수 } z_i = \frac{X_i - M}{\sigma}$$

국어점수의 z 점수는 (80 - 70) / 20 = 0.5이며, 사회점수의 z 점수는 (77 - 70) / 10 = 0.7. 평균 M의 z 점수는 0이며, 이들 z 점수의 표준편차는 1이다. z 점수의 단점은 소수가 등장하여 이해하기 힘들다는 점이다. 이를 보완하기 위해 T 척도[59]를 포함한 여러 가지 측도가 사용된다. 예를 들어 IQ의 표준편차는 16이다. IQ 116의 z 점수는 1이며, 1 표준편차에 해당하므로 +1σ로 나타낸다. IQ 116을 T 척도로 나타내면 50 + 10 × 1 = 60이 된다.

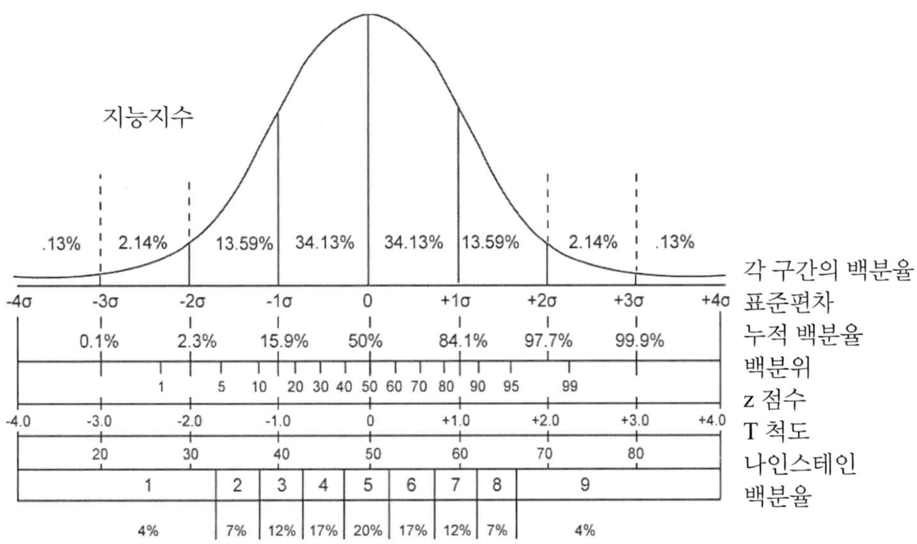

[그림 11.13] 지능지수의 표준화

59) T 척도란 일종의 표준점수로 평균을 50으로 하고, 표준편차를 10으로 하는 척도이다. 즉, T = 50 + 10z.

11장(확률과 통계) 프로젝트

프로젝트 11.1 베르트랑의 역설에 나오는 확률을 컴퓨터 프로그램을 사용하여 구하는 방법을 검색해 보고, 컴퓨터와 프로그램의 도움으로 경험적인 확률을 구할 수 있는 자신만의 방법을 찾아보시오.

프로젝트 11.2 베르트랑의 역설에 나오는 3가지 방법 중에서 수학적 오류가 있는 추론을 찾고 이를 설명하시오. 그리고 확률이나 통계와 관련된 다른 역설을 조사하시오.

부록 과제의 풀이와 답

1장 집합과 함수

[과제 1.6]의 풀이와 답

$(A\cup B) = U$이고 $A\cap B = \varnothing$하자.

$B = U\cap B$	(항등법칙)
$= (A\cup A^c)\cap B$	(보법칙)
$= (A\cap B)\cup(A^c\cap B)$	(배분법칙)
$= \varnothing\cup(A^c\cap B)$	(치환)
$= (A\cap A^c)\cup(A^c\cap B)$	(보법칙)
$= A^c\cap(A\cup B)$	(배분법칙)
$= A^c\cap U$	(치환)
$= A^c$	(항등법칙)

[과제 1.18]의 풀이와 답(여러 가지 방법이 있음)

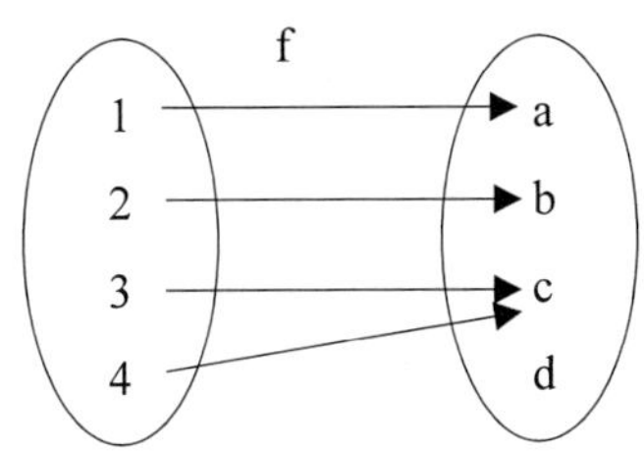

(i) 함수의 개수 : 4^4

(ii) 전사 함수 : 전단사함수가 됨 4!

(iii) 전단사 함수 : 4!

(iv) 전사함수도 단사함수도 아닌 함수 : $4^4 - 4!$. 전체 함수에서 전단사함수가 아닌 함수는 전사함수가 아니거나 단사함수가 아니다. 다음 예제 1.20에서 일반화할 수 있지만 정의역과 치역의 원소 개수가 같으면, 전사함수와 단사함수는 서로 같은 조건이다. 그러므로 전사함수가 아니면 단사함수도 아니고, 단사함수가 아니면 전사함수도 아니다. 따라서 전단사함수가 아닌 함수는 전사함수도 아니고 단사함수도 아니다. 답은 전체 함수 개수에서 전단사함수가 아닌 함수를 제외한 함수의 개수이다.

[과제 1.20]의 풀이와 답

전사함수이므로 각 $b\in B$에 대해서 $a_b\in A$에 존재하여 $f(a_b) = b$를 만족한다. f 단사함수이므로 $b = f(a_b)$을 만족하는 $a_b\in A$는 유일하다. 이제 $g(b) = a_b$으로 두면 $g : B \to A$로의 함수된다. 그리고 $fg(b) = f(a_b) = b$이므로 $fg : B \to B$로의 항등함수이다.
한편 각 $a\in A$에 대하여 $f(a)\in B$이다. 바로 앞에서 설명하였듯이 $a_{f(a)}\in A$가 유일하게 존재하여 $f(a_{f(a)}) = f(a)$을 만족한다. 유일성에 의해 $a = a_{f(a)}$이다. 그러므로 g의 정의에 의해 $g(f(a) = a$이다. 즉, $gf : A \to A$로의 항등함수이다. 따라서 f와 g는 역함수이다.

[과제 1.21]의 풀이와 답

각 b∈B에 대해서 g(b)∈A이고 f(g(b)) = b이므로 [과제 1.20]에 의해 f는 전단사함수이다. 이제 f의 역함수가 g임을 보인다. 가정에 의해 fg : B → B로의 항등함수이므로 gf : A → A가 항등함수임을 보이면 된다. 각 a∈A에 대하여 f(a)∈B이다. 가정에 의해 f(g(f(a))) = f(a)이 된다. 그런데 f가 전사함수임을 보였음으로 B의 각 원소가 f(a)의 형태로 나타낼 수 있다. 그러므로 fg : B → B로의 항등함수이다. 즉, g는 f의 역함수이다.

2장 명제와 유효한 추론

[과제 2.4]의 풀이

p	q	논리합	
		p∧q	진리값
T	T	2는 짝수이면서 소수이다.	T
T	F	2는 짝수이면서 합성수이다.	F
F	T	2는 홀수이면서 소수이다.	F
F	F	2는 홀수이면서 합성수이다.	F

[과제 2.15]의 풀이

공집합 ∅가 대칭관계임을 보이기 위해, (a, b)∈∅이면 (b, a)∈∅가 참임을 보이면 된다. ∅은 원소가 없으므로 전건 (a, b)∈∅은 성립할 수 없고, 거짓이다. 그러므로 조건문 '(a, b)∈∅이면 (b, a)∈∅'이 참이므로 ∅가 대칭관계가 대칭관계이다.

[과제 2.24]의 풀이

(1)은 참인 명제이다. 왜냐하면 $x^2 = 1$의 진리값은 {1}로서 공집합이 아니다. (2)는 거짓인 명제이다. 왜냐하면 x + 8 <의 진리값은 전체집합이기 때문이다.

[과제 2.27] 풀이

명제함수	기호	정의역	진리값	비고
$x^2 = 4$	전칭	{−2, 2}	T	
		{1, 2, 3, 4}	F	
	존재	자연수	T	
		(−2, 2) 실수	F	다른 답도 가능함
x는 6의 약수이다.	전칭	**{1, 2, 3, 6}**	T	
		{1, 3, 5, 7, 9}	F	다른 답도 가능함
	존재	**자연수**	T	
		7이상의 자연수	F	

[과제 2.31] 풀이

기호화 : p : 비가 온다.

q : 땅이 젖는다.

추론에 대한 형식화 :

$$\begin{array}{l} p \rightarrow q \\ \underline{\quad q \quad} \\ \therefore \ p \end{array}$$

추론의 확인 :

p	q	p→q	(p→q)∧q
T	T	T	T
T	F	F	F
F	T	T	T
F	F	T	T

밑줄 친 부분과 같이 (p → q)과 q이 참이어도 p가 참이 아닐 수 있다. 그러므로 유효한 추론이 아니다.

[과제 2.32] 풀이

기호화 : p : 내가 A학점을 못 받는다.

q : 논리학은 엉터리이다.

추론에 대한 형식화 :

$$\begin{array}{l} p \rightarrow q \\ \underline{\quad \sim p \quad} \\ \therefore \ \sim q \end{array}$$

추론의 확인 : 아래와 같이 (p → q)와 ∼p가 모두 참인 경우는 2가지가 있으나 밑줄 친 부분과 같이 ∼q가 참이 아닌 경우가 있다. 그러므로 유효하지 못한 추론이다.

p	∼p	q	∼q	p→q	(p→q)∧∼p
T	F	T	F	T	F
T	F	F	T	F	F
F	T	T	F	T	T
F	T	F	T	T	T

[과제 2.33] 풀이와 답

기호화 : p : 그는 무신론자이다.

q : 그는 사회주의자이다.

추론에 대한 형식화 :

$$\begin{array}{l} p \vee q \\ \underline{\quad p \quad} \\ \therefore \ \sim q \end{array}$$

추론의 확인 : p∨q와 p가 모두 참인 경우는 아래와 가지가 있으나 밑줄 친 부분과 같이 ∼q가 참이 아닌 경우가 있다. 그러므로 유효하지 못한 추론이다.

p	q	∼q	p∨q	(p∨q)∧p
T	T	F	T	T
T	F	T	T	F
F	T	F	T	F
F	F	T	F	T

3장 여러 가지 관계

[과제 3.4]의 풀이와 답

풀이 P = {(1, 1), (2, 1), (2, 2), (3, 1), (3, 3), (6, 1), (6, 2), (6, 3), (6, 6)}

Q = {(1, 1), (1, 2), (2, 2), (1, 3), (3, 3), (1, 6), (2, 6), (3, 6), (6, 6)}

R = {(1, 1), (1, 3), (3, 1), (3, 3)}

S = {(1, 2), (1, 3), (1, 6), (2, 3), (2, 6), (3, 6)}

[과제 3.7]의 풀이와 답

p(x, y)의 해집합 P = {(1, 1), (1, 3), (3, 3)}

s(x, y)의 해집합 S = {(1, 1), (1, 3), (3, 3)}

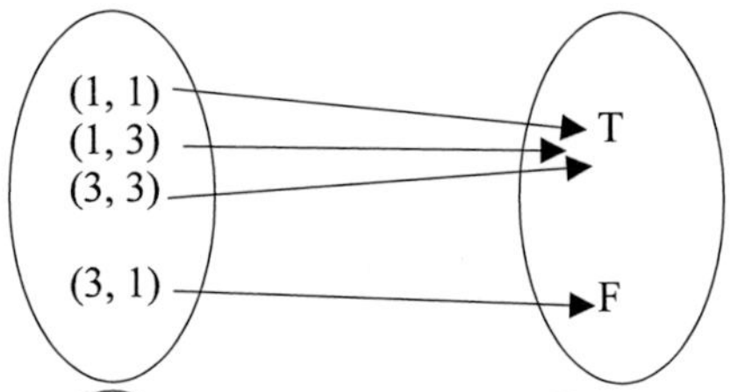

그러므로 p(x, y)와 s(x, y)는 같은 함수이다.

[과제 3.9]의 풀이와 답

명제함수:

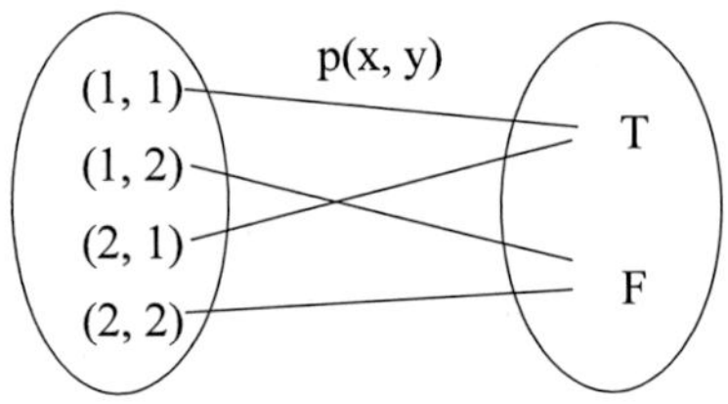

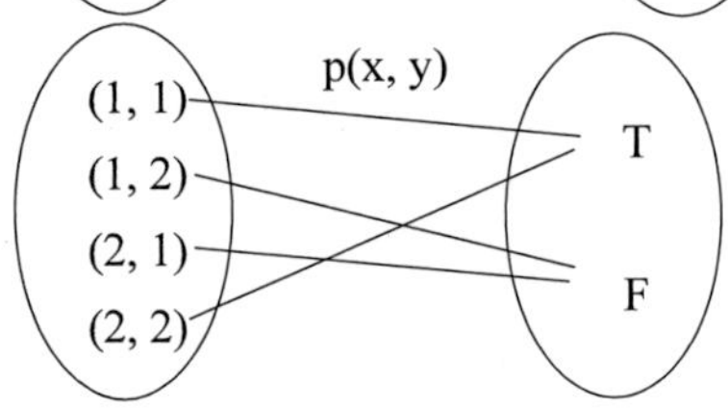

⇕ ⇕

해집합: {(1, 1), (2, 1)} {(1, 1), (2.2)}

명제함수:

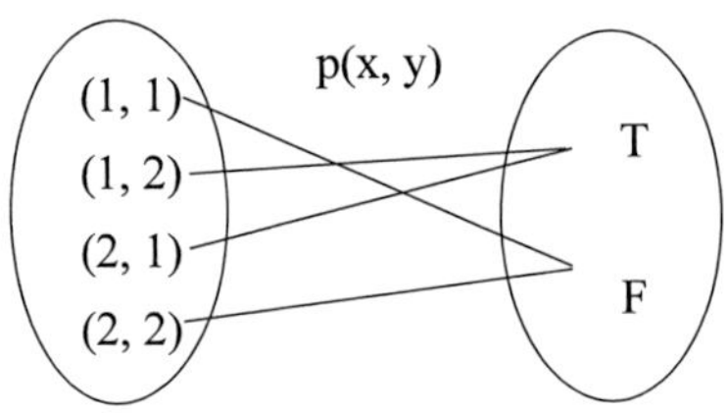

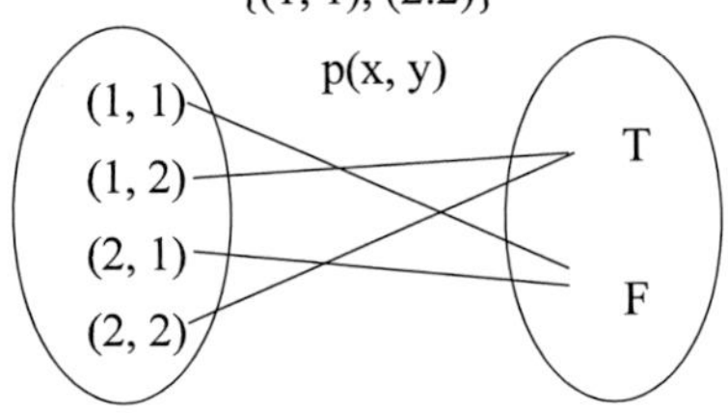

⇕ ⇕

해집합: {(1, 2), (2, 1)} {(1, 2), (2.2)}

명제함수:

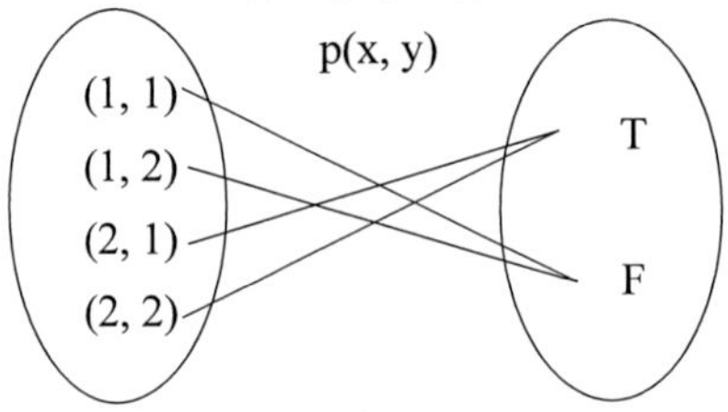

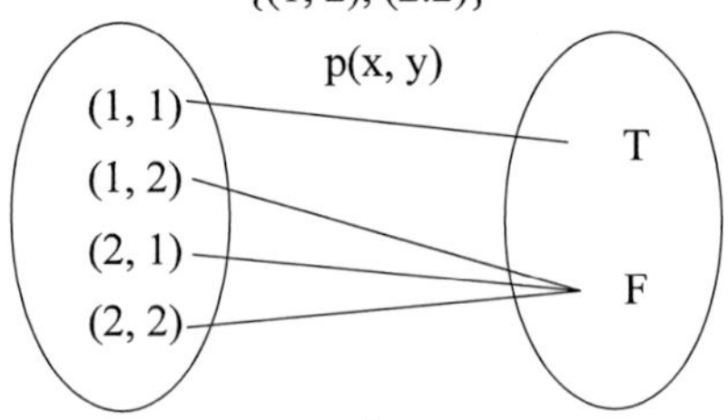

⇕ ⇕

해집합: {(2, 1), (2, 2)} {(1, 1)}

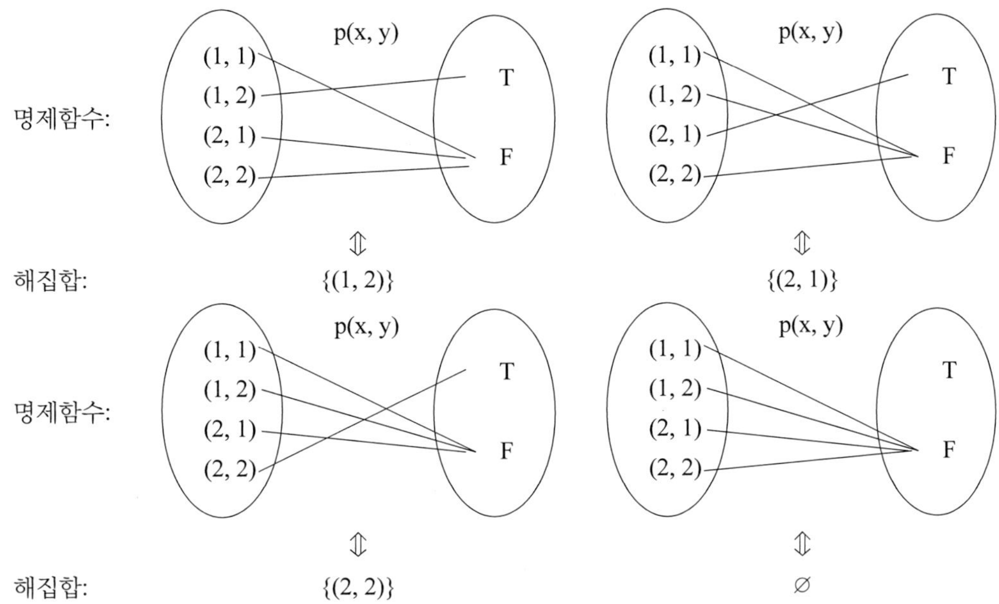

[과제 3.19]의 풀이와 답

같은 직선은 서로 겹치므로 평행이나 수직이 될 수 있다. 그러므로 (i) 평행과 수직은 반사관계가 아니다. (ii) 같은 다각형은 합동이며 닮음이므로 이들은 반사관계이다. 한편 (iii) 대소 관계($\leq$)은 반사관계이나 대소($<$) 관계는 반사관계가 아니다. 마지막으로 (iv) 모든 집합 A에 대해 $A \subset A$이므로 포함관계는 반사관계이다.

[과제 3.22]의 풀이와 답

R이 대칭관계란 '$(a, b) \in R$이면 (b, a)이다.'의 조건문이다. 하지만 $R = \varnothing$이므로 전건인 $(a, b) \in R$이 참이 될 수 없다. 그러므로 전건이 거짓이면 조건문이 참이다(예제 2.7 참조). 공집합은 원소가 없으니 조건문을 위반할 것이 없다.

[과제 3.24]의 풀이와 답

(i), (ii), (iii)는 대칭관계가 아니다. 3은 12의 약수이고 12는 3의 배수이나 두 수를 바꾸면 이런 관계가 성립하지 않는다. 대소관계도 마찬가지이다. $x \times y = y \times x$이므로 (iv)는 대칭관계이다.

[과제 3.28]의 풀이와 답

반대칭 관계를 설명하는 조건문 "$(a, b) \in R \wedge (b, a) \in R$ 이면 $a = b$이다."에서 전건은 $(a, b) \in R \wedge (b, a) \in R$이다. 전건에서 $R = \varnothing$이면 전건이 참이 될 수 없다. 그러므로 조건문은 참이다.

[과제 3.30]의 풀이와 답

X, Y를 A의 부분집합이라 하자. 만약 $X \subset Y$이고 $Y \subset X$이면 $X = Y$이다. 그러므로 포함관계는 반대칭관

계이다.

[과제 3.33]의 풀이와 답

(i) 평행한 직선에 평행한 직선은 일반적으로 평행하나 특별한 경우, 즉 a//b, b//a이나 a//a가 성립되지 않아 추이관계가 되지 못한다. 수직 관계도 마찬가지로 추이관계가 아니다.

(ii) 합동인 도형의 합동은 합동이며, 닮음 도형의 닮음도 닮음이다. 그러므로 추이성이 있다.

(iii) 다소 관계도 추이관계이다. (iv) 서로소 관계는 추이성이 없다. (2, 3) = 1, (3, 4) = 1이나 (2, 4) ≠ 1.

[과제 3.37]의 풀이와 답

{(1, 1), (2, 2), (3, 3)}
{(1, 1), (2, 2), (3, 3), (1, 2), (2, 1)},
{(1, 1), (2, 2), (3, 3), (1, 3), (3, 1)},
{(1, 1), (2, 2), (3, 3), (3, 2), (2, 3)}
{(1, 1), (2, 2), (3, 3), (1, 2), (2, 1), (1, 3), (3, 1)},
{(1, 1), (2, 2), (3, 3), (1, 2), (2, 1), (2, 3), (3, 2)},
{(1, 1), (2, 2), (3, 3), (1, 3), (3, 1), (2, 3), (3, 2)}

[과제 3.42]의 풀이과 답

(i)의 증명 : (x, y)∈R을 가정하자. 그리고 $a \in \overline{x}$ 하자. 그땐 $\overline{x}$의 정의에 의해 (x, a)∈R이고, R이 대칭관계이므로 (y, x)∈R이며, R이 추이관계이므로 (y, a)∈R, $\overline{y}$의 정의에 의해 $a \in \overline{y}$이다. 따라서 $\overline{x} \subset \overline{y}$이다. 이제 $b \in \overline{y}$두면, 위와 같은 방법에 의해 $b \in \overline{x}$ 임을 보일 수 있다. 그러므로 $\overline{x} = \overline{y}$이 된다. 역으로 $\overline{x} = \overline{y}$ 두면, R이 반사관계이므로 $y \in \overline{y}$이고, 가정에서 $\overline{x} = \overline{y}$임을 가정하였으므로 $y \in \overline{x}$. 따라서 $\overline{x}$의 정의에 의해 (x, y)∈R.

(ii)의 증명 : $x \in \overline{y}$가정하면, (y, x)∈R이고, R이 대칭관계이므로 (x, y)∈R이다. (i)에 의해서 $\overline{x} = \overline{y}$이다. 역으로 만약 $\overline{x} = \overline{y}$이면 (i)에 의해서 (x, y)∈R이고, R의 대칭성에 의해 (y, x)∈R, $\overline{y}$의 정의에 의해 $x \in \overline{y}$이다.

(iii) 증명 : $\overline{x} \cap \overline{y} \neq \varnothing$이면 A의 원소 $z \in \overline{x} \cap \overline{y}$ 존재한다. 따라서 (ii)에 의해 $\overline{z} = \overline{x}$이고, $\overline{z} = \overline{y}$. 따라서 $\overline{x} = \overline{y}$.

[과제 3.44]의 풀이와 답

먼저 R이 동치관계임을 증명한다. 분할의 정의에 의해 $\cup A_i = A$에 의해서, A의 원소 x는 A_i 중 하나의 분할 조각에 속한다. 그러므로 (x, x)∈R이 되므로 반사관계가 된다. 만약 대칭관계는 쉽게 알 수 있다. 추이 관계를 위해 (x, y)∈R이고 (y, x)∈R을 가정하자. x, y는 같은 분할 조각 A_i에 속하고, y, z가 같은 분할 조각 A_j에 속한다. y는 A_i속하고, A_j에도 속한다. 분할의 조건에 의해 $A_i = A_j$이다. 따라서 (x, z)∈R이므로 R은 추이관계를 만족한다. (ii)의 증명을 위해 R의 구성을 보면, 같은 분할 조각에 속하는 순서쌍으로 만들어진 동치관계의 동치류는 분할 조각과 같다. 그러므로 (ii)가 명확해진 셈이다.

[과제 3.48]의 풀이와 답

(i) 유형의 분할을 만들어주는 동치관계는 5가지가 더 추가된다. 1과 2대신, 1과 3, 1과 4, 2와 3, 2와 4, 3과 4를 넣을 수 있다.

(ii)는 1과 2의 위치에 1과 3, 1과 4뿐이므로 2가지가 추가된다.

(iii)는 3가지가 추가된다. 4의 위치에 1, 2, 3이 나올 수 있다.

예제 3.47에서 (i) 유형은 1개, (ii)유형 6가지, (iii) 유형 3가지, (iv) 유형 4가지, (v) 유형 1가지이므로 총 15가지이며 이는 A 분할의 개수와 일치한다.

4장 기수와 순서수

[과제 4.3]의 풀이와 답

X → X로의 항등함수가 존재하므로 (i)이 증명된다. f가 X → Y로의 전단사함수이면 그 역함수 f^{-1}는 Y → X로의 전단사함수임을 사용하여 (ii)가 증명된다. (iii)는 전단사함수의 결합에 의해 증명된다. 전단사함수 f : X → Y, g : Y → ℤ가 존재하면, 합성함수 gf : X → ℤ 전단사 함수가 되므로 X ≈ ℤ가 된다.

[과제 4.6]의 풀이와 답

(0, 0)	(0, 1)	(0, 2)	(0, 3)	(0, 4)	(0, 5) ⋯
(1, 0)	(1, 1)	(1, 2)	(1, 3)	(1, 4)	(1, 5) ⋯
(2, 0)	(2, 1)	(2, 2)	(2, 3)	(2, 4)	(2, 5) ⋯
(3, 0)	(3, 1)	(3, 2)	(3, 3)	(3, 4)	(3, 5)
(4, 0)	(4, 1)	(4, 2)	(4, 3)	(4, 4)	(4, 5)
⋮	⋮	⋮			⋮

대각선을 따라 f(0, 0) = 0, f(0, 1) = 1, f(1, 0) = 2, f(0, 2) = 3, f(1, 1) = 4, ...등으로 대응시킬 수 있다.

[과제 4.7]의 풀이와 답

각 양의 정수는 기약분수로 나타낼 수 있다. $\frac{a}{b}$을 원상으로 갖는 ℕ × ℕ의 부분집합을 Aa / b라 두면, {Aa / b}a / b∈Q^+ 선택공리에 의해 각 Aa / b으로부터 하나의 원소를 택할 수 있다. 이들의 모임은 집합을 구성하고 이 집합은 Q^+와 1 - 1 대응이 된다. 예를 들면, 유리수 $\frac{1}{2}$

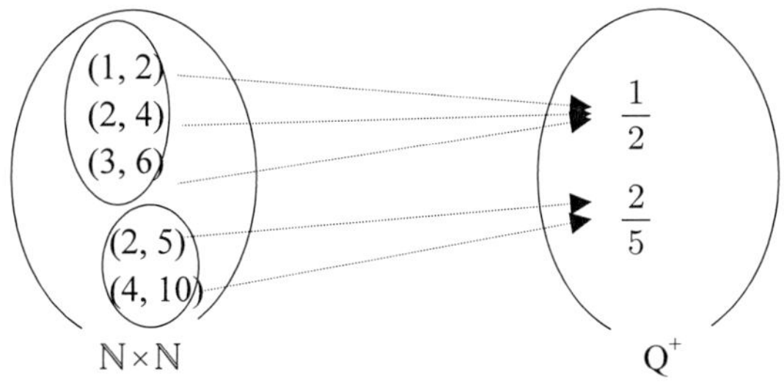

의 원상은 {(1, 2), (2, 4), (3, 6), ...}와 같은 집합이 된다. 이와 같은 집합이 모든 양의 유리수에 대해 만들어진다. 이들 집합으로부터 선택공리에 의해 하나의 원소를 선택하여 집합을 구성할 수 있다. 예를 들면,

$\frac{1}{2}$의 원상에서 (1, 2)를 선택하고, $\frac{1}{3}$에서는 (1, 3)을 선택하고, $\frac{2}{5}$에서는 (2, 5)를 선택하여 {(1, 2), (1, 3), (2, 5), ...}을 구성할 수 있다. 이 집합이 Q^+와 1 - 1 대응이 된다.

[과제 4.15]의 힌트

각 구간의 실수를 유리수와 무리수로 분할하자. (0, 1)를 단위분수 A와 그 외 집합 B로 분할하자.

$$(0,1) = \begin{cases} \text{단위분수}: A = \left\{\frac{1}{2}, \frac{1}{3}, \frac{1}{4}, \cdots \frac{1}{n} \cdots\right\} \\ \text{그 외 원소}: B = (0,1) - A \end{cases}$$

그땐 (0, 1] = A∪{1}∪B, [0.1] = A∪{0, 1}∪B으로 분할된다. 집합 A와 A∪{1}, A∪{0, 1}은 서로 1 - 1 대응임을 쉽게 알 수 있으므로 [0.1]≈(0, 1]≈(0, 1)임을 알 수 있다. (0, 1) → (0, s)는 일차함수 f(x) = sx를 생각하면 해결된다. 그리고 tan 함수를 생각하면 (-∞, ∞)과 대등함을 해결할 수 있다.

[과제 4.18]의 풀이와 답

[정리 4.8에서 ℕ × ℕ과 ℕ은 1 - 1 대응임을 보였으므로 $\aleph_0 \times \aleph_0 = \aleph_0$.

(ii) 짝수 집합을 E, 홀수 집합을 O라 하면, #(E) = #(O) = $\aleph_0$이고, E와 O의 교집합은 공집합(∅)이고, 합집합은 자연수 집합이다. 그러므로 $\aleph_0 + \aleph_0 = \aleph_0$.

[과제 4.21]의 풀이와 답

포함 관계⊂가 반사성과 추이성은 명백하다. 그리고 반대칭성을 갖는 것은 3장의 관련 내용에서 쉽게 찾아볼 수 있다. 순서 구조는 다음과 같다.

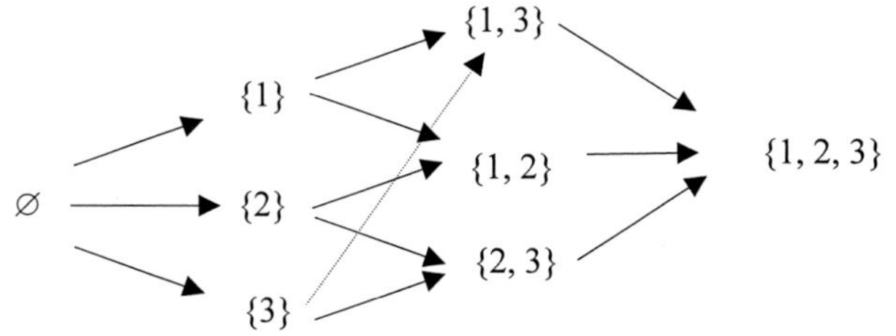

[과제 4.24]의 풀이 힌트

항등 함수로부터 반사성을 설명할 수 있고, 동형사상은 1 - 1대응이고 순서를 보존하므로 그 역함수도 마찬가지이므로 대칭성을 설명할 수 있다. f가 순서집합 A에서 B로의 동형사상이고, g가 B에서 C로의 동형 사상이면, 그 합성함수 g∘f는 A에서 C로의 동형사상이 됨을 쉽게 설명할 수 있다.

[과제 4.31]의 힌트

수학적 귀납법을 사용하는 (i), (ii), (iii)의 풀이는 유사하다. (iii)의 우측 결합법칙을 예시로 든다. P(a) = "(b + c)a = ba + ca"두자. 자연수 b, c를 고정시키고, 임의의 자연수 a에 대하여 P(a)가 참인을 보인다. 정의 4.28에서 임의의 자연수 n에 대하여 n × 1 = n이므로 (b + c) × 1 = (b + c), b × 1 + c × 1 = b + c이므로 $(b + c) \times 1 = b \times 1 + c \times 1$이다. 따라서 P(1)이 참이다. 이제 P(k)가 참이라 하자.

$$
\begin{aligned}
P(k') &= (b + c)k' && : \text{정의4.28에 의해} \\
&= (b + c)k + (b + c) && : \text{P(k)의 참에 의해} \\
&= (bk + ck) + (b + c) && : \text{위 (i)에 의해} \\
&= (bk + b) + (ck + c) && : \text{정의4.28에 의해} \\
&= bk' + ck'
\end{aligned}
$$

따라서 P(k′)이 참이다. 그러므로 임의의 b, c와 모든 a에 대해서 P(a) 참이므로 $(b + c)a = ba + ca$이 참이다.

(iv)에서 하나만 성립하는 것은 자연수가 정렬집합이므로 정의4.23에 의해 {a, b}에서 최소의 원소를 포함한다. 그러므로 $a < b$ 이거나 $b < a$이다. 한데 $a < b$ 이고 $b < a$이면 순서집합의 반대칭성에 의해 $a = b$이다.

(v)의 증명도 P(a) = "$a + b = a + c \Rightarrow b = c$"로 둔다. P(1)은 $1 + a = 1 + b$이고 이들은 각각 a와 b의 후자이다. P(k)가 참임을 가정하자. 즉 $k + b = k + c \Rightarrow b = c$이다. 한편 $k' + b = k' + c$이며 이것들의 전자 $k + b$와 $k + c$이다. 페아노 공리 (iv)에 의해 이들의 전자는 같다. 즉 $k + b = k + c$이므로 $b = c$이다. 유사하게 Q(a) = "$ab = ac \Rightarrow b = c$"로 두면, Q(1)은 $1 \times b = 1 \times c$이고 (ii)와 정의 4.28에 의해 $b = c$이다. Q(k)가 참임을 가정하자. 그리고 $k'b = k'c$라 하면, 정의 4.28에 의해 $kb + b = kc + c$이다. 만약 $b = c$가 아니라 하면 (iv)에 의해 $b > c$이거나 $c < b$일 것이다. 일반성을 잃지 않고, $b > c$라 하면 정의 4.28(iii)에 의하여 $b = c + d$인 자연수 d가 존재한다.

$$
\begin{aligned}
kc + c &= kb + b \\
&= k(c + d) + b \quad : \text{(iii)에 의해서} \\
&= kc + kd + b
\end{aligned}
$$

앞에서 증명한 (v)의 왼쪽 등식의 원리에 의해 $c = kd + b$. 그러므로 부등호의 정의 4.28에 의해 $c>b$이다. 이것은 모순이다.

(vi)와 (vii)의 증명은 정의 4.28 (iii)에 의해서 쉽게 증명할 수 있다.

5장 정수

[과제 5.1]의 풀이와 답

∼의 정의에 의해 (m, n)∼(m, n)이므로 반사관계임이다. (m, n)∼(p, q)이면 $m + q = p + n$이므로 (p, q)∼(m, n)이다. 또한 (m, n)∼(p, q)이고 (p, q)∼(s, t)이면 $m + q = p + n$이고 $p + t = s + q$이다. 이 두 식을 더 하면, $m + q + p + t = p + n + s + q$이므로 $m + t = s + q$. 따라서 (m, n)∼(s, t)이다. 그러므로 추이성을 만족한다.

[과제 5.5]의 풀이 힌트

풀이 [정의 5.3]의 덧셈과 곱셈 정의에 의해 $a + b$와 $a \times b$는 정수 $\mathbb{Z}$의 원소임을 알 수 있다. (i) - (vi)은

자연수에서 성립하는 법칙들이다. [과제 4.31]와 [정의 5.3]의 정의로부터 확인할 수 있다. 예를 들어 정수에서 $a + b = b + a$를 증명해보자. $a = [a', a'']$, $b = [b', b'']$라 두면, 명제 5.3의 덧셈 정의에 의해 $a + b = [a' + b', a'' + b'']$이고, 자연수에서 $a' + b' = b' + a'$, $a'' + b'' = b'' + a''$이 [과제 4.31]에 의해 성립하는 것이므로 $a + b = [a' + b', a'' + b''] = [b' + a', b'' + a''] = b + a$가 된다. 나머지 것들도 자연수에서의 성질을 이용하면 해결될 것이다.

[과제5.10]의 힌트

q, r의 존재성 증명 : $S = \{b - q \times a \mid q \in \mathbb{Z}\}$라 두자. 만약 $0 \in S$이면 $b = qa$를 만족하는 $q \in \mathbb{Z}$가 존재한다. 이 경우 $r = 0$이므로 $b = q \times a + r$, $0 \le r < |a|$을 만족하는 q, r이 존재한다. $0 \notin S$이면, $0 \ne k \in S$에 존재한다. 충분히 커거나 작은 q에 대해서 $b - q \times a$가 양수가 되는 $q \in \mathbb{Z}$가 존재한다(예, $b + |k||a|$). 그러므로 정수의 정렬성에 의해 S는 가장 작은 양의 정수 r이 존재한다. 이때 만약 $r = |a|$이거나 $r - |a| > 0$이면 $r - |a| \in S$이므로 $0 \notin S$ 또는 r의 선택에 모순이다. 그러므로 $r < |a|$. 이제 q와 r의 유일성을 알아보자. $b = q \times a + r = q' \times a + r'$라 하자. $(q - q')a = (r' - r)$이고 $|q - q'||a| = |r' - r| < |a|$이다. [과제 5.5](ii)에 의해 $|q - q'| < 1$. 따라서 $|q - q'| = 0 = |r - r'|$이고 $q = q'$, $r = r'$이다.

[과제 5.17]의 풀이 힌트

(i) -12와 18의 최대공약수는 6이므로 $-12\mathbb{Z} + 18\mathbb{Z} = 6\mathbb{Z}$

(ii) 8과 13의 최대공약수는 1이므로 $8\mathbb{Z} + 13\mathbb{Z} = \mathbb{Z}$

(iii) 0과 6의 최대공약수는 6이므로 $0\mathbb{Z} + 6\mathbb{Z} = 6\mathbb{Z}$

(iv) 0과 0의 최대공약수는 0이므로 $0\mathbb{Z} + 0\mathbb{Z} = 0\mathbb{Z}$.

[과제5.20]의 풀이와 답

(i) $(3n + 5) \times s + (2n + 3) \times t = 1$을 만족하는 $s = 2$, $t = -3$을 찾을 수 있다. 그러므로 명제 5.18에 의해서 분모와 분자를 서로 소이고, (i)의 분수는 기약분수이다. (ii)를 위해 $as + bt = 1$이고 $as' + ct' = 1$인 정수 s, t, s', t'가 존재함을 가정하자. 두 식을 곱하면 $a(ass' + cst' + bs't) + bc(tt') = 1$을 얻게 되어 $(a, bc) = 1$임을 알 수 있다. (iii) $(a, b) = 1$에서 $as + bt = 1$을 만족하는 s, t가 존재하고, 이 식에 c를 곱하면 $act + bct = c$이다. $a \mid bc$이므로 등식의 좌변이 모두 a의 배수이므로 c도 a의 배수이다.

[과제 5.22]의 풀이와 답

세 개의 식 $78 = 3\cdot21 + 15$, $21 = 1\cdot15 + 6$, $15 = 2\cdot6 + 3$의 마지막 식에서 $3 = 15 - 2\cdot6$ ·············· (i)

두 번째 식에서 $6 = 21 - 1\cdot15$를 (i)에 대입하면 $3 = -2\cdot21 + 3\cdot15$ ··· (ii)

첫 번째 식에서 $15 = 78 - 3\cdot21$을 (ii)식에 대입하면 $3 = 3\cdot78 - 11\cdot21$. 그러므로 $s = 3$, $t = -11$.

[과제 5.25]의 풀이와 답

$a - a = 0$은 m의 배수이므로, 합동관계는 반사관계이다. 만약 $a \equiv b$이면, 어떤 정수 k에 대하여 $a - b = km$이다. 그러므로 $b - a = (-k)m$이므로 $b \equiv a$이다. 만약 $a \equiv b$이고 $b \equiv c$이면 $a - b = km$이고, $b - c = k'm$이다. 이것으로부터 $a - c = (k + k')a$이고 $k + k'$이 정수이므로 $a \equiv c$. 그러므로 추이성을 만족한다.

[과제 5.29]의 풀이와 답

12와 서로소인 원소 a에 대해 $\bar{a}$는 모두 곱셈에 대해 역원을 가진다. (12, a) = 1이면 명제 5.19에 의해 12s + at = 1을 만족하는 정수 s, t가 존재한다. 1 = 12s + at $\bar{1} = \overline{12s}+\overline{at} = 0 + \bar{a}\ \bar{t}$. 그러므로 $\bar{a}$는 역원을 가진다. 역원을 가지는 원소는 이런 원소뿐임을 확인할 수 있다.

[과제 5.30]의 힌트

(i) 50≡1(법7)이므로 100≡2(법7), 1000≡20≡ - 1(법7), ...

(ii) 4의 배수이면서, 10≡2(법8), 100≡4(법8), 1000≡0(법8)

(iii) 3의 배수와 유사하다.

(iv) 10≡ - 1(법11), 100≡1, 1000≡ - 1, ..

(v) 40≡1(법13)

(vi) 50≡ - 1(법17), 100≡ - 2

6장 대수계

[과제 6.9] 풀이와 답

∘ (×)	**1** = ρ^4	ρ	ρ^2	ρ^3	μ	$\rho\mu$	$\rho^2\mu$	$\rho^3\mu$
μ	μ	$\rho^3\mu$	$\rho^2\mu$	$\rho\mu$	1	ρ^3	ρ^2	ρ
$\rho\mu$	$\rho\mu$	μ	$\rho^3\mu$	$\rho^2\mu$	ρ	1	ρ^3	ρ^2
$\rho^2\mu$	$\rho^2\mu$	$\rho\mu$	μ	$\rho^3\mu$	ρ^2	ρ	1	ρ^3
$\rho^3\mu$	$\rho^3\mu$	$\rho^2\mu$	$\rho\mu$	μ	ρ^3	ρ^2	ρ	1

[과제 6.12]의 풀이와 답

원소	1 = ρ^4	ρ	ρ^2	ρ^3	μ	$\rho\mu$	$\rho^2\mu$	$\rho^3\mu$
그 역원	1	ρ^3	ρ^2	ρ	μ	$\rho\mu$	$\rho^2\mu$	$\rho^3\mu$

[과제 6.13]의 풀이와 답

A와 같이 좌우 대칭을 해도 위치는 같다. 위나 아래로 뒤집는 이동은 180도 뒤집은 것과도 같다. 그러므로 A의 위치 이동은 총 4가지뿐이다. 그리고 H 모양은 상하좌우로 뒤집은 후에도 위치가 같다. 그리고 180도 돌린 후의 위치도 같다. 그러므로 2가지뿐이다. 도형 O는 한 가지뿐이다.

[과제 6.14]의 풀이와 답

45도씩 돌리기 : 45도씩 시계반대방향으로 돌리기를 ρ라 두고, 뒤집기를 μ라 두자.

ρ와 μ은 교환적이지는 않지만 유사교환성을 가진다. $\mu\rho\mu$은 F 도형을  모양으로 이동하는 것을 알 수

있다. 이것은 ρ^7의 이동임을 알 수 있다. 그러므로 $\mu\rho\mu = \rho^7$이므로 $\mu\rho = \rho^7\mu$이다. ρ를 반복적으로 적용해서 만들어지는 이동은 $\rho, \rho^2, \rho^3, \ldots, \rho^8 = 1$이고, μ를 반복적으로 적용해서 만들어내는 이동은 μ와 $\mu^2 = 1$으로 2가지뿐이다. 그러므로 이동 이동의 결합은 총16가지임을 알 수 있다.
유사한 방법으로 30도씩 돌리기 : 30도씩 돌리기를 ρ라 두고, 뒤집기를 μ라 두면 이들 두 이동에 의해 만들어지는 이동의 개수는 24개가 된다.

7장 유클리드(Euclid) 기하학

[과제 7.5]의 힌트

각 선분 EF를 연장하고, 점 D에서 수직선을 그려 직각 삼각형을 그린 후 그와 같은 삼각형을 점 B에서 그려준다. [명제 7.4]에 의해 선분 ED = AC, DF = CC′이 되게 수선의 발을 내려 삼각형을 그려주면 두 삼각형은 명제 7.6에 의해 합동이 된다. 그러므로 각 CAC′은 각 DEF와 같다.

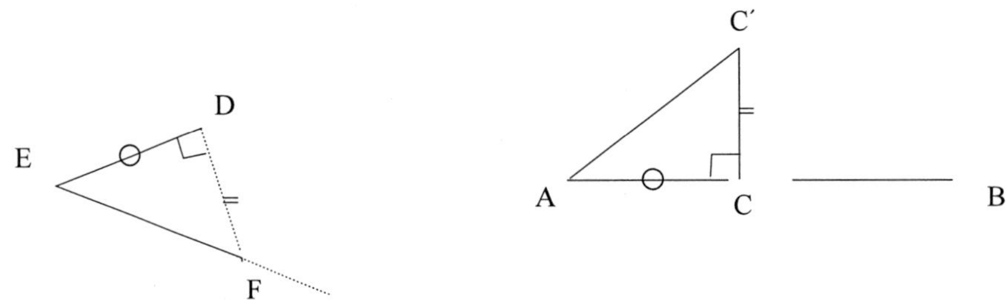

[과제 7.11]의 힌트

합동인 두 개의 사케리 사각형 ABCD와 A′B′C′D′에서 대각선을 그어 만든 두 삼각형은 ABC와 A′B′D′은 [명제 7.6]에 의해 합동이다. 전체 사각형도 겹치므로 삼각형 ACD와 B′D′C′도 겹치므로 같은 삼각형이다. 따라서 각 D와 C′은 각고, C′과 C가 같으므로 각 C = D이다.

[과제 7.12] 증명의 [힌트]

[그림 7.16]처럼 A에서 BC의 중점D를 연결하여 AD = DE가 되게 잡으면 두 개의 합동 삼각형이 나온다. 각∠BAC가 두 개의 각으로 분할되므로 △ABE가 조건을 만족하는 삼각형이 된다.

[과제 7.13] 증명의 힌트

[그림 7.16]에서 △ABC의 안각이 π보다 δ만큼 크다고 가정하면 [과제 7.12]를 반복 사용하여 모순에 이르게 한다.

8장 평면도형과 입체도형

[과제 8.2]의 해

	정 $\frac{5}{2}$ 각형	정 $\frac{7}{3}$ 각형	정 $\frac{7}{2}$ 각형	등변다각형
내각	36°	$\frac{180}{7}$°	$\frac{540}{7}$°	60°

[과제 8.3]의 해(예시)

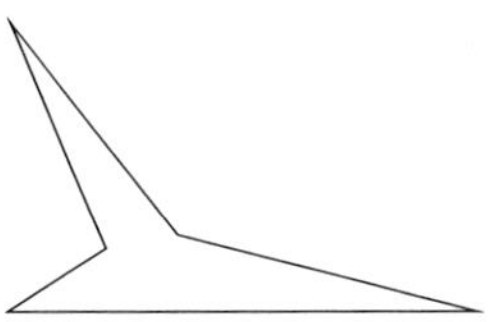

[과제 8.4]의 해

내각의 합이 서로 같고 일정하다.
외각의 합이 서로 같고 일정하다.
대각선의 개수가 같고 일정하다.

[과제 8.5]의 힌트

특정 기준에 따라 분류한다. 예를 들면 한 줄에 같이 붙어 있는 정사각형의 개수에 따라 분류한다.

[과제 8.6]의 힌트

합동이 되는 것을 제외한다.

[과제 8.7]의 힌트

면 1과 3은 합동이 아닌 직사각형이므로 같이 붙을 수 없다.

[과제 8.11]의 답

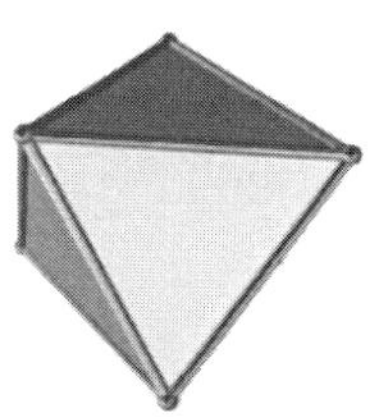

[과제 8.12]

풀이 한 꼭짓점에 정3각형 1개와 정11각형 2개가 모여 있으며, 면은 정삼각형이 44개, 정11각형이 24개로 구성되어야한다. 삼각형이 꼭짓점에서 두 개의 정11각형의 변을 공유하는 다면체의 단면은 그림과 같다. 한 개의 **정11각형**의 변에 순서대로 정삼각형과 정11각형이 교대로 붙어있어야 하나 11이 홀수이므로 맨 마지막에는 정삼각형이 두 개가 붙게 되어 조건을 만족하지 못한다.

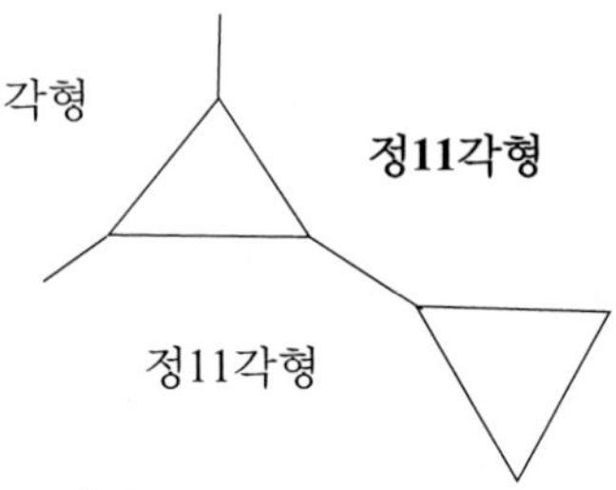

[과제 8.13]의 풀이

우선 한 꼭짓점에 정삼각형을 포함하지 않으므로 3개 이상의 정사각형이 연결될 수 없음을 알 수 있다. 정사각형이 2개를 포함하는 경우 정p각형은 하나만 모이게 된다. 정사각형 1개가 모이는 경우 2개의 정p각형이 모이게 되는데, $\frac{\pi}{2}+\frac{n-2}{n}\times 2\times\pi < 2\pi$ 조건에 의해 n < 8.

	한 꼭짓점에 모인 정사각형의 개수		
정사각형	2	1	0
정p각형 ($p\geq 5$)	정p각형 1개 ($p\geq 5$)	정5각형 2개 정6각형 2개 정7각형 2개	정5각형 1개와 정q각형2개($q\geq 6$) 정5각형 2개와 정q각형1개($q\geq 6$)

한편 정사각형이 포함되지 않는 경우는 정육각형의 내각이 120도이므로 정육각형 이상의 도형 3개는 한 꼭짓점에 만날 수 없다. 그러므로 정오각형이 적어도 하나는 포함된다.

(i) 정사각형 2개와 정p각형 1개($p\geq 5$)

정p각형의 각 꼭짓점에 2개의 정사각형이 붙어야하므로 **p각기둥**이 만들어진다.

(ii) 정사각형 1개와 정p각형 2개(p = 5, 6, 7)

정p각형의 각 꼭짓점에서 정4각형 1개와 정p각형이 모이게 되므로 정p각형은 짝수각형이다. 그러므로 정사각형 1개와 정6각형 2개가 한 꼭짓점에 모이는 경우뿐이다. 정사각형1개와 정육각형 두 개를 붙이면 '**깍은 정팔면체**'가 만들어진다.

(iii) 정오각형 1개 + 정q각형 2개($q\geq 6$)

q각형의 꼭짓점에 1개의 정오각형과 1개의 정q각형이 모이게 되므로 q는 짝수이다.

또한 한 꼭짓점에 모인 다각형들의 내각의 합이 2π보다 작아야하므로 q = 6뿐이다 .

면의 수 f = m(정오각형) + n(정6각형), 꼭짓점의 수 v = 5m + 6n/3, 모서리의 수 e = 5m + 6n/2를 오일러 공식에 적용하면, m = 12를 얻는다. 정오각형이 12개이므로 정육각형을 조합해보면 **깍은 정이십면체**가 만들어짐을 알 수 있다.

(iii) 정오각형 2개 + 정q각형 1개($q\geq 6$)

정오각형의 각 꼭짓점에 정오각형 하나와 정q각형이 모이게 되므로 정오각형의 모서리를 따라 정오각형과 정q각형이 차례로 붙게 되어 정오각형이 짝수개의 모서리를 가져야하므로 모순이다. 이 경우 아르키메데스의 다면체가 만들어지지 않는다.

정n각형	4	6	8	10	11
v	6	12	24	60	132
f(정삼각형 + 정n각형)	2 + 3	4 + 4	8 + 6	20 + 12	44 + 24
e	9	18	36	90	198
입체 모양	(삼각기둥)	깍은 정사면체	깍은 정육면체	깍은 정십이면체	×

9장 합동변환

[과제 9.12]의 힌트

회전이동 후 평행이동은 일반성을 잃지 않고 [그림 9.13]의 역방향으로 진행되는 이동으로 생각할 수 있다. l_3에 대칭이동, 그리고 l_2, l_2, l_1의 직선에 대칭이동하면 결과는 역방향의 회전이동이 된다.

[과제 9.14]의 힌트

두 번째 경우 직선 l에 대한 대칭이동 후 평행이동은 일반성을 잃지 않고 [그림 9.16]과 같이 대칭이동 후 그 직선에 수직방향으로의 평행이동이다. 이것은 본래 평행이동 후 대칭이동의 역방향이므로 결국 대칭이동의 역함수이다. 그러므로 대칭이동 후 평행이동은 직선 l에 평행한 어떤 직선에 대한 대칭이동이다.

[과제 9.15]의 힌트

세 번째 경우에서 대칭이동 후 평행이동으로 합성한 함수는 [그림 9.20]의 역방향으로 볼 수 있다. 즉, 직선 l에 대칭이동 후 그 직선에 수직인 벡터 v_2로 이동한 후 v_1으로 이동한 것이다. 그런데 [과제 9.14]에 의해 직선 l에 대칭이동 후 그 직선에 수직인 벡터 v_2로 이동한 것은 직선 l에 평행한 어떤 직선에 대한 대칭이동이 된다. 그러므로 이 합성 변환은 미끄럼반사이다.

[과제 9.17]의 힌트

두 번째 경우에서 대칭이동 후 회전이동은 [그림 9.23]의 역방향으로의 이동으로 볼 수 있다. 이는 직선 l, l_2, l_1에 의한 대칭이동의 합성과 같으나 [명제 9.9]에 의해 직선 l, l_2에 대한 대칭이동의 합성은 평행이동이 되므로 결국 세 직선에 의한 대칭이동의 합성은 평행이동과 대칭이동의 합성이다. [명제 9.16]의 세 번째 경우가 되어 미끄럼반사가 된다.

[과제 8.19] 힌트

합성	미끄럼반사(GR)	
평행이동(T)	평행 * (평행 * 대칭) = 평행 * 대칭	M or GR
회전이동(R)	회전 * (평행 * 대칭) = (회전 * 평행) * 대칭 = 회전 * 대칭	M or GR
대칭이동(M)	대칭 * (평행 * 대칭) = 대칭 * (대칭 * 평행) = (대칭 * 대칭) * 평행 = (평행/회전) * 평행 = 평행 * 평행/회전 * 평행	T or R

[과제 8.21]의 힌트

점 A에서 직선 l에 수선을 내려 점 B와 연결하면 AC의 거리와 A′C같고, 이 거리는 A′B가 직선이 되므로 최단거리가 된다.

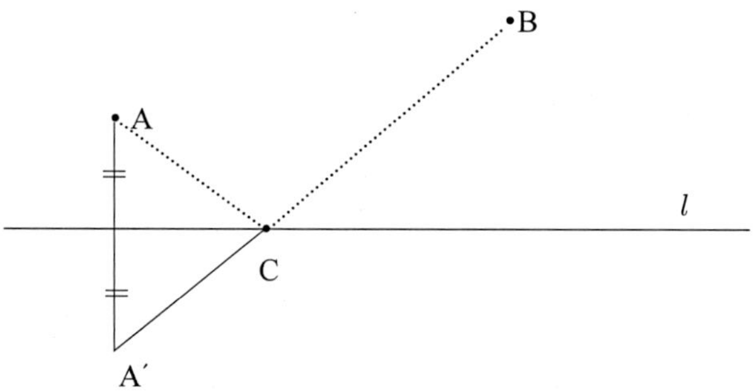

10장 측정

[과제 10.7]의 풀이

a, b∈[0, 1]에 대해서 a - a = 0은 유리수이므로 a∼a. 따라서 ∼은 반사관계이다. a - b가 유리수이면, b - a = - (a - b)이므로 b - a도 유리수이다. 따라서 ∼은 대칭관계이다. a∼b이고, b∼c이면, a - b = r 유리수, b - c = r′도 유리수이다. 그러므로 a - c = r + r′도 유리수이므로 a∼c임을 알 수 있어 ∼은 추이관계이다. $\frac{\sqrt{2}}{2}$과 ∼관계에 있는 원소는 $\frac{\sqrt{2}}{2} - 0.1$, $\frac{\sqrt{2}}{2} + 0.1$, $\frac{\sqrt{2}}{2} + 0.2$와 같이 $\frac{\sqrt{2}}{2}$에 유리수를 더하거나 뺀 것들이다.

[과제 10.9]의 풀이

점 P에서 거리가 3인 점들의 모임은 아래 그림과 같이 원이 아니라 정사각형이 된다.
그리고 택시 거리에서는 두 점 사이의 직선이 여러 개 존재하므로 한 점 밖의 주어진 직선과 평행하면서 그 점을 지나는 직선은 무수히 많이 그릴 수 있다.

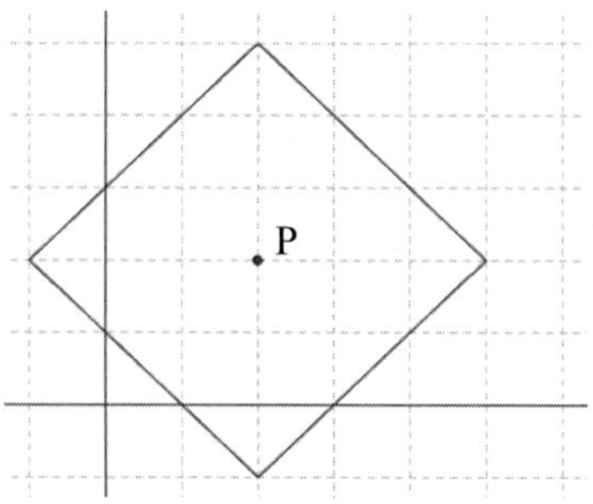

[과제 10.13]의 힌트

위 보조정리 10.12와 매우 유사하다.

[과제 10.16]의 힌트

그림과 같이 Y - 축의 y점에서 동일한 높이로 점선을 그었을 때 원의 점선은 원의 방정식에 의해 점선의 길이는 $2\sqrt{b^2-y^2}$, 그리고 타원에서 점선의 길이는 $\frac{2a}{b}\sqrt{b^2-y^2}$ 임을 알 수 있다. 길이의 비가 $1 : \frac{a}{b}$ 이므로 (원리 1)에 의해 넓이도 $\pi b^2 : \pi b^2 \times \frac{a}{b}$ 이다. 따라서 타원의 넓이 공식 πab을 얻는다.

11장 확률과 통계

[과제 11.1]의 풀이

두 점을 잡을 때 한 점을 그림의 역삼각형에서 꼭짓점 P에 두고, 나머지 한 점 L이 삼각형의 위쪽 현에 올 확률을 구한다.

원의 중심을 제외한 원 내부의 한 점을 중점으로 갖는 현은 하나뿐이다. 그림의 가운데 그림처럼 반지름이 큰 원의 1/2되는 원 안에 점 ○가 있으면 점 ○을 중점으로 갖는 현은 중심 •에서 ○으로 이은 선분에 수직인 선분 중 점 ○을 지나는 선분 L은 유일하게 존재한다. 이 선분이 바로 ○을 중점으로 갖는 현이다. 이 현의 길이가 큰 원에 내접하는 정삼각형의 한 변의 길이보다 크다는 것은 그림의 오른쪽과 같이 선분 L에 평행한 밑변을 갖는 정삼각형을 그려보면, 작은 점선 원 안에 있는 점들이 바로 그 삼각형의 한 변의 길이보다 긴 현의 중점임을 알 수 있고, 점선 원 밖의 점은 그렇지 않음을 알 수 있다.

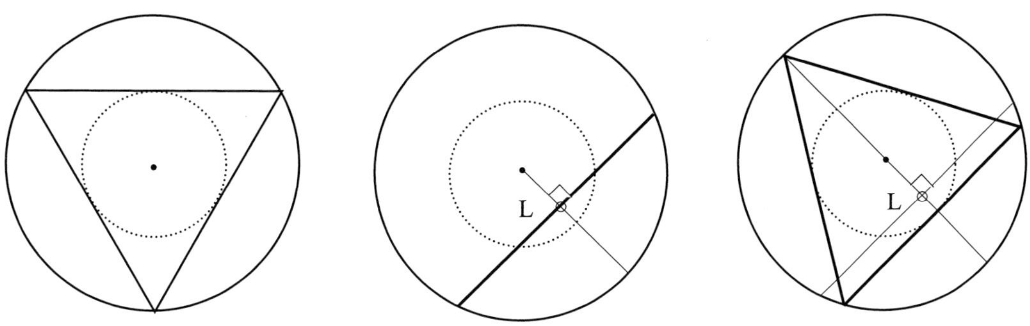

그런데 전체 원의 넓이에 비해 작은 원의 넓이는 $\frac{1}{4}$ 이므로 구하고자 하는 확률은 $\frac{1}{4}$ 이다.

[과제 11.2]의 풀이

(i) $P(B/A) = \frac{P(A \cap B)}{P(A)}$ 과 문제의 조건 $P(B/A) = P(B)$에 의해서 $P(A \cap B) = P(A) \times P(B)$이다. 그런데 $P(B) = P(B \cap A) + P(B \cap A^c)$에서 $P(B \cap A^c) = P(B) - P(A) \times P(B) = P(B)(1 - P(A)) = P(B)P(A^c)$이

다. 이 식으로부터 P(B) = $\frac{P(A^c \cap B)}{P(A^c)}$ = P(B/A^c)이므로 (i)이 증명되었다. (i)의 결과로부터 P(A^c ∩ B) = P(A^c) × P(B)임을 알 수 있다. (ii) P(A^c/B) = $\frac{P(A^c \cap B)}{P(B)} = \frac{P(A^c) \times P(B)}{P(B)}$ = P(A^c). 사건 A, B의 역할을 바꾸어 본 과제의 (i)를 적용하면 P(A^c) = P(A^c/B^c)이다. (iii) P(A/B) = $\frac{P(A \cap B)}{P(B)} = \frac{P(A)P(B)}{P(B)}$ = P(A). 본 과제의 (i)을 적용하면, P(A/B^c) = P(A)이다. 이것으로부터 P(A)P(B^c) = P(A ∩ B^c)임을 알 수 있다. (iv) P(B^c/A) = $\frac{P(A \cap B^c)}{P(A)} = \frac{P(A) \times P(B^c)}{P(A)}$ = P(B^c). 본 과제의 (i)을 적용하면 P(B^c) = P(B^c/A^c).

[과제 11.5]의 풀이

X_i가 주어진 값으로 보고, b를 변수로 보아 f(b) = $\sum^{n}(X_i - b)^2$으로 두자. f(b)를 미분하여 0으로 두고 푼다. f′(b) = - 2$\sum^{n}(X_i - b)$ = 0에서 b는 산술 평균에서 최솟값이 됨을 알 수 있다.

[과제 11.6]의 풀이 힌트

집단	A	B
사례수	n_1	n_2
평균	X_1	X_2
분산	s_1	s_2

병합 평균을 X라 하자. 병합 분산은 $\frac{n_1 s_1^2 + n_2 s_2^2 + n_1(X_1 - X)^2 + n_2(X_2 - X)^2}{n_1 + n_2}$ 임을 보인다.

찾아보기

ㅎ

저자약력

김판수

부산교육대 수학교육과 교수

초등학교 교사를 위한 수학의 이해

초판발행 2022년 3월 2일

지은이 김판수
펴낸이 오판근
펴낸곳 (주)교우
주 소 서울시 동대문구 약령시로 8 교우빌딩 2층 (주)교우
전 화 02-925-2861 / **팩 스** 070-7966-8610, **편집부** 02-925-2825
홈페이지&북스토어 www.kyowoo.co.kr / 이메일 kyowoo@kyowoo.co.kr

등 록 1994년 3월 24일 제1994-000013호
ISBN 979-11-251-0346-2 (93410)

Published by Kyowoo Co., Ltd. Printed in Korea

(주) 교우는 보다 혁신적이고 참신한 도서를 다양하게 기획하고 있습니다.
책으로 펴내고자 하는 아이디어나 원고는 메일로 보내주세요.
(주) 교우는 전과정을 책임지고 최선을 다하겠습니다.

값 16,000원

교우미디어는 (주) 교우의 Imprint 사입니다.
수학정원·과학정원은 (주) 교우의 새로운 브랜드명입니다.

잘못된 책은 구입하신 서점에서 교환해 드립니다.